U0188171

城市建设综合防灾丛书
丛书主编 李引擎

城市建设灾害防御技术应用

于 文等 编著
孙 旋 主审

上海科学技术出版社

图书在版编目（CIP）数据

城市建设灾害防御技术应用 / 于文等编著. -- 上海:
上海科学技术出版社, 2023.11
（城市建设综合防灾丛书）
ISBN 978-7-5478-6324-4

Ⅰ. ①城… Ⅱ. ①于… Ⅲ. ①城市—灾害防治 Ⅳ.
①X4

中国国家版本馆CIP数据核字(2023)第178271号

城市建设灾害防御技术应用
于　文等　编著

上海世纪出版(集团)有限公司
上　海　科　学　技　术　出　版　社　出版、发行
(上海市闵行区号景路159弄A座9F-10F)
邮政编码 201101　　www.sstp.cn
上海颛辉印刷厂有限公司印刷
开本 787×1092　1/16　印张 17.5
字数 360千字
2023年11月第1版　2023年11月第1次印刷
ISBN 978-7-5478-6324-4/TU·337
定价：120.00元

编撰人员名单

丛书主编

李引擎

本书编撰人员

于　文　李　磊　相　坤　岳煜斐
陈　凯　王曙光　唐曹明　聂　祺
郭小东　朱立新　申世元　李　娜
房玉东　李振平　范　乐

本书主审

孙　旋

内容提要

本书整理归纳了近年来典型灾害防御技术在实践中的应用案例，旨在通过典型案例向读者介绍城市建设领域灾害防御相关技术的具体应用。根据应用对象的不同，本书内容分为建筑工程灾害防御技术应用、城市区域灾害防御技术应用和灾害防御信息化技术应用三部分。

建筑工程灾害防御技术应用介绍特殊消防设计、超高层建筑抗风研究、结构加固改造等技术在一些代表性工程中的应用；城市区域灾害防御技术应用介绍综合防灾规划、消防规划、抗震防灾规划的编制内容以及城市洪涝动态模拟的方法、系统和案例；灾害防御信息化技术应用介绍城市安全韧性影响评价系统、应急指挥中心应急决策系统、大震巨灾仿真模拟系统的总体架构、功能模块、系统应用等内容。

本书可为本行业领域和相关专业的工程技术人员、科研人员、管理人员、高校师生提供借鉴和参考。

丛书序

我国城市建设正处于规模扩大、建设提速的阶段，与此同时人口的高度集中、资源依赖的加重、城市系统的日趋庞大和复杂也带来了一系列社会问题。城市发生灾害的潜在风险日益加大，城市综合防灾能力建设面临着严峻的考验。如何加强主动防御能力，应对灾害威胁，减轻灾害影响，保障人民生命财产安全，维护城市功能的正常运行，是防灾减灾领域面临的新挑战。

中国建筑科学研究院有限公司多年来致力于地震、火灾、风灾等典型灾害的防御研究，解决建筑工程和城乡防灾中的关键技术问题；紧密围绕防灾科技发展战略需求，着力提高创新能力，增强核心竞争力，保持在全国建筑防灾减灾领域的领先地位；在国家科技支撑项目、863 项目、973 项目、国家自然科学基金项目、科研院所科技开发专项和标准规范项目、实验室建设等方面开展了一系列卓有成效的工作，成果斐然。

本丛书依托中国建筑科学研究院有限公司和合作单位的相关科研成果与推广应用经验，在持续性的科研成果积累基础上，以灾害管理和综合防灾理念为指引，对多年来的科研成果进行凝练和提升，强调新技术应用和新思路的探索。在防灾性能化设计、规划提引、决策分析、新技术应用等方面进行了深入、全面的阐述，给出了最新的灾害防御理论。许多研究成果已成功应用于我国防灾减灾建设实践，综合提升城市建设的防灾减灾能力。

本丛书将城市建设灾害防御中的技术问题进行广度和深度要求有机结合，提出新对策，贯彻新理念，分享先进的防灾技术，可供专业技术人员参考。

本丛书分为《建筑工程灾害防御理论与技术》《城市区域灾害防御理论与技术》《城市建设灾害防御技术应用》三个分册，从不同维度阐述了工程建设和城市建设综合防灾相关研究成果和技术的应用。

《建筑工程灾害防御理论与技术》主要介绍单体建筑防灾技术，包括建筑防火、抗风、抗震和地基基础防灾等多个方面，针对不同灾害的作用特点提出不同灾种下的防灾性能设计方法，并应用数字化分析手段进行模拟、仿真和计算，提高分析精度和效率，助力防灾性能化设计目标的实现。

《城市区域灾害防御理论与技术》主要介绍区域防灾技术，从确保城市长期、可持续发展角度针对火灾、洪灾和地震灾害等，开展城市灾害风险评估，并在此基础上编制城市防灾规划；从灾害监测预警、应急处置和韧性提升等方面提出防灾对策；应用信息化技术进行系统研发，提升灾害管理的整体水平和防灾应急效率。

《城市建设灾害防御技术应用》主要介绍工程应用案例，包括单体建筑和区域防灾相关实施案例的展示。

本丛书内容覆盖了城市建设面临的典型灾害防御关键技术，以深入、全面的研究成果为支撑，全方位构建城市建设综合防灾技术体系，将为持续加强城市综合防灾、减灾、抗灾、救灾能力，提升我国城市安全发展水平提供有力支撑。

城市综合防灾的核心价值就是进行灾害的关联升级研究。关联研究就是通过寻找事物间的关联点，探索关联间的互助与抵消的规律，将互利的部分整合与提升，实现最好的社会互补与时效。

建筑记录着人类发展的历史，推动着社会走向更美好的未来。城市应在综合防灾科学的基础上，通过现代科学技术去最终实现人与自然的和谐。

李引擎

前　言

我国是世界上自然灾害最为严重的国家之一，灾害种类多，分布地域广，发生频率高，造成损失重。近年来，工程建设的发展使得城市对灾害的敏感性和脆弱性极高，同时灾害对社会公共安全的威胁也愈加严重，小灾大损、大灾巨损的情况屡见不鲜。为了保障人民生命安全和经济的可持续发展，加强城市建设灾害防御研究和相关技术的应用推广迫在眉睫。

党中央、国务院历来高度重视灾害防御工作，党的十八大以来，以习近平同志为核心的党中央将防灾减灾救灾摆在更加突出的位置，多次就防灾减灾救灾工作做出重要指示，提出了一系列新理念、新思路、新战略。在此背景下，为了提高城市建设抵御自然灾害的综合防范能力、切实维护人民群众生命财产安全，推广先进的防灾减灾技术在城市建设中的应用，组织编写了《城市建设灾害防御技术应用》一书。

本书的主要内容和编写工作安排如下：

第1章建筑工程灾害防御技术应用。1.1 张家口奥体中心特殊消防设计，由李磊、相坤执笔。该节以张家口奥体中心为例，针对设计中面临的问题和解决方案，介绍了此类建筑特殊消防设计方法与思路。1.2“中国尊”超高层结构抗风研究，由岳煜斐、陈凯执笔。该节以北京最高建筑“中国尊”为例，介绍了此类超高层结构的风洞试验情况和结构风振响应分析方法。1.3 国家博物馆结构加固改造工程，由唐曹明、聂祺执笔。该节以国家博物馆为例，介绍了此类加固改造工程的加固原则、设计方案、主要技术措施和加固后的效果。

第2章城市区域灾害防御技术应用。2.1 综合防灾规划，由郭小东执笔。该节以北京市门头沟区为例，对综合防灾规划的研究背景、编制目的、技术路线、主要内容等进行了介绍。2.2 消防规划，由许镇、李磊执笔。该节以北京市通州区潞城镇为例，对消防规划中的安全布局、装备、通道、给水、通信、投资估算、实施保障等主要内容进行了介绍。2.3 抗震防灾规划，由朱立新、于文、申世元执笔。该节以江苏省宿迁市泗阳县为例，阐述了抗震规划的编制背景和基本要求，并对其中的城市用地、生命线系统、城区建筑、次生灾害、避震疏散、灾后应急与恢复重建等主要规划内容进行了介绍。2.4 城市洪涝动态模拟分析，由李娜执笔。该节以广东省佛山市为例，对城区的内涝模型建立、计算结果分析、预警系统设计等方面进行了介绍。

第3章灾害防御信息化技术应用。3.1 多灾种下特大城市安全韧性影响评价系统，由范乐、于文执笔。该节介绍了“多灾种、多尺度、多系统”的城市安全韧性影响评价系统的总体架构、基本功能模块、灾情推演与韧性评估模块的开发与实现，以及在天津市滨海新区的示范应用。3.2 应急指挥中心应急决策系统，由房玉东、李振平执笔。该节以应急决策系统在应急指挥中心的应用为例，介绍了系统的总体架构和信息采集与分析功能，以及智能辅助决策支持系统和现场应急协同联动系统两大核心系统。3.3 朝阳区示范区域大震巨灾仿真模拟，由聂祺、于文执笔。该节介绍了城市地震灾害风险评估的基本方法，并基于抗震防灾信息管理系统介绍了大震巨灾情景构建与仿真模拟平台的研发集成，以及在北京市朝阳区示范区域的应用。

本书读者对象为具有一定相关知识背景的政府防灾部门管理人员、工程建设技术人员、科研工作者和高校师生等。

本书为“城市建设灾害防御理论与技术应用丛书”之一，在编写过程中得到中国建筑科学研究院有限公司、住房和城乡建设部防灾研究中心、应急管理部通信信息中心、北京工业大学、北京科技大学、中国水利水电科学研究院等单位的大力支持，凝聚了所有参编人员和审查专家的集体智慧，在此一并表示诚挚的谢意。由于编者水平有限，书中难免会有一些疏漏及不当之处，敬请广大读者提出宝贵意见。

作 者

2023年10月

目　录

第 1 章　建筑工程灾害防御技术应用 ▶001
1.1　张家口奥体中心特殊消防设计 / 001
1.1.1　项目概述 / 001
1.1.2　消防设计问题及解决方案 / 002
1.1.3　特殊消防设计方法与思路 / 009
1.1.4　人员疏散安全性分析 / 026
1.1.5　评估结论 / 077
1.2　“中国尊”超高层结构抗风研究 / 084
1.2.1　项目概述 / 084
1.2.2　风洞试验 / 084
1.2.3　结构风振响应试验 / 086
1.2.4　基底剪力和弯矩响应 / 089
1.3　国家博物馆结构加固改造工程 / 090
1.3.1　项目概述 / 090
1.3.2　原建筑存在的主要问题 / 091
1.3.3　加固原则及绿色技术措施 / 091
1.3.4　结构加固及节点设计 / 093
1.3.5　加固、改造效果 / 097

第 2 章　城市区域灾害防御技术应用 ▶099
2.1　综合防灾规划——北京市门头沟区 / 099
2.1.1　项目概述 / 099
2.1.2　规划主要内容 / 100
2.1.3　规划成果 / 101
2.2　消防规划——北京市通州区潞城镇 / 112
2.2.1　项目概述 / 112
2.2.2　消防安全布局规划 / 112

2.2.3 消防站布局规划 / 117
2.2.4 消防装备规划 / 118
2.2.5 消防通道规划 / 119
2.2.6 消防给水规划 / 121
2.2.7 消防通信规划 / 123
2.2.8 消防与其他专项规划 / 125
2.2.9 消防宣传规划 / 127
2.2.10 建设规划与投资概算 / 127
2.2.11 规划实施保障措施 / 128
2.3 抗震防灾规划——江苏省宿迁市泗阳县 / 129
2.3.1 项目概述 / 129
2.3.2 抗震防灾基本要求 / 130
2.3.3 防灾分区与资源布局 / 135
2.3.4 城市用地抗震防灾规划 / 138
2.3.5 生命线系统抗震防灾规划 / 140
2.3.6 城区建筑抗震防灾规划 / 144
2.3.7 地震次生灾害防御规划 / 146
2.3.8 避震疏散规划 / 147
2.4 城市洪涝动态模拟分析——广东省佛山市 / 150
2.4.1 案例区域概况 / 150
2.4.2 佛山市城区内涝模型 / 155
2.4.3 内涝预警系统设计 / 174
2.4.4 系统主要功能模块 / 181
2.4.5 应用实践 / 208

第 3 章 灾害防御信息化技术应用 ▶210
3.1 多灾种下特大城市安全韧性影响评估系统 / 210
3.1.1 总体架构 / 210
3.1.2 功能模块 / 211
3.1.3 系统基本功能开发与实现 / 214
3.1.4 灾情推演与韧性评估模块开发与实现 / 217
3.1.5 应用实践 / 224
3.2 应急指挥中心应急决策系统 / 241
3.2.1 总体架构 / 241
3.2.2 应急信息采集与分析系统 / 242

3.2.3 智能辅助决策支持系统/ 249
3.2.4 应急指挥系统/ 254
3.3 朝阳区示范区域大震巨灾仿真模拟/ 258
3.3.1 项目概述/ 258
3.3.2 基础数据收集/ 258
3.3.3 抗震防灾信息管理系统的构建/ 259
3.3.4 地震灾害风险评估/ 261
3.3.5 基于单体的地震易损性评估及震害预测与模拟/ 265
3.3.6 情景构建集成软件系统开发/ 266

第1章　建筑工程灾害防御技术应用

1.1　张家口奥体中心特殊消防设计

1.1.1　项目概述

张家口作为冬奥会举办城市，未来也将被打造为冬季冰雪运动之都。张家口奥体中心既包含了常规的夏季项目场馆，又包含了富有特色的冰上项目场馆，因此夏季与冰上项目场馆在总体布局、功能设计上的兼顾成为新建奥体中心区别于其他城市体育中心的重要特色(图1-1、图1-2)。

张家口奥体中心的体育建筑包括体育场、体育馆、游泳馆、速滑馆，以及训练馆、配套服务设施和室外场地。未来体育场馆可承办国际单项及国内综合性运动会，体育场、体育馆、游泳馆、速滑馆均为甲级体育建筑。因此，本项目的体育竞赛功能要求及相关的体育工艺标准较高。

图1-1　张家口奥体中心效果图

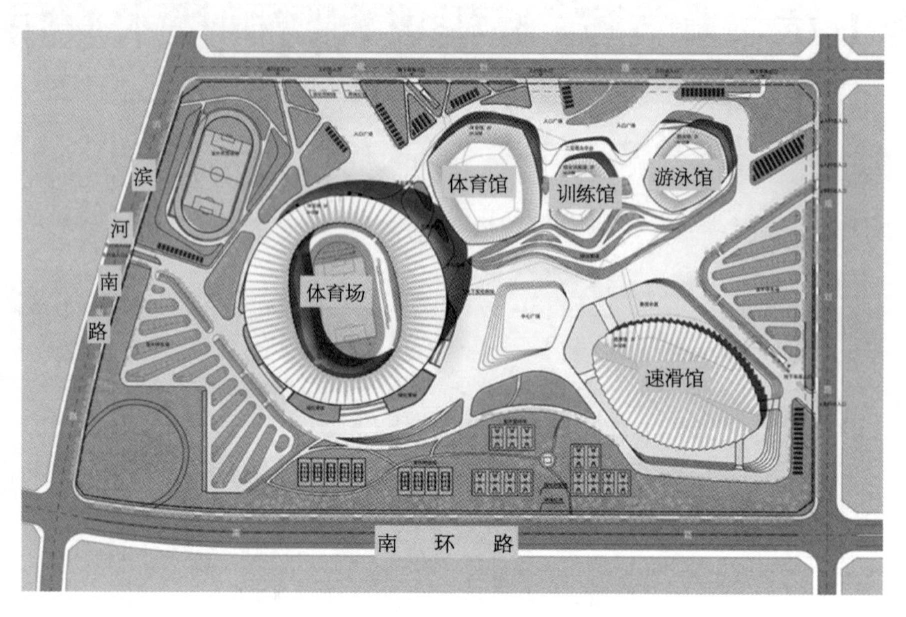

图 1-2 张家口奥体中心总平面图

1.1.2 消防设计问题及解决方案

1.1.2.1 消防设计问题

针对张家口奥体中心内体育场、体育馆、训练馆、游泳馆、速滑馆的项目特点，整理总结其特殊消防设计问题，见表 1-1。其中防火分区面积的参考标准为 5 000 m^2。

表 1-1 张家口奥体中心特殊消防设计问题汇总

区 域	防火分区扩大	疏散距离超长	汽车环道用于人员疏散
体育场	—	—	最长开口间距 80 m，通行大巴，规范没有明确规定
体育馆	39 199 m^2（超 5 000 m^2）	观众休息厅疏散距离最长 18.5 m，超出规范 12.5 m 的距离要求	—
训练馆	5 301 m^2（超 5 000 m^2）	—	—
游泳馆	8 702 m^2（超 5 000 m^2）	楼梯间在首层出室外距离 22 m、40 m，超出规范 15 m 的距离要求；观众厅疏散距离 39 m、比赛大厅疏散距离 46 m，超出规范 37.5 m 的距离要求	—

（续表）

区　域	防火分区扩大	疏散距离超长	汽车环道用于人员疏散
速滑馆	28 722 m^2 （超 5 000 m^2）	比赛场地疏散距离最大 120.5 m，超出规范 37.5 m 的距离要求	—
体育馆与速滑馆之间地下汽车库通道	—	通道内至最近疏散楼梯距离为 81.5 m，超出规范 60 m 的距离要求	—

1.1.2.2　针对高大空间防火分区扩大与疏散距离超长的问题策略

针对本项目大空间防火分区面积扩大的问题，本小节从火灾烟气控制、人员疏散安全性等方面进行综合分析，认为该空间在消防设施的安全保护下，可达到规范要求的安全水平，该防火分区划分方式可行。

场馆所有人员必须全部逃生至室外才能保证安全，因此本项目人员疏散计算将以全部人员疏散至室外的时间作为安全标准。规范中的计算方法主要用于计算观众厅的出口所需宽度与出观众厅的疏散时间。参照规范对场馆疏散距离、疏散宽度、疏散人数进行校核计算，并用瞬态疏散和步行者移动模拟（simulation of transient evacuation and pedestrian movements，STEPS）软件进行仿真模拟人员疏散过程，分析找出体育中心各个部分可能影响人员疏散的安全隐患。

场馆排烟设计目标是保证人员的安全疏散。因此，排烟系统的设计应保证在疏散过程中烟气不会对人产生危害，这可以通过分析火灾中烟气的蔓延状态、烟气温度与能见度等指标进行判断。烟层应保持的清晰高度（与储烟仓烟气厚度有关）设定为距看台区最高点 2 m 处，最终实际排烟系统的性能采用计算机模拟验证确定。

体育馆和速滑馆比赛大厅设置包厢、观众服务用房等火灾危险性较高的区域。针对这些区域，提出如下消防设计要求：

（1）敞开包厢应采用不燃烧材料装修，家具采用不燃烧或难燃烧材料制作。

（2）封闭包厢面向大空间采用 C 类防火玻璃分隔。

（3）观众服务用房按封闭舱设计，墙体采用耐火极限不低于 2 h 的防火隔墙，顶棚采用耐火极限不低于 1.5 h 的防火顶板；不能设置墙体的部位应采用耐火极限不低于 2 h 的防火卷帘或 C 类防火玻璃等分隔。

（4）以上区域的顶棚下应安装火灾自动报警系统、自动喷淋系统，当房间面积大于 100 m^2，还需要设置排烟系统。

1.1.2.3　门厅疏散距离超长问题的策略

游泳馆存在疏散距离超长的问题，且该门厅作为大空间外的疏散走道进行设计，其疏散距离为 18.5 m（图 1－3），超出规范要求的 12.5 m。由于门厅空间层高低，不具有大空间的蓄烟条件，因此该门厅按《建筑设计防火规范》(GB 50016—2014)第 5.5.17 条第 2 款规定的扩大前室进行设计，从而解决疏散距离超长的问题。

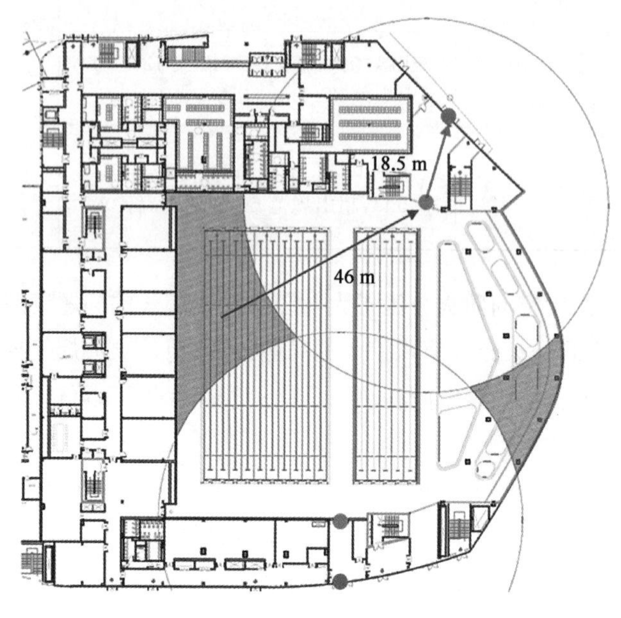

图 1-3　游泳馆首层门厅超距离示意

1.1.2.4　楼梯间首层出室外超距离问题的策略

游泳馆楼梯间首层出室外超距离，超距离的楼梯布置如图 1-4 所示。图中楼梯 1 难以调整位置，故按《建筑设计防火规范》第 5.5.17 条第 2 款规定进行设计，即在首层采用

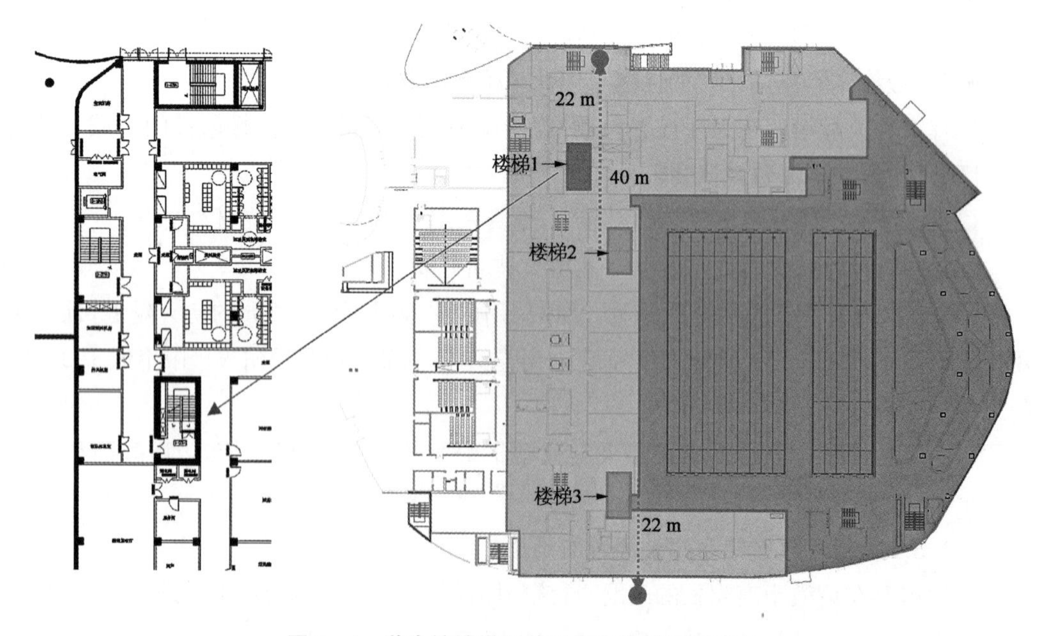

图 1-4　游泳馆楼梯间首层出室外超距离示意

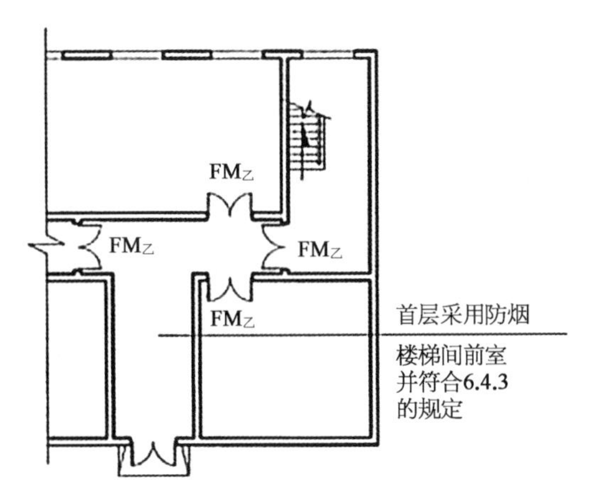

图 1－5　《建筑设计防火规范》13J811－1 改 5.5.17 图示 5

扩大前室，具体设计可参考《建筑设计防火规范》13J811－1 改 5.5.17 图示 5(图 1－5)。

对于楼梯 2、3，可疏散至二层，然后直通室外(图 1－6)。该楼梯即便布置在二层，也主要为地下人员疏散服务，因此在楼梯疏散指示标志时，可引导至二层疏散。

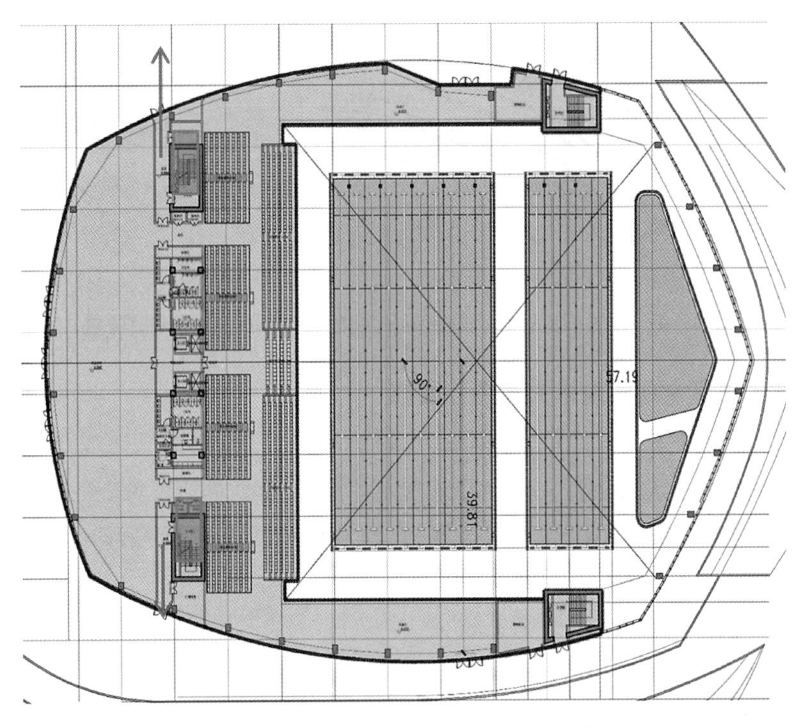

图 1－6　楼梯 2、3 在二层可直通室外

1.1.2.5　针对体育场环道作为人员疏散通道的策略

体育馆西侧的环路在人员疏散时具有重要的作用，部分人员必须经过环道才能到达室外。因此，该环道必须作为人员疏散的安全空间，即建筑内人员疏散至此即可认为是安

全的。

本项目的消防环道在设计时,结合车行流线设置了很多直通室外的开口,环道两个最近开口之间距离最长约 80 m(图 1 - 7),这些开口便于环道内发生火灾后的烟气蔓延和扩散,也提高了环道的疏散安全性。为保证西侧环路的消防安全水平,本项目提出如下消防策略:

(1) 环道与相邻功能房间之间应采用固定甲级防火玻璃窗,房间门采用甲级防火门,墙体采用耐火极限不低于 2 h 的防火隔墙进行分隔,防止火灾蔓延。

(2) 临近环道功能房间设置自动灭火系统、火灾自动报警系统、机械排烟系统,排烟量参照规范要求设置。

(3) 环道两侧为自然开口,对于长度大于 60 m 的环道,为保证烟气不在环道区域积聚,在环道内设置机械排烟系统,排烟量按地面面积的 60 m^3/hm^2 计算。

(4) 环道为安全通道,在日常使用中严格管理,该区域不应进行商业经营或堆放任何可燃物。当有比赛及相关活动时,该区域不应停放机动车。

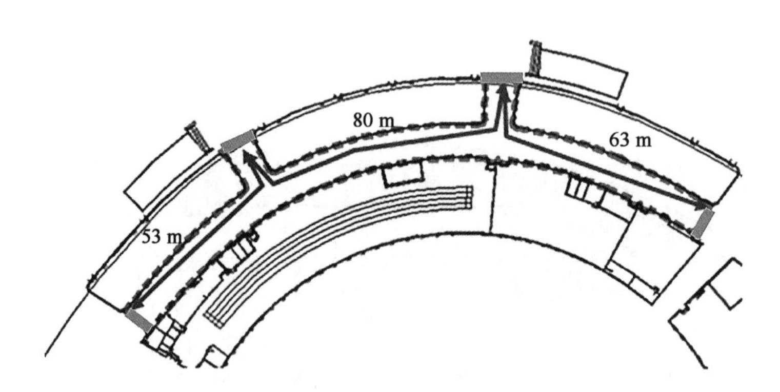

图 1 - 7 首层环道开口间最近距离示意(箭头指向处为开口位置)

1.1.2.6 疏散宽度与疏散人数设计原则

本项目为重要的体育馆建筑,规模较大,建筑功能复杂,比赛场地观众厅疏散宽度计算按照《建筑设计防火规范》第 5.5.20 条的规定计算,关键计算值可见规范的表 5.5.20 - 2。比赛场地周边的配套服务用房的疏散宽度按《建筑设计防火规范》第 5.5.21 条的规定计算,关键计算值可见其中的表 5.5.21 - 1。

根据《建筑设计防火规范》中第 5.5.20 条:

“5.5.20 剧场、电影院、礼堂、体育馆等场所的疏散走道、疏散楼梯、疏散门、安全出口的各自总净宽度,应符合下列规定:

……

3 体育馆供观众疏散的所有内门、外门、楼梯和走道的各自总净宽度,应根据疏散人数按每 100 人的最小疏散净宽度不小于表 5.5.20 - 2 的规定计算确定。”

根据以上规范的要求,确定张家口奥体中心各场馆的疏散宽度指标如下:

(1) 体育馆座位大于10 000座,观众厅平坡地面疏散宽度为0.32 m/百人,楼梯疏散宽度为0.37 m/百人。中心场地低于0 m标高的区域疏散宽度按1 m/百人。

(2) 训练馆赛后包含多功能演艺、会议、宴会,且主要空间位于−6 m,疏散宽度按1 m/百人。

(3) 游泳馆观众席1 407座,疏散门宽度按0.65 m/百人进行设计。

(4) 速滑馆观众席3 220座,观众厅平坡地面疏散宽度为0.43 m/百人,楼梯疏散宽度为0.5 m/百人。

(5) 观众厅看台,可按看台座椅数量确定观众厅疏散人数。

(6) 比赛场地内的疏散人数将视体育馆内举办活动的不同而不同。当举办比赛时,场地内的人员主要由运动员、教练员、随队人员、裁判员及媒体记者组成。对于规模较小的场馆,如游泳馆、热身馆,其比赛时场地内总人数按200人设计;对于规模较大的场馆,如体育馆、速滑馆,其比赛时场地内总人数按300人设计。

(7) 场馆内配套的办公区和设备区以及公共区的工作人员假设为观众总人数的5%,包厢区人数按其座椅数确定。

1.1.2.7 排烟与补风设计原则

各场馆大空间均采用机械排烟,排烟量应满足现行规范关于中庭大空间的排烟量计算方法,且设置补风系统,补风可采用机械或自然补风方式,见表1-2。排烟量按其体积的4次/h换气计算。

表1-2 各场馆排烟补风系统设置情况

场馆	区域	观众厅体积/m^3	排烟		补风		备注
			4次换气排烟量/(m^3/h)	设计机械排烟量/(m^3/h)	机械补风/(m^3/h)	是否设自然补风	
体育馆	观众厅	36.5万	146万	150	19.4万	是	低补高排
训练馆	观众厅	3.5万	14万	15	9万	否	高补高排
游泳馆	观众厅	14万	56万	60	—	是	低补高排
速滑馆	观众厅	42万	168万	171	20万	是	低补高排

在本项目的火灾烟气模拟中,选取设计方提供的机械排烟量和机械补风量进行计算,机械补风不足的地方利用外门及外窗进行自然补风。

在各场馆外墙设置自然排烟窗,按空间需要并结合建筑设计防火规范,在速滑馆设置消防救援窗,满足消防扑救的需要。

1.1.2.8 各场馆比赛场地灭火系统设置原则

由于各场馆体量较大,体育馆、速滑馆、训练馆场地中心设置冰场功能,地下设置制冷设备,而游泳馆场地中心设置游泳池,因此无法设置消火栓管路。

鉴于各场馆比赛场地空间高大,发生火灾蔓延的风险较低。项目要求比赛场地应设置大空间自动灭火系统,且应两股水柱进行保护;此外,比赛场地周边通往安全通道处均设置了室内消火栓,栓箱内配备消防软管卷盘。在此消防灭火保护方案下,比赛场地场芯区域可不设置消火栓。体育馆地下一层消火栓设置示意如图 1-8 所示。

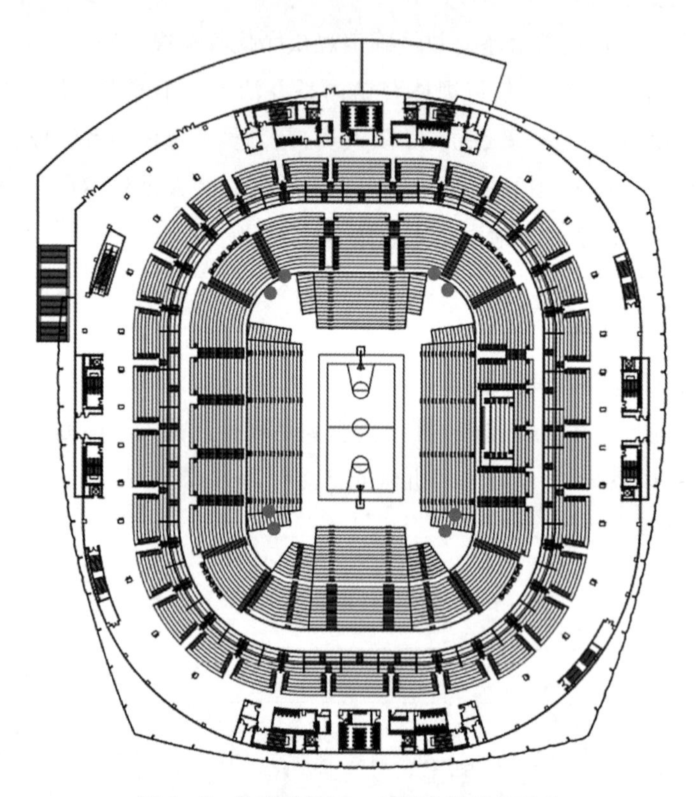

图 1-8 体育馆地下一层消火栓设置示意

根据《大空间智能型主动喷水灭火系统技术规程》(CECS 263: 2009)第 4.1.2 条、7.3.1 条可知,智能炮规范要求持续喷水灭火时间应不低于 1 h,且全覆盖被保护区域。

根据《固定消防炮灭火系统设计规范》(GB 50338—2003)第 4.2.1 条、4.3.3 条可知,固定炮规范要求扑救室内火灾的灭火用水连续供给时间不应小于 1 h,且室内消防炮的布置应能使两门水炮的水射流同时到达被保护区域的任一部位。

为提高本项目比赛大厅大空间水灭火系统灭火的可靠性,项目要求体育馆、速滑馆设置固定消防炮系统,训练馆、游泳馆设置大空间智能型主动喷水灭火系统,且应有两股水柱进行保护。同时,增大了消防水池容积,对于固定消防炮系统和大空间智能型主动喷水灭火系统,将规范中要求的持续喷水灭火时间由 1 h 增加到 2 h。

为确保水炮在大空间火灾初期启动的及时性，本工程在高大空间设置线型光束感烟火灾探测器、吸气式感烟火灾探测器、图像型火焰探测器三种不同参数的火灾探测装置，以保证及时联动启动水炮水泵，将火灾控制在初期。

同时，为保证自动喷水灭火系统的可靠性，建议设置消防自动末端试水系统，各馆包厢、设备用房、仓库及公共走道部分自喷系统应采用快速响应喷头。

1.1.2.9　消防救援窗及辅助用自然排烟窗设置原则

在体育馆、游泳馆、训练馆、速滑馆满足机械排烟的基础上，在各个场馆设置自然排烟窗，排烟窗应在储烟仓以内或室内净高度的1/2以上且不低于2 m高度设置，按空间需要并结合《建筑设计防火规范》在体育馆、速滑馆设置消防救援窗，以满足消防扑救的需要。

(1) 体育馆周边设置自然排烟窗，排烟面积不小于二层体育馆观众厅地面面积的2%；在体育馆三层西北侧和东侧的包厢休息厅设置消防救援窗口，满足消防救援的要求，并做出标识。

(2) 训练馆周边设置自然排烟窗，排烟面积不小于训练馆二层门厅地面面积的2%；训练馆二层可直接疏散至室外平台，因训练馆三层为不临外墙的机房，故不设置消防救援窗口。

(3) 游泳馆周边设置自然排烟窗，排烟面积不小于游泳馆二层观众厅及首层比赛厅地面面积的2%；游泳馆二层可直接疏散至室外平台，因游泳馆三层为不临外墙的机房，故不设置消防救援窗口。

(4) 速滑馆周边设置自然排烟窗，东西两侧自然排烟面积不小于速滑馆首层及二层观众休息厅地面面积的5%，南北侧自然排烟面积不小于首层房间地面面积的2%；速滑馆首层及二层南北观众休息厅处设置消防救援窗口，并做出标识。因速滑馆三层为不临外墙，故不设置消防救援窗口。

1.1.3　特殊消防设计方法与思路

1.1.3.1　设计目标

针对张家口体育中心场馆特殊消防问题进行评估的总体目标如下：

1) 保障人员的生命安全

即建筑物内发生火灾时，整个建筑系统（包括消防系统）能够为建筑内的所有人员提供足够的时间疏散到安全的地点，疏散过程中不应受到火灾及烟气的危害。

2) 保护财产安全

通过合理安排可燃物间距、合理策划防排烟系统方案等，控制火灾的蔓延，尽量减少财产损失。

3) 保护消防队员的安全

发生火灾后的一段时间内，建筑结构应保证进入建筑物内部进行消防战斗的消防队员的生命安全。

4）烟气蔓延状态的性能指标

建筑的排烟系统应能够将烟气控制在人员活动区域以上的高度；在建筑内部发生火灾，不应产生火灾蔓延的现象；体育馆钢结构应保证结构的安全性能，火灾后一定时间内不能垮塌。

为了保证人员安全疏散，在本项目中将采用以下的性能指标：

（1）如果烟层下降到距离人员活动地板高度 2 m 以下，烟层的温度不应超过 60 ℃。

（2）距离人员活动地面高度 2 m 以下的烟气能见度不小于 10 m。

1.1.3.2 分析方法与工具

本次评估工作选择在国际火灾科学和消防工程学界广泛承认且具有较高可信度的分析工具或分析方法进行性能化设计。

人员疏散到安全地点所需要的时间应小于通过判断火场人员疏散耐受条件得出的危险来临时间，并且考虑一定的安全裕度，则可认为人员疏散是安全的，疏散设计合理。反之则认为不安全，需要改进设计。

即

$$\mathrm{RSET} < \mathrm{ASET}$$

式中 RSET——疏散时间，指建筑内需要进行疏散的全体人员从火灾明燃开始到疏散至安全场所的时间，包括疏散开始时间（t_{start}）和疏散行动时间（t_{action}）两部分，疏散开始时间可定性分析，疏散行动时间可通过模拟软件进行分析，这里采用 STEPS 软件进行分析(s)；

ASET——危险到来时间，表示火场中的烟和热的影响直接作用于人，达到人体耐受条件的时间。超过此时间，火场内的条件便会对人员疏散构成危险，这里采用火灾动力学模拟(fire dynamics simulation，FDS)软件进行分析(s)。

1）RSET 预测理论

RSET 包括疏散开始时间（t_{start}）和疏散行动时间（t_{action}）两部分。疏散时间预测将采用以下方法：

$$\mathrm{RSET} = t_{\mathrm{start}} + t_{\mathrm{action}}$$

（1）疏散开始时间（t_{start}）：即从起火到开始疏散的时间，一般地，疏散开始时间与火灾探测系统、报警系统，起火场所、人员相对位置，疏散人员状态及状况、建筑物形状及管理状况，疏散诱导手段等因素有关。疏散开始时间（t_{start}）可分为探测时间（t_{d}）、报警时间（t_{a}）和人员的疏散预动时间（t_{pre}）。

$$t_{\mathrm{start}} = t_{\mathrm{d}} + t_{\mathrm{a}} + t_{\mathrm{pre}}$$

式中 t_{d}——探测时间，火灾发生、发展将触发火灾探测与报警装置而发出报警信号，使人们意识到有异常情况发生，或者人员通过本身的味觉、嗅觉及视觉系统察觉到火灾征兆的时间；

t_a——报警时间，从探测器动作或报警开始至警报系统启动的时间；

t_{pre}——人员的疏散预动时间，即人员从接到火灾警报之后到疏散行动开始之前的这段时间间隔，包括识别时间(t_{rec})和反应时间(t_{res})。

$$t_{pre}=t_{rec}+t_{res}$$

式中 t_{rec}——识别时间，即从火灾报警或信号发出后到人员还未开始反应的这一时间段。当人员接收到火灾信息并开始做出反应时，识别阶段即结束；

t_{res}——反应时间，即从人员识别报警或信号并开始做出反应至开始直接朝出口方向疏散之间的时间。与识别阶段相似，反应阶段时间的长短也与建筑空间的环境状况有密切关系，从数秒钟到数分钟不等。

(2) 疏散行动时间(t_{action})：即从疏散开始至疏散到安全地点的时间，它由疏散动态模型模拟得到。疏散行动时间预测是基于建筑中人员在疏散过程中是有序进行且不发生恐慌为前提的。

如图 1-9 所示，考虑到疏散过程中存在的某些不确定性因素(实际人员组成、人员状态等)，需要在分析中考虑一定的安全余量以进一步提高建筑物的疏散安全水平。安全余量的大小应根据工程分析中考虑的具体因素，包括计算模拟结果的准确程度以及参数选取是否保守，是否考虑到了足够的不利情况(如考虑在火灾区附近的疏散出口被封闭)等多方面确定。

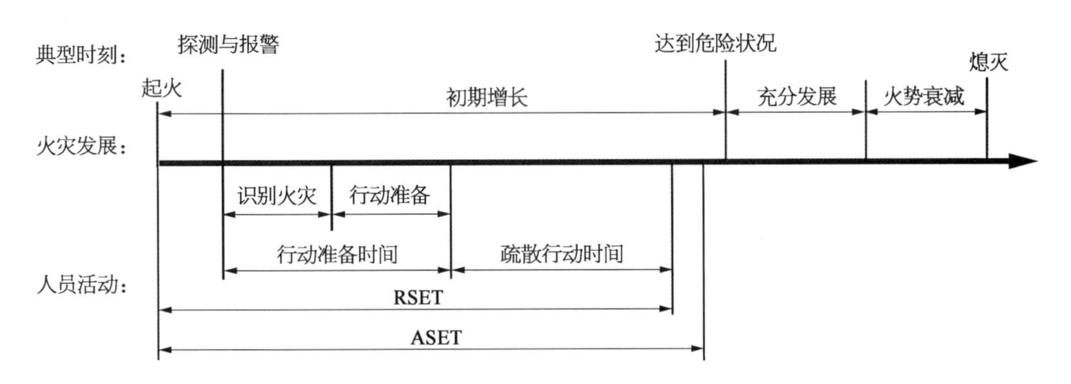

图 1-9 火灾发展与人员疏散过程关系

人员安全疏散计算一般有现场模拟试验测量法、经验公式法、计算机模拟三种方法。现场模拟试验测量的方法主要用于科学研究，但由于资金和试验条件的限制很少用于工程应用；经验公式法是通过大量的试验数据总结出的，由一系列经验公式组成，一般可以通过手工计算进行疏散预测，以日本为代表的一些国家主要采用这类方法；计算机模拟法是通过计算机软件模拟人员疏散的动态过程，来预测人员疏散运动的过程和时间，目前主要有网络模型和精细网格模型两种模型。

2）疏散开始时间确定

关于场馆大空间区域，采用探测报警装置性能进行分析。关于体育场环道区域的疏散开始时间参考“日本避难安全检证法”提供的房间疏散开始时间量化计算方法，其计算方法为

$$t_{start}=\frac{\sqrt{\sum A_{floor}}}{30}$$

式中　A_{floor}——建筑面积(m^2)。

(1) 探测与报警时间。

本项目热身场地区域设置红外对射感烟探测器报警系统，根据相关数据资料显示，设定火灾探测时间 $t_{det}=60$ s。

报警时间 t_a 应根据建筑内所采用的火灾探测与报警装置的类型及其布置、火灾的发展速度及其规模、着火空间的高度等条件，考虑设定火灾场景下，建筑内人员的密度及人员的安全意识与清醒状态等因素综合确定。我国《火灾报警控制器通用技术条件》(GB 4717—1993)规定“火灾报警控制器内或其控制进行的查询、中断、判断和数据处理等操作，对于接收火灾报警信号的延时不应超过 10 s”，因此保守考虑设定火灾报警时间 $t_a=30$ s。

(2) 疏散预动时间(t_{pre})。

疏散预动时间是人员确认火情后至疏散行动开始之前的时间。疏散预动时间可分为识别时间(t_{rec})和反应时间(t_{res})两个阶段。

表 1-3 给出了不同用途建筑物采用不同报警系统时的人员识别时间。本项目采用应急广播系统，人员处于清醒状态，易于确认火灾报警并找到疏散方向，识别时间参考表中展览馆，取 $t_{rec}=120$ s。

表 1-3　不同用途建筑物采用不同报警系统时的人员识别时间

建筑物用途及特性	人员识别时间/min		
	报警系统类型		
	W1	W2	W3
办公楼、工业厂房、学校(居民处于清醒状态，对建筑物、报警系统和疏散措施熟悉)	<1	3	>4
商店、展览馆、博物馆、休闲中心等(居民处于清醒状态，对建筑物、报警系统和疏散措施不熟悉)	<2	3	>6

注：1. W1——采用声音实况广播系统。2. W2——预录(非直播)声音系统和/或视觉信息警告播放系统。3. W3——采用警铃、警笛或其他类似报警装置的报警系统。

人员反应时间是人员识别报警信号并开始做出反应至开始朝出口方向疏散之间的时

间。与识别阶段类似，人员反应时间的长短也与建筑空间的环境状况有密切关系，从数秒钟到数分钟不等，本项目人员处于清醒状态且建筑空间简单，易于相互通知，因此人员反应时间设定为 30 s。

综上，本项目热身场地区疏散开始时间见表 1－4。

表 1－4　各区人员疏散开始时间表

区　域	探测时间/s	报警时间/s	人员预动时间		疏散开始时间/s
			人员识别时间/s	人员反应时间/s	
热身场地区	60	30	120	30	240

3）疏散模拟软件 STEPS 介绍

在本项目中，采用 STEPS 软件对各场馆人员疏散运动过程与时间进行分析。

疏散模拟软件 STEPS 专门用于分析建筑物中人员在正常及紧急状态下的人员疏散状况。适用建筑物包括大型综合商场、办公大楼、体育馆、地铁站等。应用项目包括中央电视台新台址、国家体育场、国家网球中心新馆、国家体育馆、哈尔滨万达茂、北京宜家商场望京店等。模型的精确性已与 NFPA130：2010 有轨列车及铁路客运体系标准（简称“NFPA130 标准”）计算结果进行比较。

STEPS 疏散模型的运算基础和算法是基于精细的“网格系统”（图 1－10），模型将建筑物楼层平面分为细小系统，再将墙壁等加入作为“障碍物”，网格大小取决于人员密度的最大值（本项目网格尺寸为 0.5 m×0.5 m）。建筑物中的楼梯用倾斜面或联结接通，只能单向行走。模型中的人员则由使用者加入预先确定的区域中。详细的人员特性输入包括人员种类、人员体积、人员行走速度等。

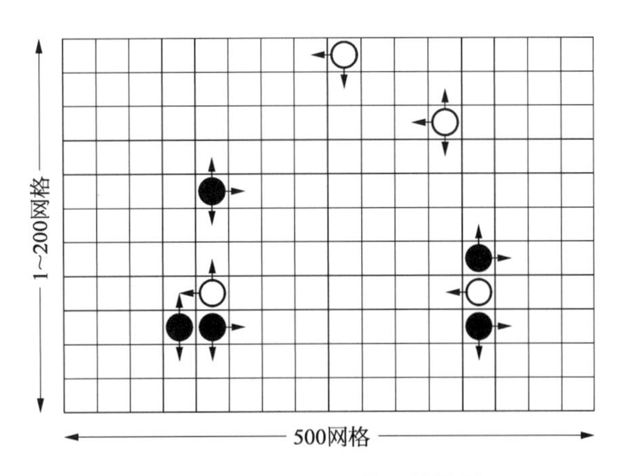

图 1－10　STEPS 网格系统模型

模型内的每个个体将会针对所知人员疏散出口计分，计分越低，人员越会选择此出口作为人员疏散方向。人员疏散出口的计分考虑了许多因素，包括：人员到出口的人员疏散距离、人员对此出口的熟悉程度、出口附近的拥挤程度及出口本身单位时间的人员流量。此人员疏散出口的计分是以每人每时段计算。STEPS 疏散模拟如图 1-11 所示。

图 1-11 STEPS 疏散模拟

与所有其他同类的模型一样，此人员疏散模型有以下假设及限制：

(1) 建筑物内疏散通道和疏散出口是通畅的，而火灾区附近的疏散通道或出口则可能被封堵。

(2) 模型只模拟有行动能力的人，残疾人士则假设由其他方式逃离，例如经消防队员帮助逃离。

(3) 使用者可自行设定人员行走速度及出口流量，进行有序情况下人员疏散模拟。模型本身并不会因拥挤状况而调整设定，但在拥挤情况下，模型中人员会因被前面的人挡住去路而无法继续前进，因此行走速度会间接改变。

(4) 在出口处，现实生活中可能发生的人与主流反向而行的情况不做考虑。

(5) 模型采用 0.09～0.25 m^2 的网格系统。其网格的大小与模型的运作时间有一定的关系，采用更加细小的网格系统将使模型的运作时间相对延长。

(6) 模型中人员只能以 45°角向八方移动。

(7) 计算机模型只分析人员所需的行走时间，不包含火灾探测时间及人员行动前的准备时间。现实生活中，完整的人员疏散时间则需要加上疏散开始时间，即人员疏散时间 = 行走时间(计算机模拟)+疏散开始时间。

(8) 模型中所模拟的时间因人员所处位置、人员特性和人员选择出口/人员疏散方向的决定方式带有随机性，因此每次模拟出的人员疏散时间会有所差别。最大偏差值为±3%。

(9) 在建模时，建筑本身的计算机辅助设计(computer aided design，CAD)图须首先转换为 DXF 格式，然后输入至计算机模型作分析。模型中人员行走/逃生途径皆取决于此输入图。所有模型中的平面、墙壁、楼梯间和出口位置都建立在由使用者所界定的“网格系统”中。建筑中的柱子、墙壁等都被界定为障碍物，模型中人员无法通过。模型中的楼梯是以连接线代表，人员在连接线上的行走速度是依据不同地点而调整。模型中的楼梯间将由多条连接线合成，而每一楼层的最后一条连接线将与楼层的水平面连接，连接线与连接线之间设有“出口”(图 1－12)，使得模型中人员可以顺着楼梯行走。

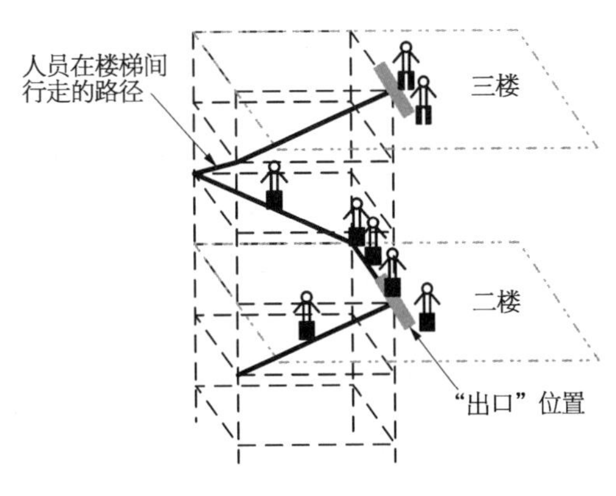

图 1－12　楼梯出口位置

4) FDS 烟气蔓延模拟软件介绍

危险到来时间的预测需要分析在所设计的防排烟系统作用下，火灾产生的热烟气在建筑空间内的运动特性。本项目采用 FDS 场模型进行火灾烟气运动预测分析。

场模型又称为计算流体动力学(computational fluid dynamic，CFD)模型，这种模型一般计算量非常大，通常在工作站或大型机上运行。与区域模型不同，场模型中求解的是基本的守恒方程。在场模型中，所分析的空间被划分成许多的单元体(区域)，然后采用守恒方程来求解各单元体之间热量和质量的流动情况。由于场模型中划分的单元体的数量很多，单元体的尺寸又比较小，因此能够进行更精细地分析，并且能够解决不规则的空间形状和特殊的气流运动等在区域模型不能解决的问题。因此，当空间几何形状比较复杂，或需要详细了解诸如空间内温度、速度、烟气组分等参数时一般采用场模型。

FDS 是美国国家标准与技术研究院(National Institute of Standards and Technology，NIST)开发的一种燃烧过程中流体流动的 CFD 模型，此模型为基于有限元素方法下的电脑化的流体力学模型，主要用于分析火灾中烟气与热的运动过程。

在模型的开发过程中，其主要目标始终定位于解决消防工程中的实际问题，同时为火灾和燃烧动力学的基础研究提供一种可靠的工具。对于此模型，现有大量的文件说明，同时有为验证该模型准确性的大规模及仿真的火灾试验数据。

FDS 目前最新的是第五版(FDS6.4.0)。迄今为止，该模型的应用一半集中于烟气控制系统的设计和喷淋、火灾探测动作的研究设计，另一半集中于民用和工业建筑火灾的模拟重建。新版的 FDS 程序对燃烧热释放率、辐射热传导的计算更加精确，降低了模型对网格的依赖性。同时，在网格划分、墙体的热传导、燃烧模型、初始条件设置等方面都更加完善。该模型工具未受到任何具有经济利益及与之相连的其他团体的影响及操纵。

FDS 建模模型设置要求如下：

(1) 模型尺寸按实际建筑尺寸进行建模。

(2) 假设火源采用快速 t 平方火源。

(3) 初始条件是假设流场的初始状态为静止，模拟区域内温度与室外环境温度均为20 ℃，压力为1 atm(1 atm=101.325 kPa)。

(4) 壁面边界条件是绝热边界条件。

(5) 湍流模型是大涡模型(large eddy simulation，LES)。

1.1.3.3 火灾场景设置原则

火灾场景是对一场火灾整个发展过程的定性描述，该描述确定了反映该次火灾特征并区别于其他可能火灾的关键事件。火灾场景通常需要定义引燃、火灾增长阶段、完全发展阶段和衰退阶段，以及影响火灾发展过程的各种消防措施和环境条件。因此，火灾场景的选择要充分考虑建筑物的使用功能、建筑的空间特性、可燃物的种类及分布、使用人员的特征以及建筑内采用的消防设施等因素。设定火灾场景是指在建筑物性能化消防设计和消防安全性能评估分析中，针对设定的消防安全设计目标，综合考虑火灾的可能性与潜在的后果，从可能的火灾场景中选择出供分析的火灾场景。通常，应根据最不利原则选择火灾风险较大的火灾场景作为设定的火灾场景。

1) 火灾危险性

张家口奥体中心内各类场馆具备赛时和赛后功能。因此，赛时，比赛场地中心可燃物主要为比赛所用器材；赛后举行大型演出活动时，可燃物主要为舞台布景、演出设备等。场地四周及周围包厢内的可燃物主要为公共空间内的座椅或包厢内的座椅、装修材料等。对于观众休息厅，不进行商业经营或者堆放任何可燃物，大厅内设置的精品商店内的可燃物为观众休息厅的主要火灾荷载。

(1) 场馆属于公共聚集场所。投入使用时，通常聚集着大量人员。若发生火灾等紧急事件，人员容易惊惶、拥堵疏散出口。

(2) 诱发火灾因素多。大型体育场馆功能完善、结构复杂，内部设置的照明、音响、通信等电器的临建线路较多，易引发火灾；而且场馆正常使用时，场馆内聚集着大量人员，可能存在吸烟、丢弃烟头等现象。除此以外，电器线路老化也是诱发火灾的重要因素。

2) 热释放速率

火灾发生的规模应综合考虑建筑内消防设施的安全水平、火灾荷载的布置及种类、建筑空间大小，以及成熟可信的统计资料、试验结果等确定。

火灾发生从起火到旺盛燃烧阶段，释热速率大致按指数规律增长。赫斯凯斯特得(Heskestad)指出，可用如下二次方程描述：

$$\dot{Q}=\alpha(t-t_0)^2$$

式中 $\dot{Q}$——释热速率(kW)；

α——火灾增长系数(kW/s^2)；

t——点火后的时间(s)；

t_0——开始有效燃烧所需的时间(s)。

在此不考虑火灾的前期酝酿期，即从火灾出现有效燃烧时算起，因此释热速率为

$$\dot{Q} = \alpha t^2$$

“t平方火”的增长速度一般分为慢速、中速、快速和超快速四种类型。池火、快速沙发火大致为超快速型，托运物品用的纸壳箱、板条架火大致为快速型，其火灾增长系数见表1-5。

表1-5　四种标准“t平方火”

增长类型	火灾增长系数/(kW/s²)	达到1 MW的时间/s	典型可燃材料
超快速	0.187 6	75	油池火、易燃的装饰家具、轻的窗帘
快速	0.046 9	150	装满东西的邮袋、塑料泡沫、叠放的木架
中速	0.011 72	300	棉与聚酯纤维弹簧床垫、木制办公桌
慢速	0.002 93	600	厚重的木制品

实际火灾中，热释放速率的变化是个非常复杂的过程，上述设计的火灾增长曲线只是与实际火灾相似。本项目涉及的可燃物包括衣服、沙发、座椅等，均采用快速火进行分析。

3）场馆火灾规模确定

参照国际上通行的水喷淋启动控制火灾规模的方法，计算火灾受到自动灭火设备控制时的火灾规模。即认为自动灭火设备系统启动前，火灾规模按快速型增长；在自动灭火设备启动后，火灾保持恒定规模，不再增长。结合场馆可燃物分布位置，比赛大厅场中央各区域的火灾规模设置如下。

（1）比赛大厅场中央火灾。

场馆设置了智能灭火装置，智能灭火装置在探测到约为0.16 MW火灾规模后，30 s后将水喷出，而快速火增长至0.16 MW需60 s时间，即喷淋启动时间共为90 s，乘以2倍的安全系数，则启动时间为 $90 \times 2 = 180$ s，此时火灾规模为 $0.046\ 89 \times 180 \times 180 = 1.5$ MW。当设置水炮时，根据水炮系统的设计资料，从起火后一直到被扑救前(此时火灾已经达到其最大火灾面积)的时间由以下三部分组成：

① 起火到火灾发展到可以被探测到时间，$t_a = (0.3/2)/0.006 = 25$(s)。

② 探测报警时间 $t_b \leqslant 30$ s。

③ 消防炮定位延迟时间 $t_c \leqslant 120$ s。

$$t = t_a + t_b + t_c = 175(\mathrm{s})$$

考虑2倍的安全因子，$T = 2t = 2 \times 175 = 350$(s)，此时火源热释放速率为

$$\dot{Q}=0.046\,89\times 350^2=5.74(\text{MW})$$

在比赛大厅场中央火灾的烟气控制系统计算中，赛时选取 5 MW 火灾进行计算。

(2) 舞台火灾。

场馆内赛后如有演艺模式，则对该项目分析时考虑自动灭火系统失效的情况，舞台火的最大热释放速率一般为 10 MW，相当于 1 辆厢式货车或者 2 到 3 辆小汽车的火灾规模。

(3) 座椅火灾。

美国消防协会(National Fire Protection Association, NFPA)提出了可堆叠的椅子的放热率。一般来说，椅子会有金属腿和金属框架以及在结构材料上的少量可燃填料。这些椅子单个放起来不会有多大风险，而堆叠起来则可能会引起较大危险。12 把堆叠椅子的热释放速率峰值可达 2 250 kW，相当于燃烧大约 17 min 的中型火灾。表 1 - 6 是一些试验的火灾测试数据。

表 1 - 6　火灾测试数据

火 灾 测 试	高峰释热率/kW	火灾增长速度 α/($kW\cdot s^{-2}$)	注　　解	参　　考
1 堆 6 个座椅，聚丙烯，没有垫子	1 900	0.021 1	额外的 6 min 阴燃期，顶部座椅先燃	Sardqvist, 1993
2 堆 12 个座椅，座椅类型如上	2 200	0.024 4	额外的 5 min 阴燃期，顶部座椅先燃	Sardqvist, 1993
1 堆 4 个座椅，金属框架，PU 泡沫和纤维材质	300	0.013 3	—	Willimanson et al., 1993
1 堆 8 个座椅，座椅类型如上	500	0.011 3	—	Willimanson et al., 1993
1 堆 8 个座椅，座椅类型如上	950	0.066	房间角落燃烧，高峰释热率迅速降低	Willimanson et al., 1993
1 堆 4 个座椅 PU 垫子合板	200	0.003 47	—	Lawson et al., 1983

表 1 - 6 中火灾蔓延速度大部分是在中速和快速之间，大多数接近中速；一个测试的火灾蔓延速度升至高峰比快速蔓延速度还快，而且很快又下降了。此外，火灾在座椅间蔓延是极有可能的，但随着火势蔓延，最初的燃烧物会烧尽。

在奥运会场馆座椅安装过程中，中国建筑科学研究院建筑防火研究所曾针对某场馆使用的座椅进行实体燃烧试验。

火灾试验结果表明：该座椅的材料的燃烧性能为 B2 级，仍具有一定的阻燃特性。在 30 min 试验时间内，火灾仅限于着火座椅区域，后排座椅仅有局部变形，前排座椅后背烧损。其试验结果为性能化评估提供了主要论据，座椅试验照片如图1-13所示，座椅热释放速率曲线如图1-14所示。

图1-13　座椅试验照片

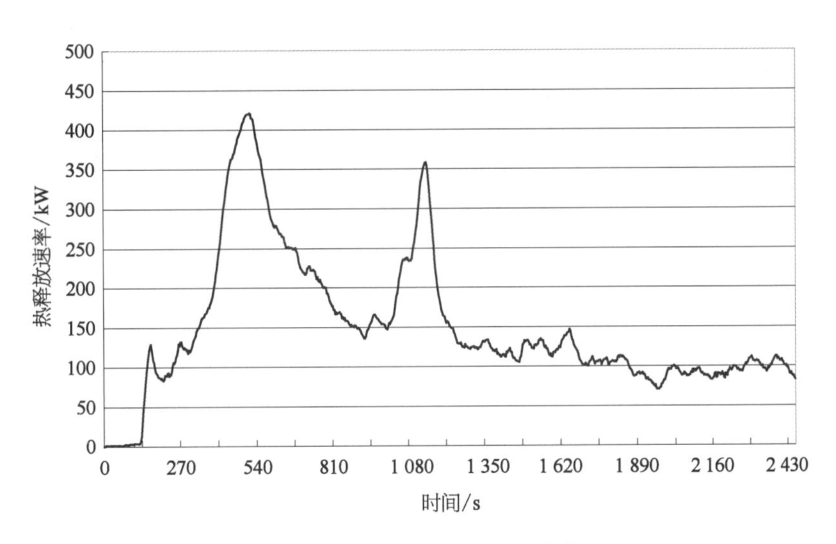

图1-14　座椅热释放速率曲线

根据试验可得，座椅火灾规模最大为0.5 MW，炭黑粒子产生率为0.05。

综上所述，可将本项目座椅区的火灾规模确定为2 MW。

(4) 包厢火灾。

包厢内的座椅通常为沙发类，其数量不多，且呈离散布置。根据沙发试验(图1-15)可知，一个双人沙发发生火灾时的最大热释放速率为3 MW，如图1-16所示。从安全角度考虑，将本项目包厢内座椅发生火灾时的最大火灾规模确定为3 MW。

(5) 休息厅商铺火灾。

在休息厅商铺火灾的烟气控制系统计算中，参考上海市工程建设规范《建筑防排烟技术规程》(DGJ08-88-2006)，见表1-7，选取喷淋有效的商铺火灾3 MW火灾进行计算。

图 1 - 15　沙发火灾试验照片

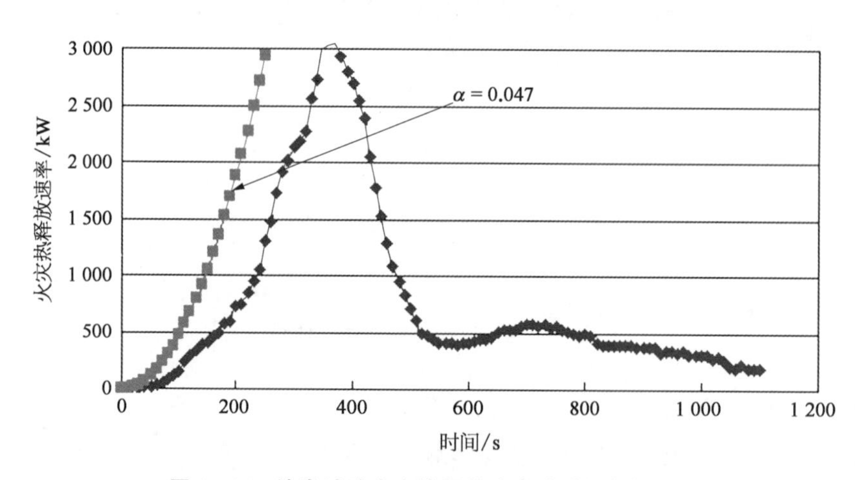

图 1 - 16　沙发试验火灾热释放速率随时间变化曲线

表 1 - 7　《建筑防排烟技术规程》(DGJ08 - 88 - 2006)火灾模型热释放量

建　筑　类　别	热释放量 Q/MW
设有喷淋的商场	3.0
设有喷淋的办公室、客房	1.5

（续表）

建　筑　类　别	热释放量 Q/MW
设有喷淋的公共场所	2.5
设有喷淋的汽车库	1.5
设有喷淋的超市、仓库	4.0
设有喷淋的中庭	1.0
无喷淋的办公室、客房	6.0
无喷淋的汽车库	3.0
无喷淋的中庭	4.0
无喷淋的公共场所	8.0
无喷淋的超市、仓库	20.0

注：设有快速响应喷头的场所可按本表减小40%。

(6) 体育场环道车辆火灾。

体育场首层北侧、东侧、南侧设置有车行环道，环道内可通行大巴和小型汽车。一般来说，大巴的火灾规模高于小汽车。表1-8给出了《公路隧道通风设计细则》(JTG/T D70/2-02—2014)、PIARC—1995(表1-9)、NFPA 502—2017(表1-10)规范中关于隧道车辆的火灾功率数据。环道为单向行车，长度小于100 m，综合这几本规范的车辆火灾规模设计要求，本项目选取20 MW作为环道大巴车辆的设计火灾规模。

表1-8　JTG/T D70/2-02—2014隧道火灾最大热释放率　　单位：MW

通行方式	隧道长度/m	公路等级		
		高速公路	一级公路	二、三、四级公路
单向交通	$L>5\,000$	30	30	—
	$1\,000<L\leqslant5\,000$	20	20	—
双向交通	$L>4\,000$	—	—	20
	$2\,000<L\leqslant4\,000$	—	—	20

世界道路协会PIARC—1995年隧道车辆火灾数据及汽车火灾荷载与规模的研究内容如下：

表 1-9　PIARC—1995 年隧道车辆火灾功率

车　辆　类　型	建　议　值/MW
1 辆小客车	2.5
1 辆大客车	5
2 到 3 辆客车	8
面包车	15
公共汽车	20

表 1-10　NFPA 502—2017 中文版车辆火灾功率

车　辆　类　型	试　验　峰　值/MW
1 辆小汽车	5～10
多辆汽车	10～20
公共汽车	25～34

(7) 体育场环道周围库房火灾。

参考上海市工程建设规范《建筑防排烟技术规程》选取喷淋有效的仓库火灾 4 MW 火灾进行计算。

综上所述，本项目场馆火灾规模设计的统计情况见表 1-11。

表 1-11　本项目场馆火灾规模设计的统计情况

场　　所	设计值/MW
比赛场地赛时及赛后舞台水炮灭火有效	5
比赛场地赛后舞台火灾失效	10
座椅	2
包厢	3
观众休息厅商铺喷淋有效	3
环道大巴	20
环道周围库房	4

1.1.3.4 STEPS软件中疏散人数设置原则

1）人员类型

人员类型可以简化并分为：成年男性、成年女性、儿童和长者，见表1－12。根据不同功能区域确定人员类型组成并参照Simulex疏散模型所建议的数值。

表1－12 人员种类及组成 单位：%

人员种类	成年男性	成年女性	儿童	长者
观众席	50	40	5	5
功能房间、办公人员	50	50	0	0

2）人员速度

各人员种类的平面最高行走速度参考了英国SFPE Handbook、美国NFPA130规范及Simulex的建议（表1－13）。

表1－13 人员速度和形体特性

人员类型	步行速度/(m/s)		形体尺寸[肩宽(m)×背厚(m)×身高(m)]
	看台走道、坡道，楼梯	休息厅、水平走廊、出入口	
成年男性	0.78	1.30	0.4×0.3×1.7
成年女性	0.66	1.10	0.4×0.28×1.6
儿童	0.54	0.90	0.3×0.25×1.3
老人	0.48	0.80	0.5×0.25×1.6

人员在楼梯间的行走速度则是基于Fruin建议的安全流量取得。Fruin建议，在有限的空间情况下，楼梯间的人员密度应设计为1.1～2.7人/m^2以确保安全。基于图1－17 SFPE Handbook中的人员密度与人员移动速度的关系，取得参考平均楼梯间行走速度。

假设在看台走道、坡道和楼梯中的行走速度为平面步行速度的0.6倍。

模型只模拟有行动能力的人员，对于残障人士则假设由其他方式逃离，例如由消防队员或专门人员协助、使用无障碍坡道或消防电梯疏散。

除了人员行走速度外，亦要考虑在出口和楼梯间的人流流量。本项目中门口走道和楼梯间的参考单位宽度人员流量，根据英国SFPE Handbook中的逃生人员流动速率与密度的关系（图1－18），并参考NFPA130和英国《体育场建筑安全设计指南》（简称“《绿色指南》”）提出的人员疏散速度和人流流量数据（表1－14）。

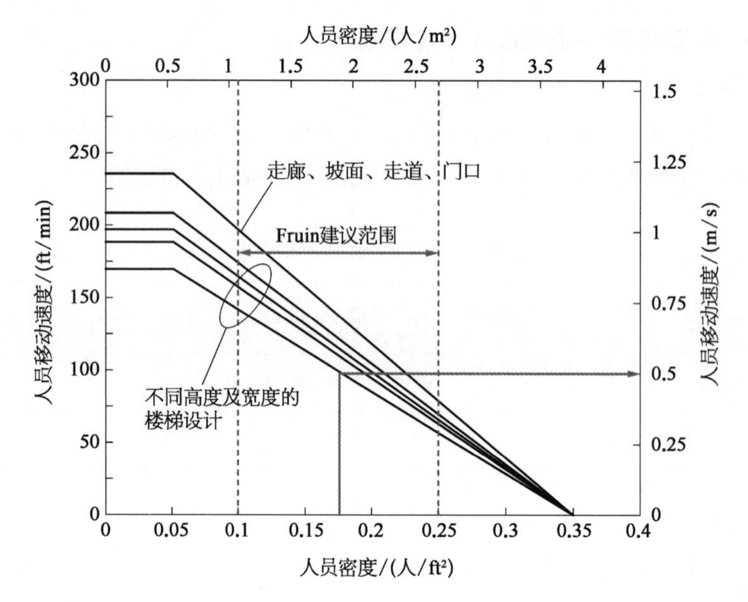

图 1-17　人员密度与人员移动速度的关系

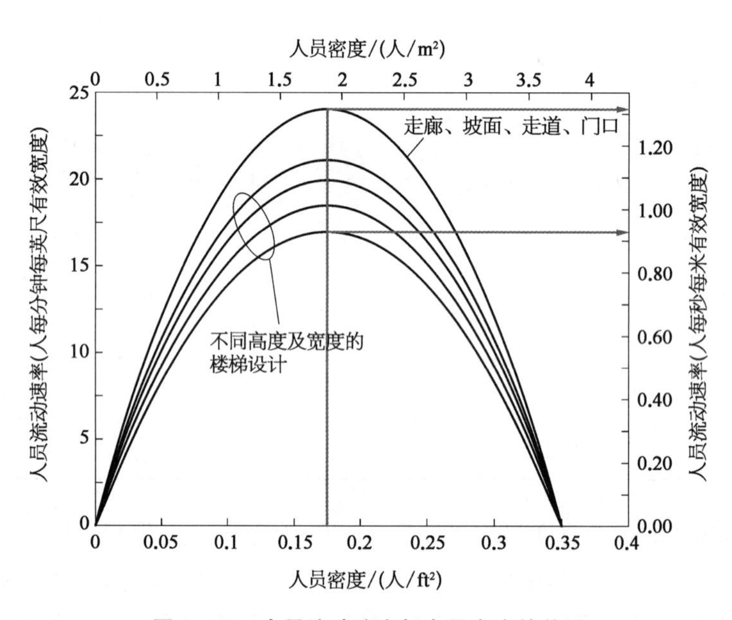

图 1-18　人员流动速率与人员密度的关系

表 1-14　人流流量数据

<table>
<tr><th>出入通道</th><th colspan="2">最大单位人流流量/[人/(m·min)]</th><th>参考资料</th></tr>
<tr><td rowspan="3">看台走道、坡道，楼梯</td><td colspan="2">73</td><td>《绿色指南》</td></tr>
<tr><td>上行</td><td>62.6</td><td>NFPA130</td></tr>
<tr><td>下行</td><td>71.65</td><td>NFPA130</td></tr>
</table>

（续表）

出入通道	最大单位人流流量/[人/(m·min)]	参考资料
休息厅、水平走廊、出入口	109	《绿色指南》
	89.37	NFPA130

英国体育场《绿色指南》提出的单位人流流量为可能出现的最大单位人流流量。在工程分析中应在此基础上进行一定的折减，本项目采用的最大单位人员流量见表1-15所示。

表1-15　单位宽度人流流量

出入通道	看台走道、坡道，楼梯	休息厅、水平走廊、出入口	对室外门
最大单位人流流量/[人/(m·s)]	0.94	1.33	1.33

注：此处取得的宽度为有效宽度。

有效宽度是出口或楼梯间的净宽度减去边界层宽度。根据消防工程学关于人员疏散分析原理，认为在大量人流进行疏散过程中，靠近障碍物的人员通常倾向与障碍物之间留有一条空隙，称之为边界层。边界层的宽度是参考SFPE Handbook中的建议数值，见表1-16。

表1-16　不同出入通道的边界层宽度

出入通道	边界层宽度/cm
楼梯墙壁间	15
扶手中线间	9
音乐厅座椅，体育馆长凳	0
走廊，坡道	20
障碍物	10
广阔走廊，行人通道	46
大门，拱门	15

将单位宽度人流流量值乘以各个出口及楼梯间的有效宽度，则得到人员疏散行动模拟中各个出口及楼梯间的疏散人流流量，即进而得到疏散通道上模拟的人流流量。

1.1.4 人员疏散安全性分析

1.1.4.1 体育场首层环道

体育场首层环道所在区域共划分为 3 个防火分区(图 1-19),其中北侧防火分区面积最大,连续环道长度最长,选取该防火分区的环道进行火灾场景分析。

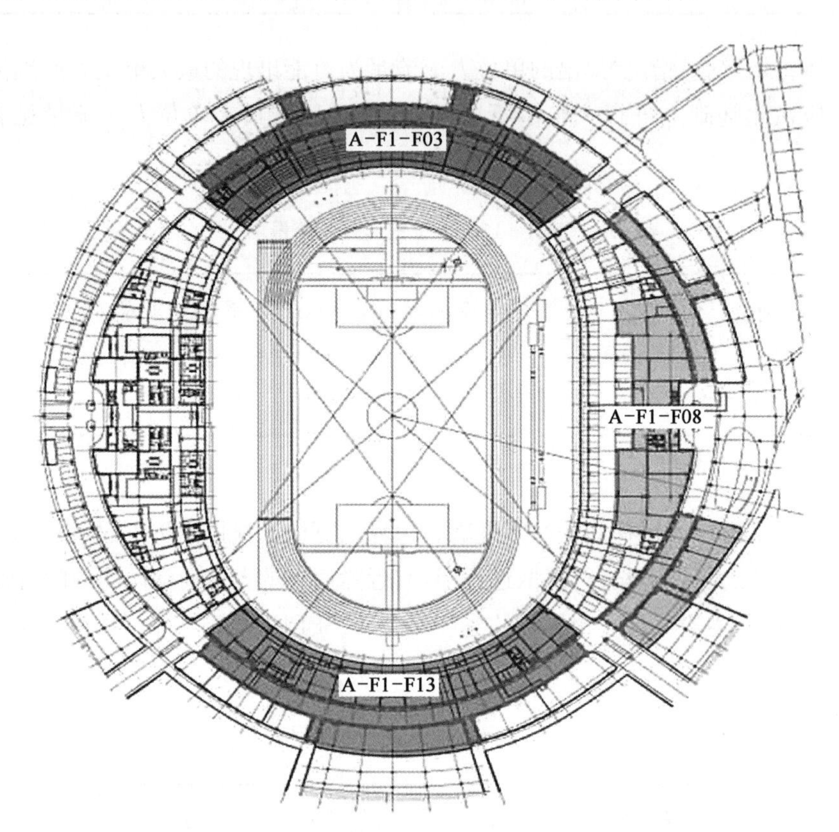

图 1-19 张家口奥体中心体育场含环道防火分区

1) 排烟补风设计概况

北侧防火分区环道与周边功能房间共用排烟风机,排烟量按最大防烟分区的 120 m^3/hm^2 设计,排烟风机风量为 45 000 m^3。环道最大防烟分区面积为 375 m^2,同时也为该防火分区内最大的防烟分区面积。

2) 疏散设计概况

体育场首层环道北侧防火分区包括室内热身场地,疏散人数最多,为 200 人。

3) 火灾场景设置

体育场北侧防火分区环道及周边球类器材库房内设置了 2 个火源位置,并考察了环道的火灾安全性。其中库房面积 472 m^2,火灾场景设计见表 1-17,火源位置示意如图 1-20 所示。

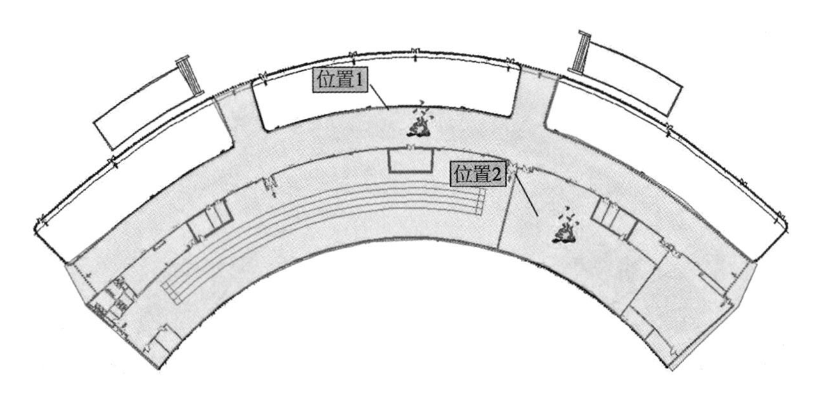

图 1-20　张家口奥体中心体育场首层室内热身场地火源位置示意

表 1-17　张家口奥体中心体育场火灾场景设计

火源编号	火灾场景编号	火灾规模/MW	火源类型	机械排烟系统 45 000 m^3/h	喷淋系统
位置 1	C1	20.0	快速火	有效	失效
位置 2	C2	4.0	快速火	有效	失效

4）人员疏散时间计算

（1）基本概况。

所分析区域的防火分区面积为 3 723 m^2，该防火分区内的室内热身场地疏散人数按 200 人计算。

火灾发生时，人员疏散时间与疏散开始时间有关，也与人的疏散运动时间有关。疏散运动时间的长短与建筑物内疏散通道的长度、宽度，人员的数量和行进速度等参数有关。

（2）疏散开始时间计算。

本场景房间疏散开始时间计算方法，采用《日本避难安全检证法》提供的房间疏散开始时间（表 1-18）量化计算方法，其计算方法为

$$t_{\text{start}}=\frac{\sqrt{\sum A_{\text{floor}}}}{30}$$

表 1-18　房间疏散开始时间

参　数	防火分区面积/m^2	房间疏散开始时间/s
数　值	3 723	122

（3）疏散行动时间计算。

热身场地内任一点到达疏散门的距离以及疏散门至室外的距离示意如图 1-21 所示。其中，疏散至室外的最大直线距离为 47 m。

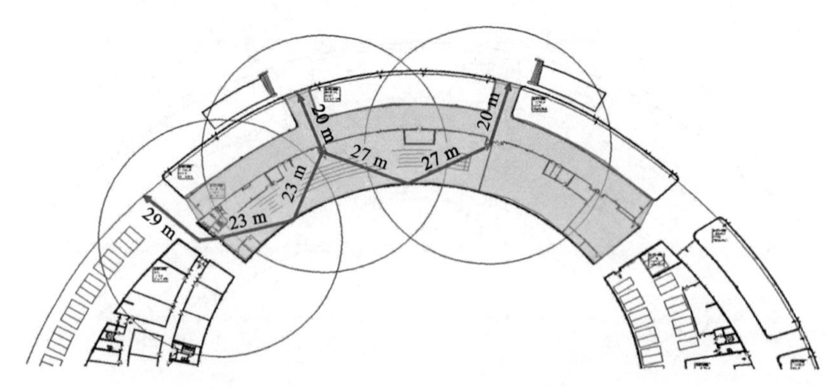

图 1-21　张家口奥体中心体育场首层疏散距离(圆半径为 37.5 m)

人的行进速度与人员密度、年龄和灵活性有关。当人员密度小于 0.5 人/m^2 时，人群在水平地面上的行进速度可达 70 m/min 且不会发生拥挤。热身场地面积 1 260 m^2，疏散人数 200 人，可得人员密度为 0.05 人/m^2(小于 0.5 人/m^2)，人群在水平地面上的行进速度可取 70 m/min。本场景人员疏散步行时间见表 1-19。

表 1-19　人员疏散步行时间

疏 散 区 域	最大步行距离/m	平均步行速度/(m/s)	步行时间/s
含环道最大面积防火分区	47	1.17	40

(4) 出口通过时间。

参考《建筑设计防火规范》中 5.3.9 的条文说明(规范第 238 页)，平坡地面的每股人员流量为 43 人/min，阶梯地面的每股人员流量为 37 人/min，则每分钟每米宽度的人员流量(即流出系数)分别为 43/0.55≈78(人)和 37/0.55≈67(人)。本项目热身场地与环道地面高度相差很小，按照平坡地面流出系数 43/0.55≈78(人)计算。

室内热身场地有三个疏散门，单个疏散门净宽度为 1.5 m。三个疏散门均可就近疏散至室外，且该室外开口完全敞开，净宽度为 6.7 m。在分析热身场地出口通过时间时仅考虑疏散门。室内热身场地疏散示意如图 1-22 所示，其疏散宽度见表 1-20。

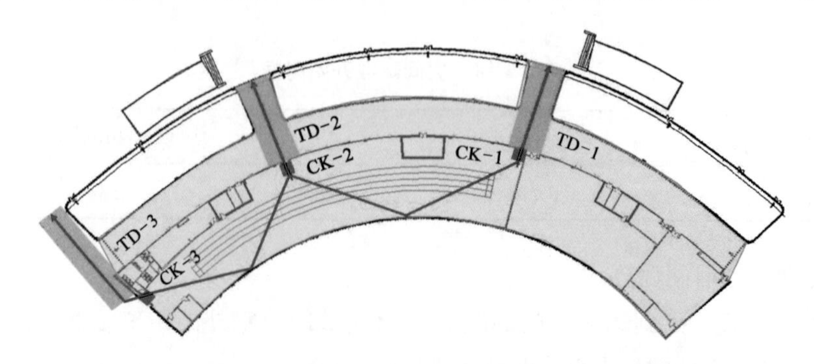

图 1-22　张家口奥体中心体育场首层室内热身场地疏散示意

表 1 - 20　张家口奥体中心体育场首层室内热身场地疏散宽度

区　域	出口类型	疏散宽度/m	备　注
首层室内热身场地	出口(CK - 1、CK - 2、CK - 3)	3×1.2	通向走道
	通道(TD - 1、TD - 2、TD - 3)	3×6.7	通向室外

在计算疏散出口流出时间时对应的疏散宽度为疏散净宽度减去边界层宽度。边界层的宽度是参考 SFPE 手册中的建议数值,门的边界层宽度为 0.15 m,见表 1 - 21。门有两个边界层,边界宽度和为 0.30 m。计算可得室内热身场地单个出口的疏散宽度为 1.20 m,出口通过时间见表 1 - 22。

表 1 - 21　经典通道的边界层宽度

出　入　通　道	边界层宽度/cm
楼梯墙壁	15
扶手栏杆	9
剧院座椅	0
走廊的墙	20
其他的障碍物	10
宽通道处的墙	46
门	15

表 1 - 22　出口通过时间

疏散区域	疏散人数/人	疏散流量/(人/min)	疏散总宽度/m	出口通过时间/min
含环道最大面积防火分区	200	78	3.6	0.71(43 s)

(5) 北侧防火分区内人员安全疏散时间计算。

结合疏散开始时间为 122 s,可以得到室内热身场地人员疏散时间为 205 s,见表 1 - 23。

表 1 - 23　疏散时间表　　单位:s

参数	房间疏散开始时间	人员疏散行动时间	出口通过时间	人员安全疏散时间
数值	122	40	43	205

5）烟气模拟结果

本项目内设置了 2 个火源位置，每个火源位置均结合自动喷水灭火系统的有效性、排烟系统的有效性设计了不同工况。其模拟结果见表 1－24。

表 1－24　危险来临时间统计表

场景编号	假设条件		区　域	ASET/s
	排烟系统	自动灭火系统		
C1	有效	失效	环道上方 2 m	531
C2	有效	失效	体育器械储藏室上方 2 m	>1 800

6）人员疏散安全性分析

结合中环道内和房间内的火灾场景模拟，环道内发生火灾时，直通室外的敞开口将着火区域隔离出来，其危险来临时间为 531 s，相邻的其他环道区域在 1 800 s 内未出现危险情况。

房间内发生火灾时，烟气溢出房间在环道内蔓延扩散，但环道内 1 800 s 内未出现能见度低于 10 m 的危险情况。通过前面的计算，可知室内热身场地人员安全疏散所需时间为 205 s，低于环道内发生火灾后的危险来临时间。因此，火灾发生后，室内热身场地人员均可以安全疏散。本项目体育场环道人员疏散安全性对比分析见表 1－25。

表 1－25　张家口奥体中心体育场环道人员疏散安全性对比分析

火灾场景	对应疏散场景	位　置	REST/s	烟气危险来临时间/s	安全性判定
C1	含环道的最大面积防火分区	环道内	205	531	安全
C2		体育器械储藏室内		>1 800	安全

1.1.4.2　体育馆

1）排烟补风设计概况

体育馆所有不具备自然通风条件的封闭楼梯间，设置机械加压送风防烟系统，地下室防烟楼梯间加压送风，使其处于正压状态（设计参数：防烟楼梯为 40～50 Pa，前室为 25～30 Pa），以阻止烟气渗入，便于建筑内人员能安全离开。地下室无窗房间排烟时补风由专用补风机补风，补风机与排烟风机连锁启停。

比赛大厅排烟系统按照中庭设置，体育馆比赛大厅体积为 365 000 m^3，体积大于 17 000 m^3，排烟量按照其体积的每小时 4 次换气计算，为 365 000 m^3×4 次/h=1 460 000 m^3/h。比赛大厅共设置 30 台排烟风机，每台排烟量为 50 000 m^3/h，总计 1 500 000 m^3/h。其他区域按照规范设计，排烟风机及排烟口设置情况如图 1－23 所示。

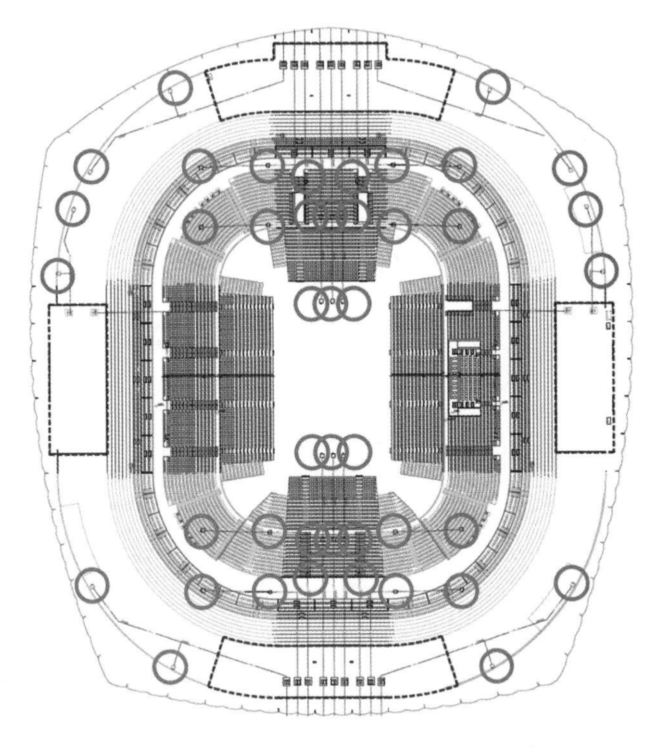

图 1－23　比赛大厅排烟口设置位置示意

比赛大厅补风采取机械补风与自然补风方式，机械补风结合空调系统从座椅下方补风，机械补风总量为 194 625 m^3/h，占总排烟量的 13%，剩余部分由外门进行自然补风(图 1－24)，经核算，外门补风速度约为 1.29 m^3/s。

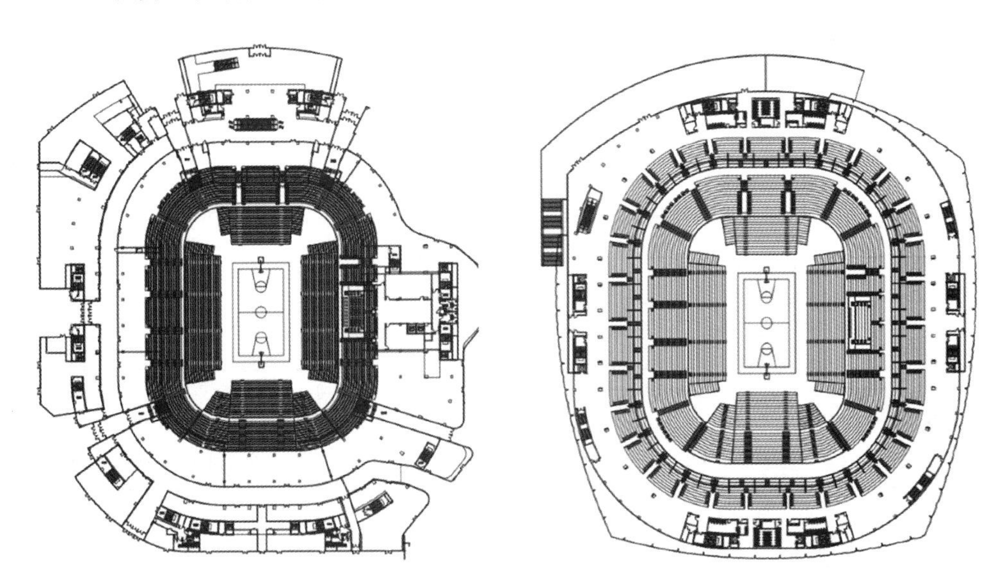

图 1－24　体育馆首层(左)及二层(右)可提供自然补风的外门位置

2）疏散设计概况

（1）疏散宽度统计。

① 地下一层（图 1－25）为场地中央区域，赛时为比赛场地，赛后为文艺演出场地。赛时主要为运动员、裁判员等人员，赛后为观众区域和舞台区域。因此当赛后模式时，比赛中心场地人员最多。地下一层疏散宽度统计见表 1－26。

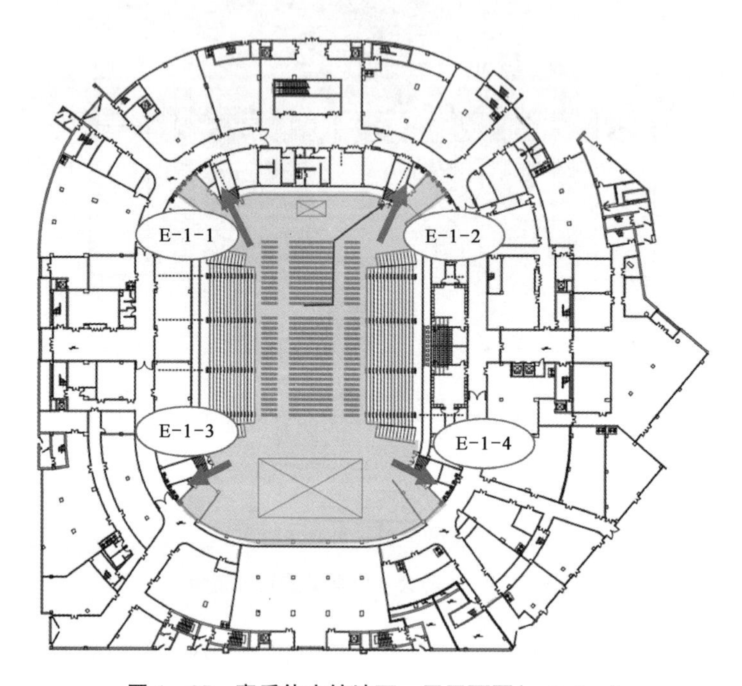

图 1－25 赛后体育馆地下一层平面图（－6.2 m）

表 1－26 地下一层疏散宽度统计

位　　置	出口编号	独立宽度/m	备　　注
地下一层（－6.2 m）	E－1－1～E－1－4	4×4＝16	赛后模式人员最多

② 首层（图 1－26）观众厅人员通过两个疏散门疏散至一层观众休息厅，进而疏散至首层室外空间。赛时观众厅人员最多。首层疏散宽度统计见表 1－27。

表 1－27 首层疏散宽度统计

位　　置	出口编号	独立宽度/m	备　　注
首层（0 m）	E1－1～E1－4	1.5×2＝3	赛时观众厅人员最多

③ 二层（图 1－27）为观众主要疏散平台，活动座椅区人员和固定座椅区人员通过观众区疏散走道疏散至二层平台，人员通过二层疏散门疏散至观众休息厅，进而通过二

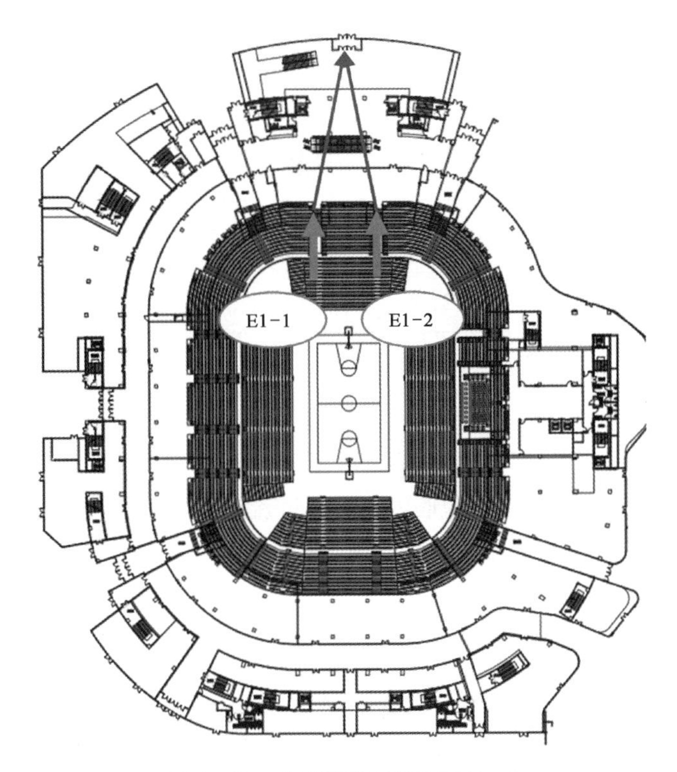

图 1-26　体育馆首层平面图(0 m)

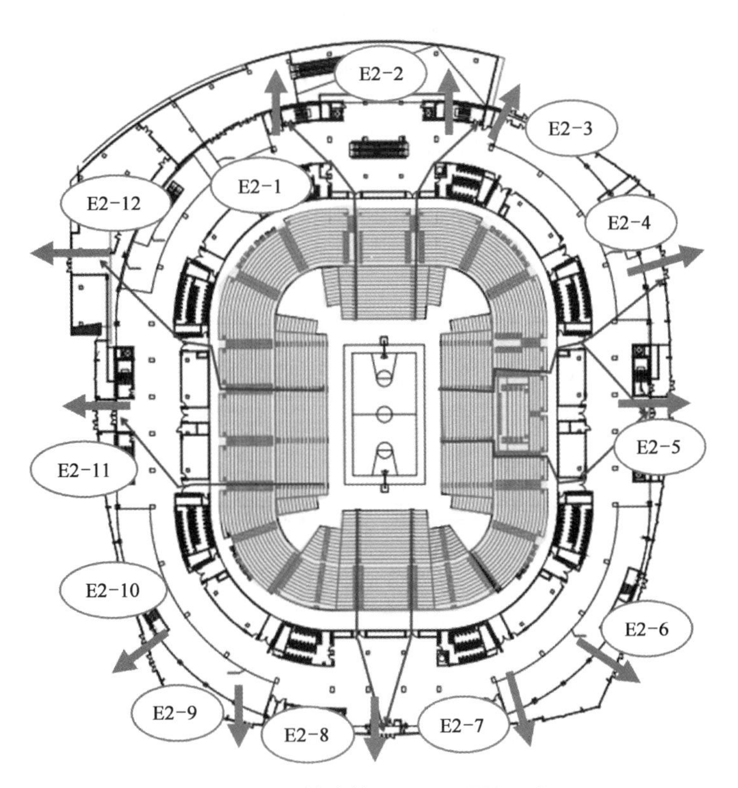

图 1-27　体育馆二层平面图(6 m)

层室外平台和疏散楼梯疏散至室外。赛时观众人数最多。二层疏散宽度统计见表1-28。

表1-28 二层疏散宽度统计

<table>
<tr><th>位　置</th><th>出口编号</th><th>独立宽度/m</th><th>备　注</th></tr>
<tr><td rowspan="2">二层(6.0 m)</td><td>E2-1、E2-2</td><td>1.5×2=3</td><td rowspan="3">赛时人数最多</td></tr>
<tr><td>E2-3～E2-12</td><td>4×10=40</td></tr>
<tr><td colspan="2">总　计</td><td>43</td></tr>
</table>

④ 三层(图1-28)为包厢区,包厢内人员通过疏散门疏散至包厢休息厅,通过8部疏散楼梯疏散至室外。三层疏散宽度统计见表1-29。

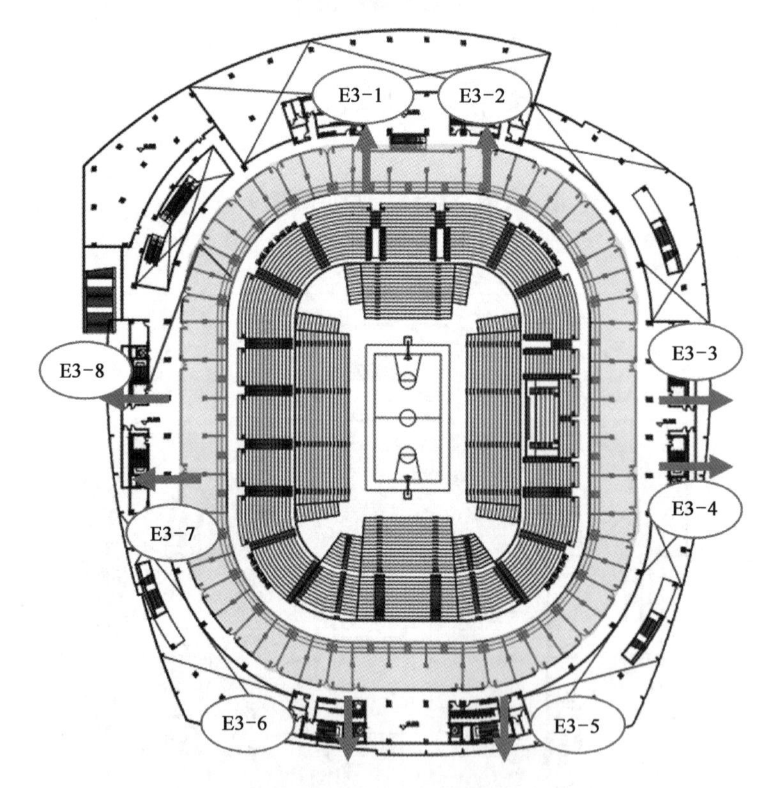

图1-28 体育馆三层平面图(10.5 m)

表1-29 三层疏散宽度统计

位　置	出口编号	宽度/m	备　注
三层(10.5 m)	E3-1～E3-8	1.5×8=12	赛时人数最多

⑤ 四层(图1-29)为临时座椅区,人员从座椅区直接通过8部疏散楼梯疏散至室外。赛时观众人数最多。四层疏散宽度统计见表1-30。

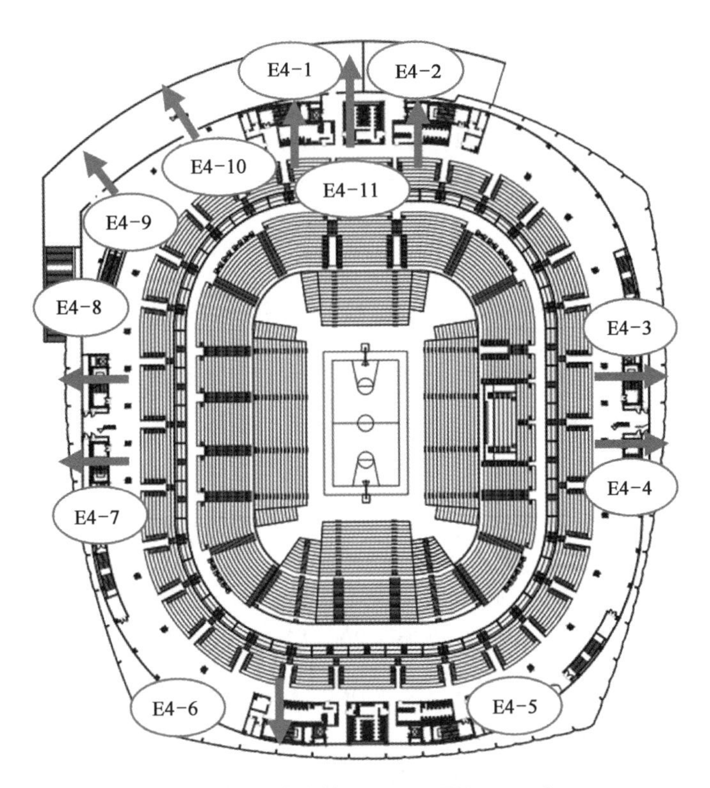

图1-29　体育馆四层平面图(14.5 m)

表1-30　四层疏散宽度统计

位　　置	出口编号	宽度/m	备　　注
四层(14.5 m)	E4-1～E4-8	1.5×8=12	赛时人数最多
	E4-9～E4-11	2×5=10	
总　计		22	

(2) 疏散人数计算。

体育馆比赛场地包含场地中央人员和座椅区人员。分为赛时模式和赛后模式,赛时模式承办国内综合性和国际单项室内赛事(体操、手球、篮球、排球、乒乓球等),同时可兼作为冰上项目(冰球、短道速滑、花样滑冰等)场馆使用,赛后模式可承办文艺演出等活动。

① 赛时模式的疏散人数统计(表1-31)。

a. 比赛场地人员,举办比赛时,场地内的人员主要由运动员、教练员、随队人员、裁判员,以及媒体记者组成。体育馆规模较大,其比赛场地的总人数是按300人进行设计的。

b. 观众区人数,对于观众看台,可按看台座椅数量确定观众厅人数。观众座席数为15 000座(固定座椅5 700座,活动座椅4 300座,临时座椅5 000座)。同时,考虑场馆内配套的办公区和设备区以及公共区的工作人员,假设其为观众总人数的5%。

c. 主席台,根据主席台座椅人数计算,并考虑工作人员,人数为100人。

表1-31 赛时模式的疏散人数统计

位　　置	人数/人	总计/人
比赛场地	300	16 150
观众区	15 000	
主席台	100	
工作人员	750	

② 赛后模式的疏散人数统计(表1-32)。

a. 比赛场地人员,赛后比赛场地为文艺演出使用,比赛场地布置舞台、座椅(图1-30)。其中,座椅为1 200个,则人数为1 200人;舞台面积为353 m^2,舞台人员密度为0.5人/m^2,因此舞台人员为177人;考虑工作人员为观众人数的5%,因此比赛场地工作人员为60人。共计1 437人。

b. 观众区人数,赛后体育馆为演艺模式,由于拆除部分活动座椅,因此活动座椅区人数为2 152人。同时,由于舞台演出视角的问题,部分座椅无法观看演出,因此观众区人数为9 150人。考虑工作人员为观众人数的5%,因此观众区工作人员为458人。共计9 608人。

c. 主席台,根据主席台座椅人数计算,并考虑了工作人员,人数为100人。

表1-32 赛后模式的疏散人数统计

位　　置	人数/人	总计/人
比赛场地观众区	1 200	11 145
比赛场地舞台	177	
比赛场地工作人员	60	
观众区	9 150	
主席台	100	
观众区工作人员	458	

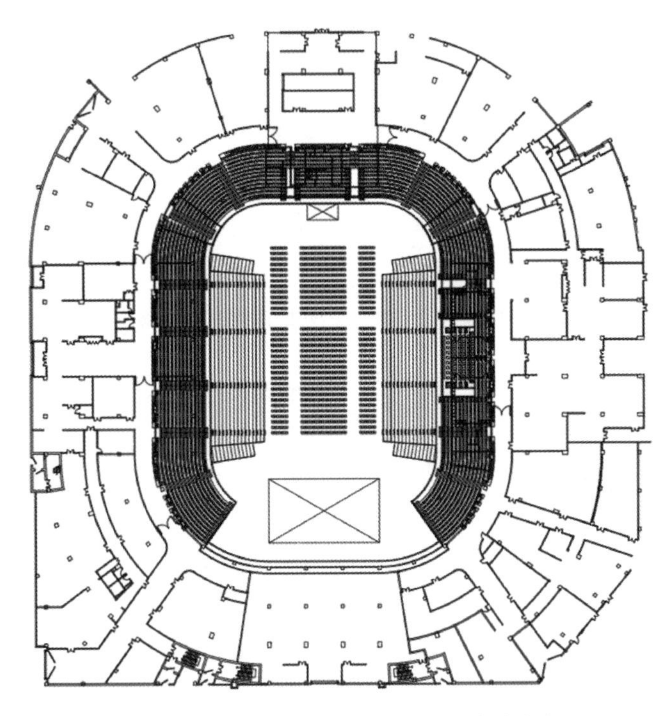

图 1－30　赛后观众活动座椅和固定座椅的布置

(3) 疏散宽度校核(表 1－33)。

本项目中心场地疏散宽度按 1 m/百人。观众厅平坡地面疏散宽度为 0.32 m/百人，楼梯疏散宽度为 0.37 m/百人。

表 1－33　观众厅防火分区疏散宽度统计

位　置	疏散人数计算依据	人数/人	所需疏散宽度/m	独立疏散宽度/m	宽度满足率/%	备　注
地下一层	1 200 座席＋舞台 177 人＋工作人员 60 人	1 437	14.37	16	1.11	赛后人数最多
首层、二层	座椅 8 600＋工作人员 430(8 600×0.05)	9 030	33.41	46	1.38	赛时人数最多
三层	1 200 包厢座席＋工作人员 60(1 200×0.05)	1 260	4.662	12	2.57	
四层	5 000 座席＋工作人员 250(5 000×0.05)	5 250	19.427	22	1.13	

3) 火灾场景设置

火灾场景设置见表 1－34，B1 层、2F 层、3F 层和 4F 层火源位置示意分别如图 1－31～图 1－34 所示。

表 1－34　火灾场景设置

火灾场景编号	火灾规模/MW	火源位置	火源类型	灭火系统	排烟系统	备注
C1－1	10.0	场地南侧舞台	快速火	失效	有效	赛后，场地南侧座椅拆除
C1－2				失效	失效	
C2	2.0	场地中央座椅区	快速火	有效	有效	赛后
C3	2.0	场地东侧标高为－1.7 m 的座椅区	快速火	有效	有效	赛后
C4	3.0	二层标高为 6 m 的观众服务区	快速火	有效	有效	赛时，观众服务区门打开
C5－1	3.0	三层南侧标高为 10.5 m 的包厢火灾	快速火	有效	有效	赛时，包厢门关闭
C5－2				有效	失效	
C6	2.0	四层西侧标高为 16 m 临时座椅区	快速火	有效	有效	赛时

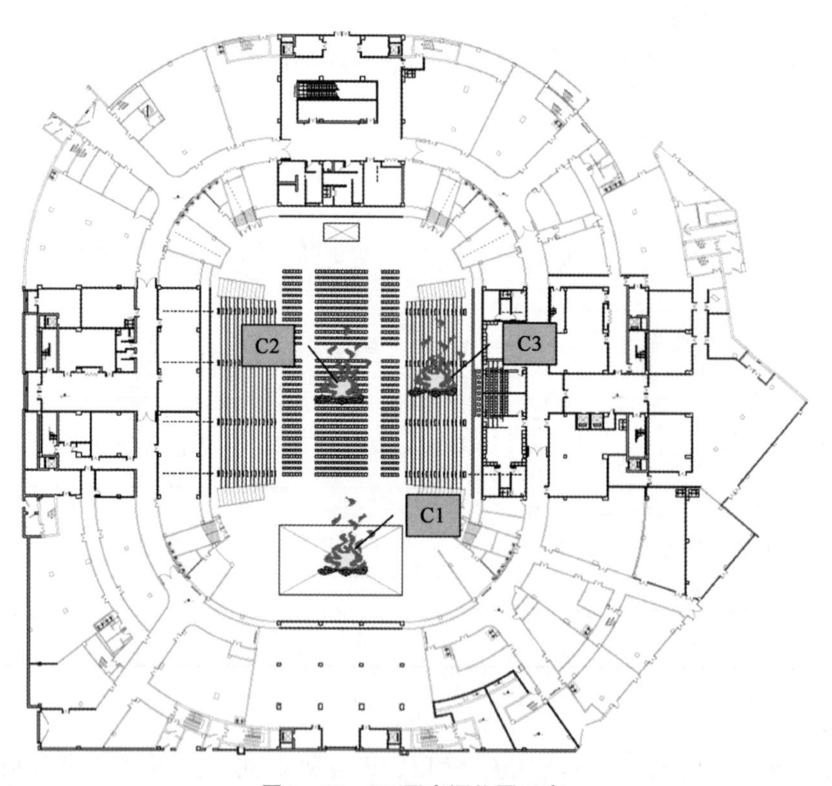

图 1－31　B1 层火源位置示意

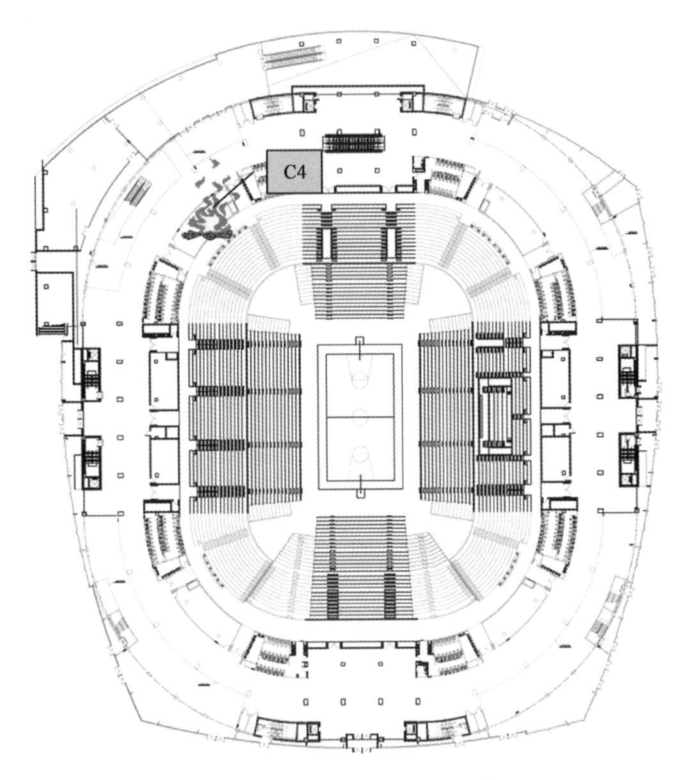

图1-32　2F层火源位置示意

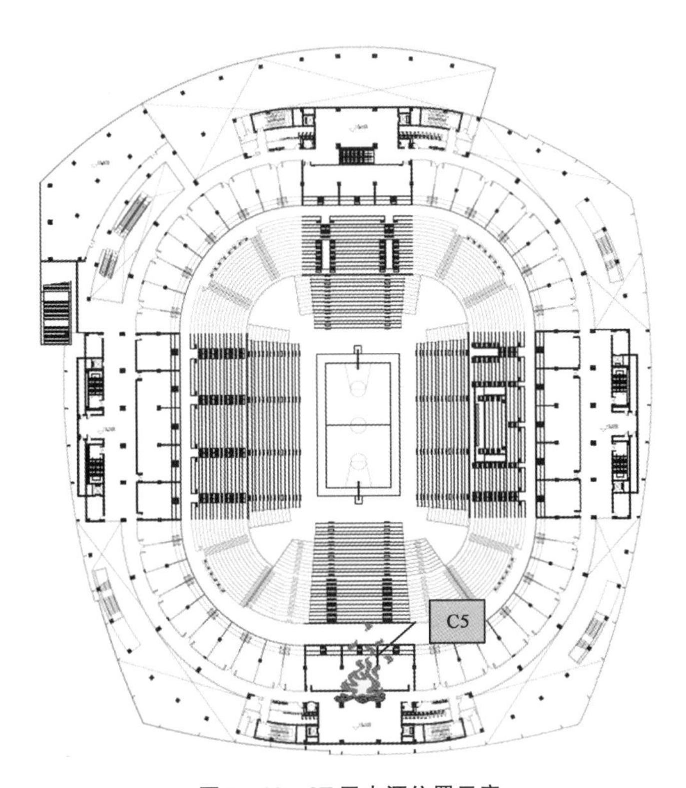

图1-33　3F层火源位置示意

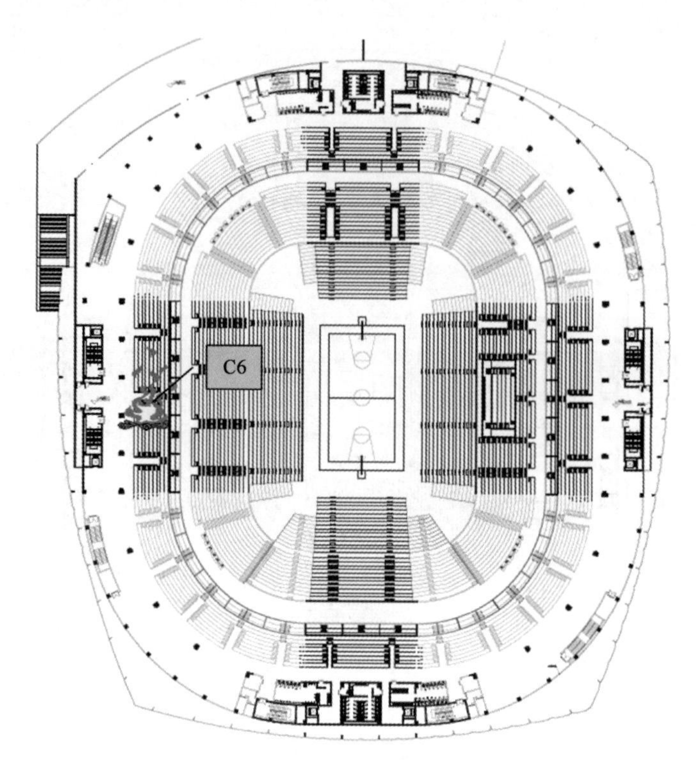

图 1-34　4F 层火源位置示意

4）疏散场景设置

疏散场景设置见表 1-35，疏散场景 S2、S3、S4 和 S5 疏散封堵示意分别如图 1-35～图 1-38 所示。

表 1-35　疏散场景设置

疏散场景	火源位置	对应火灾场景	出口及楼梯情况	备注
S1	场地南侧舞台（位置 1）、场地中央座椅（位置 2）	C1、C2	不封堵疏散门、疏散通道、疏散楼梯、安全出口	全体疏散（赛后）
S2	场地东侧标高为－1.7 m 的座椅区（位置 3）	C3	封堵观众区疏散通道，不封堵其他疏散门、疏散通道、疏散楼梯、安全出口	全体疏散（赛时）
S3	二层标高为 6.1 m 的观众服务区（位置 4）	C4	封堵二层通往室外出口一个，不封堵其他疏散门、疏散通道、疏散楼梯、安全出口	全体疏散（赛时）
S4	三层南侧标高为 10.6 m 的包厢火灾（位置 5）	C5	封堵火源附近的疏散楼梯，其他不封堵疏散门、疏散通道、疏散楼梯、安全出口	全体疏散（赛时）
S5	四层西侧标高为 16 m 临时座椅区（位置 6）	C6		

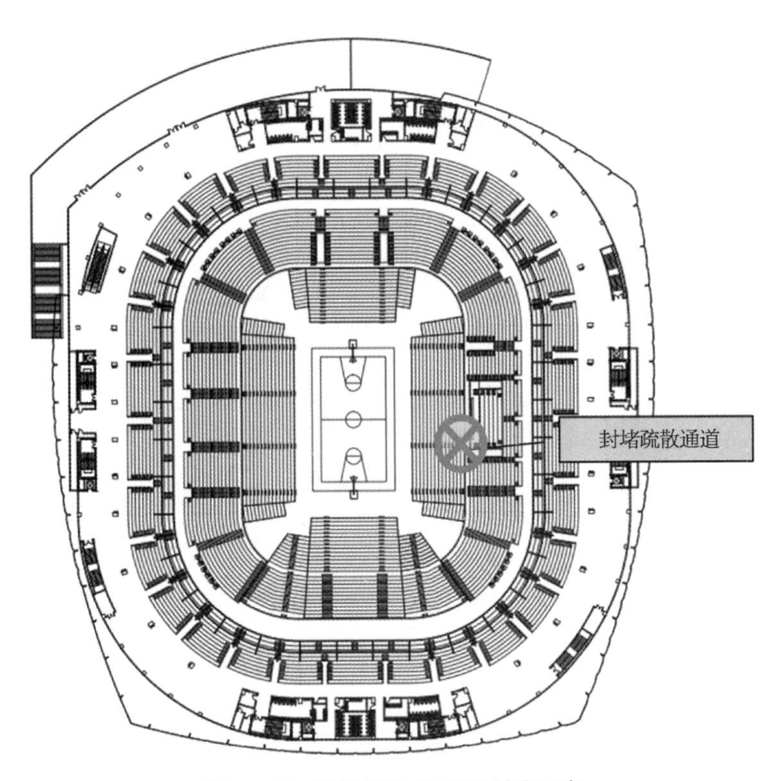

图 1－35　疏散场景 S2 疏散封堵示意

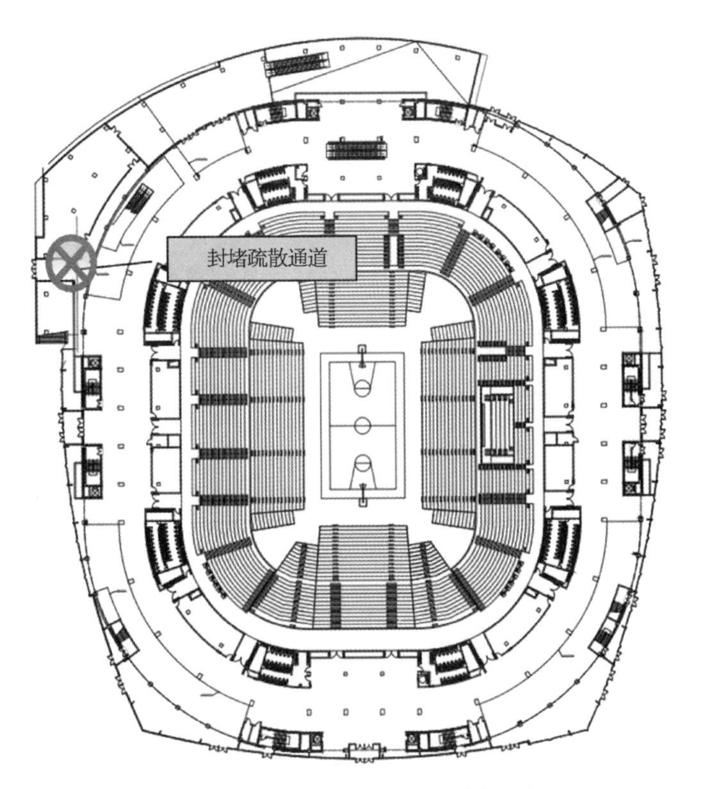

图 1－36　疏散场景 S3 疏散封堵示意

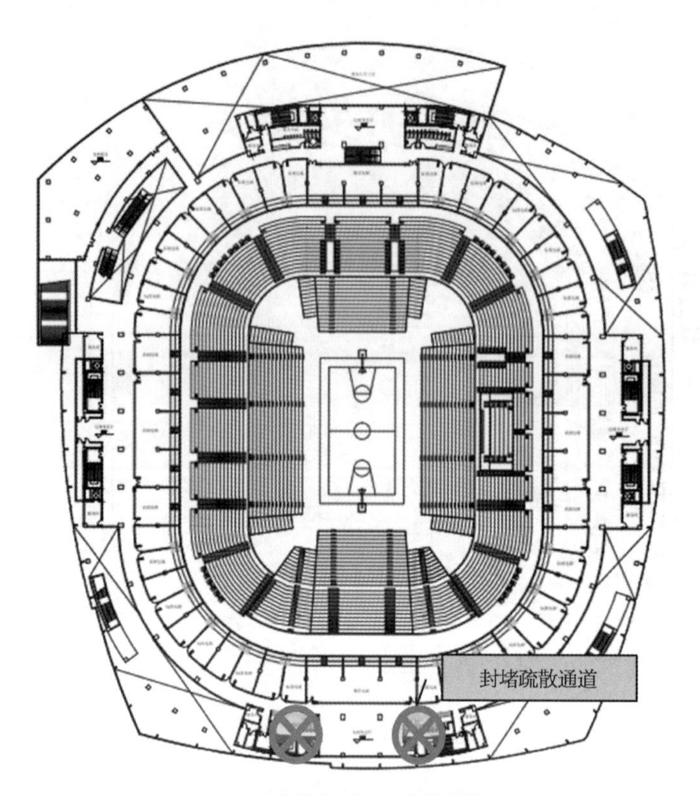

图 1-37　疏散场景 S4 疏散封堵示意

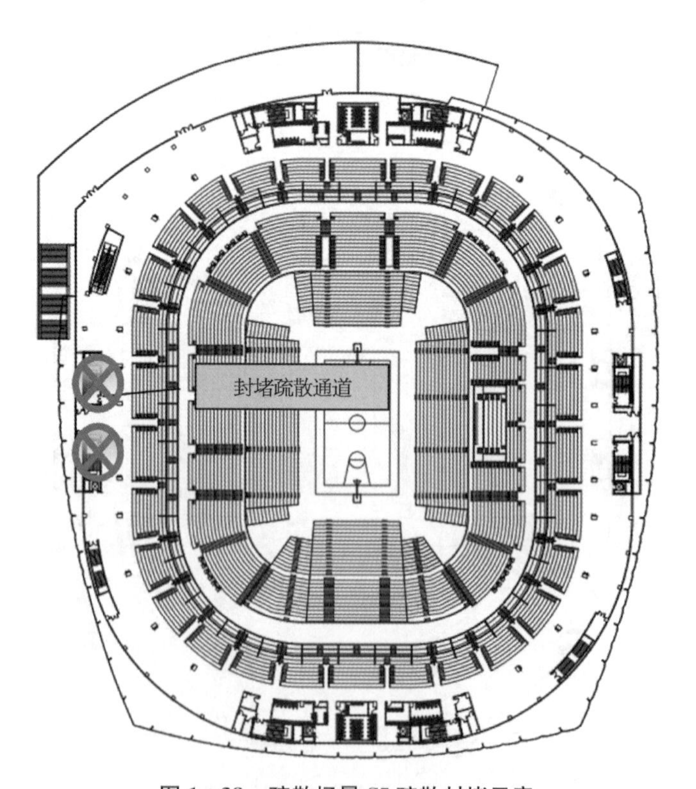

图 1-38　疏散场景 S5 疏散封堵示意

5）烟气模拟结果

本项目内设置了 6 个火源位置，每个火源位置均结合自动喷水灭火系统和排烟系统的有效性设计了不同工况，其模拟结果见表 1－36。

表 1－36　危险来临时间统计

场景编号	假设条件		区　域	ASET/s
	排烟系统	自动灭火系统		
C1－1	有效	失效	比赛大厅清晰高度平面	>1 800
			三层地面上方 2 m	>1 800
			二层地面上方 2 m	>1 800
			地下一层地面上方 2 m	>1 800
C1－2	失效	失效	比赛大厅清晰高度平面	>1 800
			三层地面上方 2 m	>1 800
			二层地面上方 2 m	>1 800
			地下一层地面上方 2 m	>1 800
C2	有效	有效	比赛大厅清晰高度平面	>1 800
			三层地面上方 2 m	>1 800
			二层地面上方 2 m	>1 800
			地下一层地面上方 2 m	>1 800
C3	有效	有效	比赛大厅清晰高度平面	>1 800
			三层地面上方 2 m	>1 800
			二层地面上方 2 m	>1 800
			地下一层地面上方 2 m	>1 800
C4	有效	有效	比赛大厅清晰高度平面	>1 800
			三层地面上方 2 m	>1 800
			二层地面上方 2 m	>1 800
			地下一层地面上方 2 m	>1 800

(续表)

场景编号	假设条件		区　　域	ASET/s
	排烟系统	自动灭火系统		
C5-1	有效	有效	比赛大厅清晰高度平面	>1 800
			三层地面上方 2 m	>1 800
			二层地面上方 2 m	>1 800
			地下一层地面上方 2 m	>1 800
C5-2	失效	有效	比赛大厅清晰高度平面	>1 800
			三层地面上方 2 m	>1 800
			二层地面上方 2 m	>1 800
			地下一层地面上方 2 m	>1 800
C6	有效	有效	比赛大厅清晰高度平面	>1 800
			三层地面上方 2 m	>1 800
			二层地面上方 2 m	>1 800
			地下一层地面上方 2 m	>1 800

6）人员疏散结果

体育馆 STEPS 疏散模型的赛时模式俯视、赛时模式和赛后模式分别如图 1-39～图 1-41 所示。

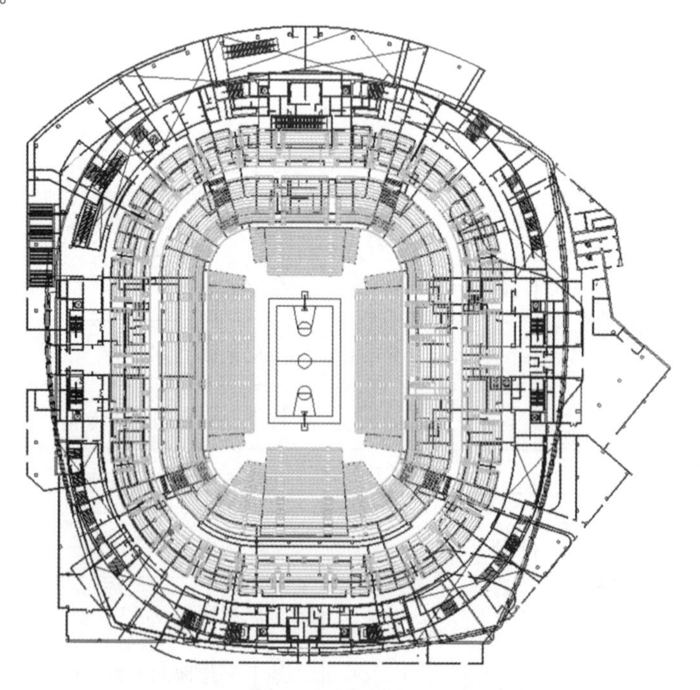

图 1-39　STEPS 疏散模型(赛时模式俯视)

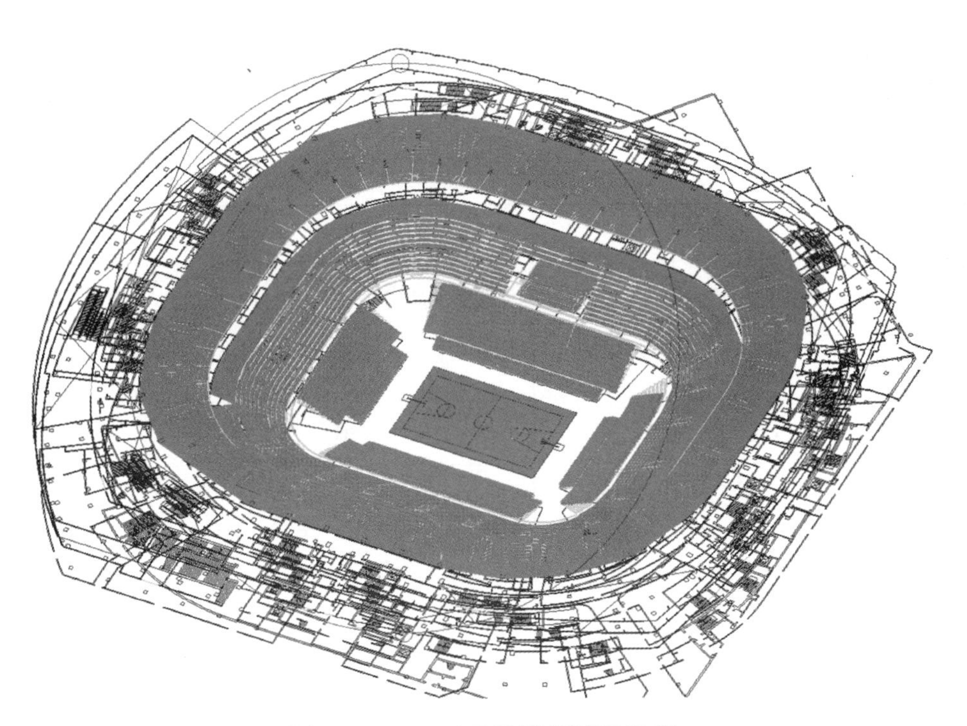

图 1－40　STEPS 疏散模型(赛时模式)

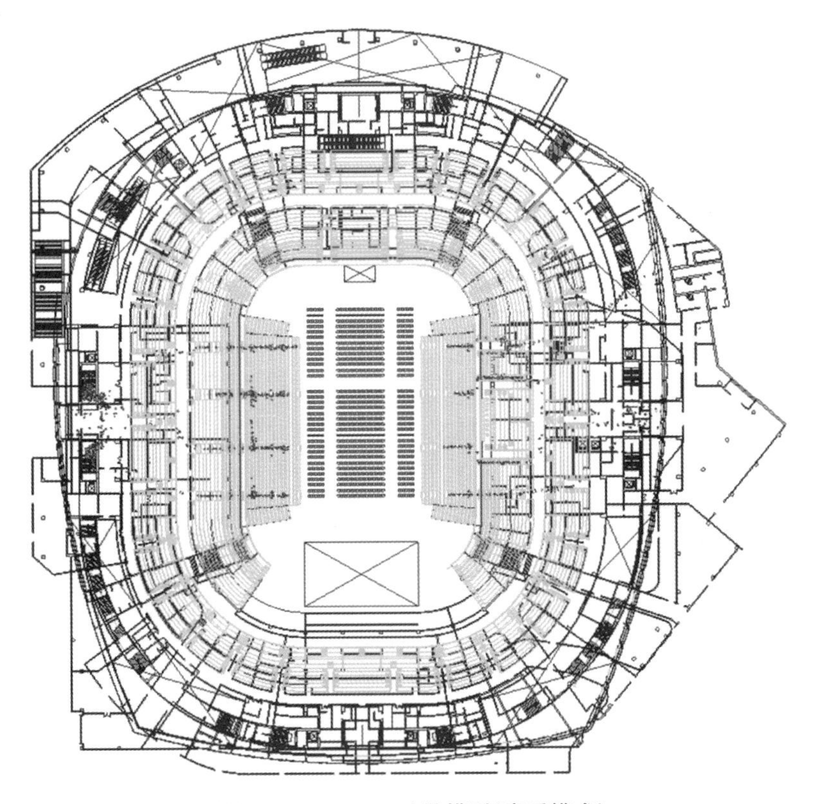

图 1－41　STEPS 疏散模型(赛后模式)

结合火灾场景，疏散场景共模拟了 5 个场景，根据火源位置及疏散最不利原则，封堵火源附近疏散出口，疏散行动时间和疏散时间统计分别见表 1 - 37。

表 1 - 37 疏散时间统计

疏散场景	疏散设置	t_{start}/s	疏散行动时间 t_{act}/s	疏散行动时间（1.5 倍的安全系数）$1.5\times t_{act}$/s	REST/s
S1	四层	240	543	815	1 055
	三层		494	741	981
	二层		498	747	987
	地下一层		84	126	366
	全楼疏散时间		614	921	1 161
S2	四层	240	530	795	1 035
	三层		508	762	1 002
	二层		760	1 140	1 180
	地下一层		53	80	320
	全楼疏散时间		698	1 047	1 287
S3	四层	240	744	1 116	1 356
	三层		530	795	1 035
	二层		477	716	956
	地下一层		49	74	314
	全楼疏散时间		696	1 044	1 284
S4	四层	240	705	1 058	1 298
	三层		606	909	1 149
	二层		472	708	948
	地下一层		47	71	311
	全楼疏散时间		752	1 128	1 368

（续表）

疏散场景	疏散设置	t_{start}/s	疏散行动时间 t_{act}/s	疏散行动时间（1.5 倍的安全系数）$1.5\times t_{act}$/s	REST/s
S5	四层	240	449	674	914
	三层		659	989	1 229
	二层		476	714	954
	地下一层		739	1 109	1 349
	全楼疏散时间		48	72	312

7）人员疏散安全性分析

本项目在设定的火灾场景与疏散场景下，人员疏散均是安全的。具体的安全性对比分析见表 1－38。表 1－38 中的疏散时间，若无特殊说明，均为各层的整层疏散时间。

表 1－38　人员疏散安全性对比分析

火灾场景	对应疏散场景	疏 散 位 置	REST/s	烟气危险来临时间/s	安全性判定
C1－1	S1	四层	1 055	>1 800	安全
		三层	981	>1 800	安全
		二层	987	>1 800	安全
		地下一层	366	>1 800	安全
		全楼疏散时间	1 161	>1 800	安全
C1－2		四层	1 055	>1 800	安全
		三层	981	>1 800	安全
		二层	987	>1 800	安全
		地下一层	366	>1 800	安全
		全楼疏散时间	1 161	>1 800	安全

（续表）

火灾场景	对应疏散场景	疏 散 位 置	REST/s	烟气危险来临时间/s	安全性判定
C2	S1	四层	1 055	>1 800	安全
		三层	981	>1 800	安全
		二层	987	>1 800	安全
		地下一层	366	>1 800	安全
		全楼疏散时间	1 161	>1 800	安全
C3	S2	四层	1 035	>1 800	安全
		三层	1 002	>1 800	安全
		二层	1 180	>1 800	安全
		地下一层	320	>1 800	安全
		全楼疏散时间	1 287	>1 800	安全
C4	S3	四层	1 356	>1 800	安全
		三层	1 035	>1 800	安全
		二层	956	>1 800	安全
		地下一层	314	>1 800	安全
		全楼疏散时间	1 284	>1 800	安全
C5-1	S4	四层	1 298	>1 800	安全
		三层	1 149	>1 800	安全
		二层	948	>1 800	安全
		地下一层	311	>1 800	安全
		全楼疏散时间	1 368	>1 800	安全
C5-2		四层	1 298	>1 800	安全
		三层	1 149	>1 800	安全
		二层	948	>1 800	安全
		地下一层	311	>1 800	安全
		全楼疏散时间	1 368	>1 800	安全

(续表)

火灾场景	对应疏散场景	疏 散 位 置	REST/s	烟气危险来临时间/s	安全性判定
C6	S5	四层	914	>1 800	安全
		三层	1 229	>1 800	安全
		二层	954	>1 800	安全
		地下一层	1 349	>1 800	安全
		全楼疏散时间	312	>1 800	安全

1.1.4.3 训练馆

1) 排烟补风设计概况

训练馆设置机械加压送风防烟系统和机械排烟系统,补风口和排烟口布置如图1-42所示。

(1) 补风。大空间设置初步设计6台15 000 m^3/h的空调箱进行补风,一共90 000 m^3/h,设置28个补风口。补风量不小于排烟量的50%。

(2) 排烟。训练馆大空间排烟系统按照中庭设置,训练馆训练大厅体积大于17 000 m^3,排烟量按照其体积的4次换气计算,排烟量为150 000 m^3/h,训练大厅共设置4个排烟口,其他区域按照规范设计。

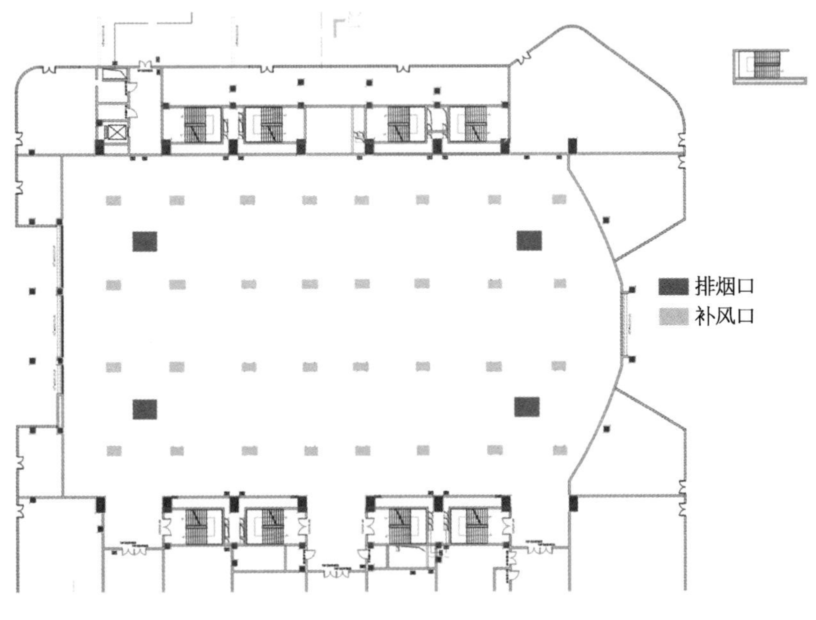

图1-42 补风口和排烟口布置

2）疏散设计概况

（1）疏散宽度统计。

① 训练馆地下一层主要为热身场地及其配套的运动员更衣室、库房等。热身场地与活动座椅区及门厅划分为一个防火分区，共设有 8 部封闭楼梯间疏散。篮球赛模式和表演模式的地下一层疏散示意分别如图 1-43、图 1-44 所示。地下一层疏散楼梯统计见表 1-39。

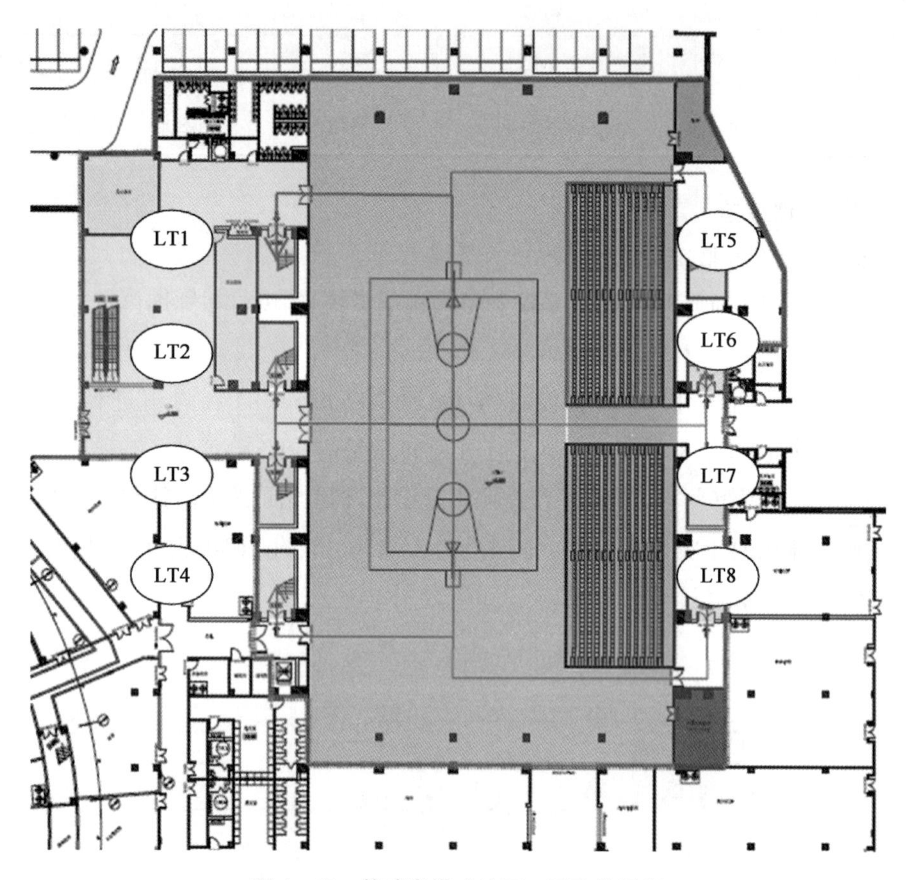

图 1-43　篮球赛模式地下一层疏散示意

表 1-39　地下一层疏散楼梯统计

区　　域	楼　　梯	疏散宽度/m	备　　注
地下一层	LT1～LT8	2×8=16	封闭楼梯间，进入二层门厅后直通室外

② 训练馆首层主要为热身场地上空，设有 8 部封闭楼梯间供观众区人员疏散。首层疏散示意如图 1-45 所示，首层疏散楼梯统计见表 1-40。

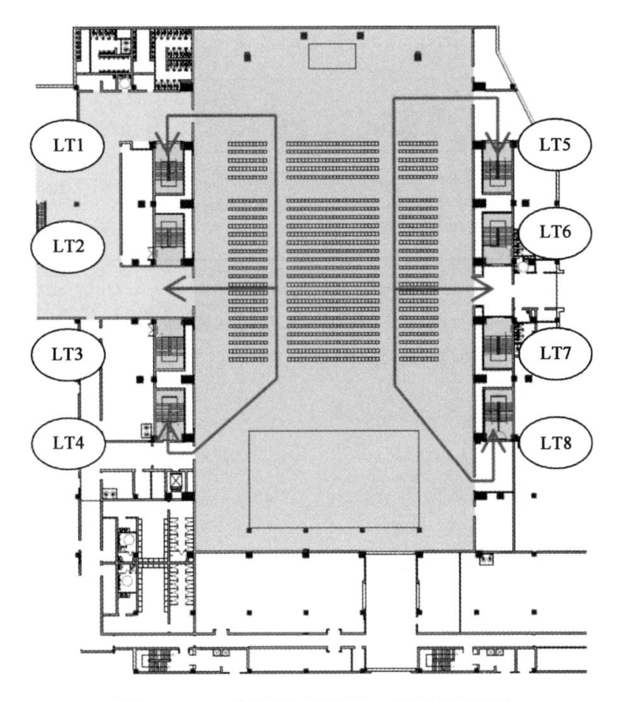

图 1 - 44 表演模式地下一层疏散示意

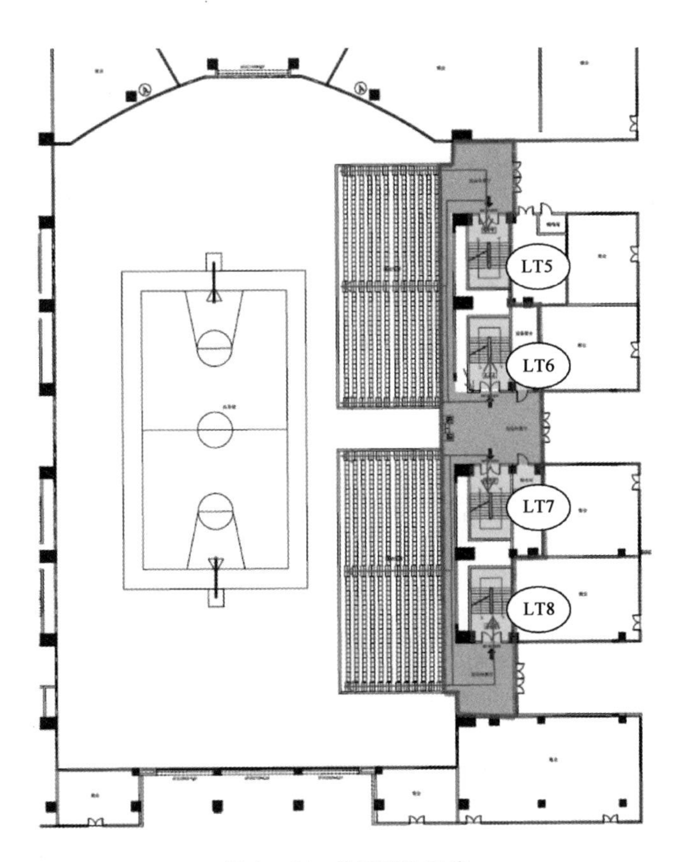

图 1 - 45 首层疏散示意

表 1 - 40　首层疏散楼梯统计

区　域	楼　梯	疏散宽度/m	备　注
首层	LT5～LT8	2×4=8	封闭楼梯间，进入二层门厅后直通室外

③ 训练馆二层设有健身馆、入口门厅及休息厅，健身馆人员可通过门厅周边的疏散口疏散至室外。本层的 8 部封闭楼梯间可通过门厅直通疏散口疏散至室外。二层疏散示意如图 1 - 46 所示，二层疏散楼梯统计见表 1 - 41。

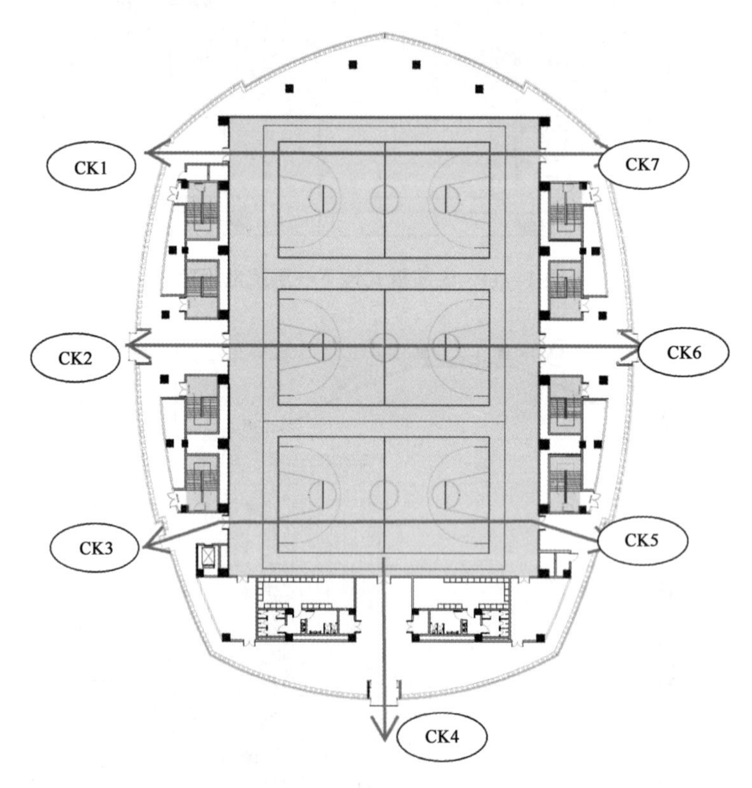

图 1 - 46　二层疏散示意

表 1 - 41　二层疏散楼梯统计

<table>
<tr><th>区　域</th><th>出　口</th><th>疏散宽度/m</th><th>备　注</th></tr>
<tr><td rowspan="2">二层</td><td>CK1、CK3、CK5、CK7</td><td>1.8×4=7.2</td><td rowspan="3">外门，直通室外</td></tr>
<tr><td>CK2、CK4、CK6</td><td>3.6×3=10.8</td></tr>
<tr><td colspan="2">总　计</td><td>18</td></tr>
</table>

④ 训练馆三层为设备机房层，设有 4 部封闭楼梯间供工作人员疏散。三层疏散示意如图 1－47 所示，三层疏散楼梯统计见表 1－42。

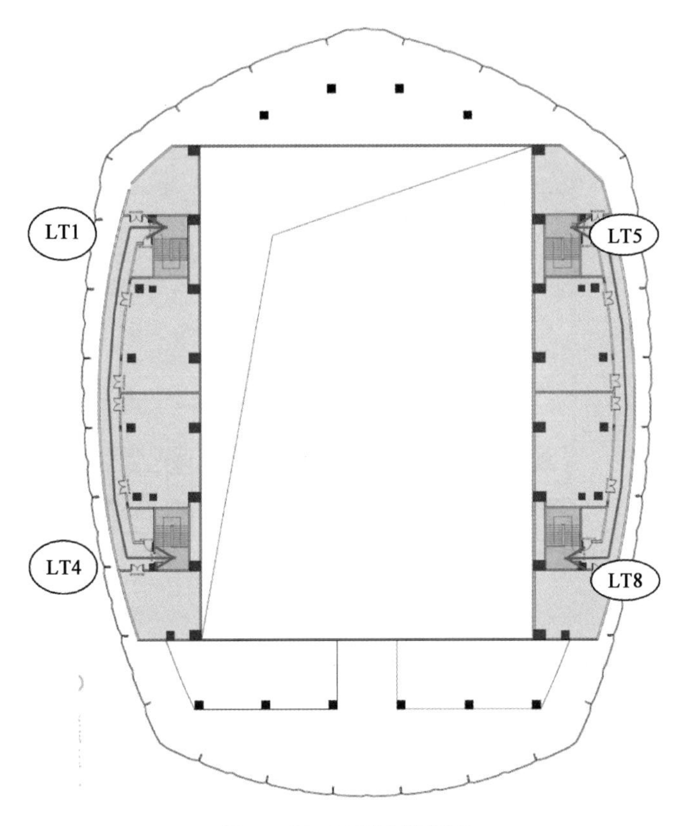

图 1－47　三层疏散示意

表 1－42　三层疏散楼梯统计

区　域	楼　梯	疏散宽度/m	备　注
三层	LT1、LT4、LT5、LT8	2×4=8	封闭楼梯间，进入二层门厅后直通室外

(2) 疏散距离统计。

热身场地内任一点到达场地疏散楼梯间的最大直线距离不超过 37.5 m。地下一层热身场地内疏散距离如图 1－48 所示。

二层健身场地到达室外疏散门的最大直线距离不超过 37.5 m。二层健身场地内疏散距离如图 1－49 所示。

通往二层的 8 部封闭楼梯间通往室外疏散门的距离示意如图 1－50 所示。

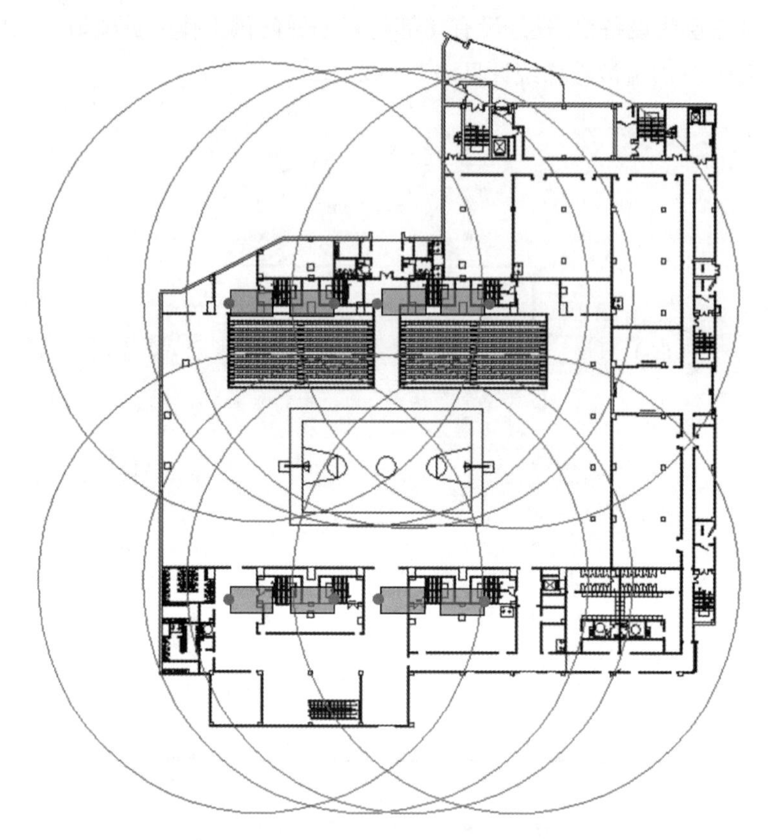

图 1-48 地下一层热身场地内疏散距离(圆弧半径为 37.5 m)

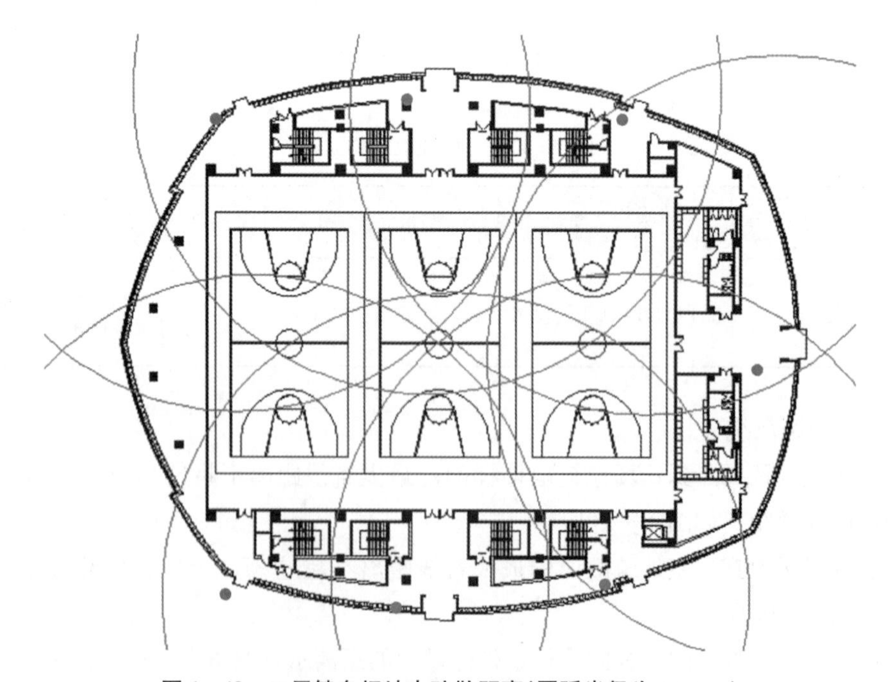

图 1-49 二层健身场地内疏散距离(圆弧半径为 37.5 m)

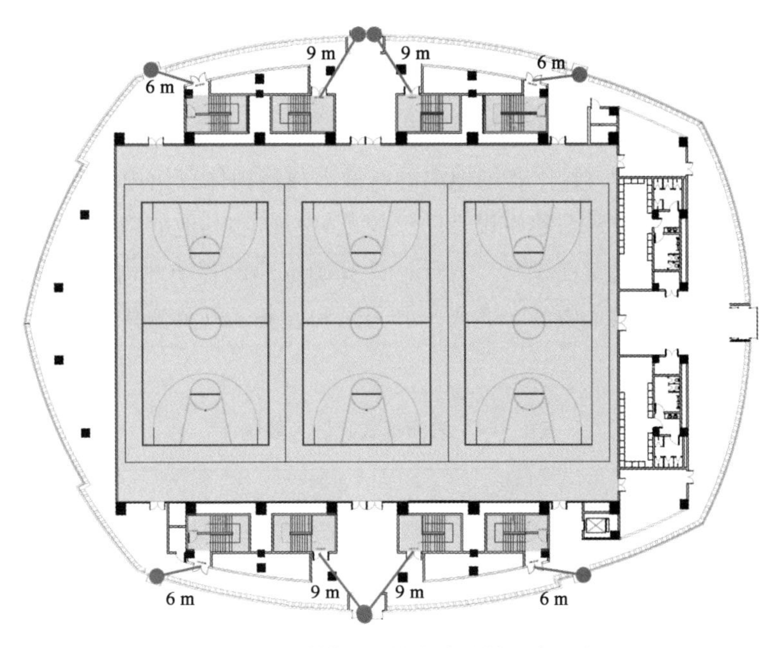

图 1－50　楼梯间通往室外疏散距离示意

(3) 疏散人数确定。

训练馆包括热身馆和全民健身馆,赛时热身馆可作为体育馆的热身场地使用,满足竞赛需要,平时也可作为全民健身馆使用。热身馆内设有制冰设施,可作为冰场对外开放。热身馆还可以作为多功能演艺、会议、宴会等空间使用,可容纳近 1 200 名观众。

由于赛事馆内人员较少,因此本次模拟主要考虑赛后使用时的人员疏散情况,主要分为篮球赛模式和表演模式两种。

① 篮球赛模式疏散人数统计(表 1－43)。

a. 观众席疏散人数,对于观众看台,可按看台座椅数量确定观众厅人数。训练馆篮球赛模式时临时座椅数量总计为 1 056 座。

b. 比赛场地内疏散人数,比赛场地内的疏散人数将视体育馆内举办的活动不同而不同。当举办比赛时,场地内的人员主要由运动员、教练员、随队人员、裁判员,以及媒体记者组成,比赛时场地内总人数通常不会超过 200 人。办公区和设备区以及公共区的工作人员假设为观众人数的 5%。

表 1－43　篮球赛模式疏散人数统计

区　　域	人数/人	总计/人
观众席	1 056	1 309
比赛场地	200	
工作人员	1 056×0.05＝53	

② 表演模式疏散人数统计(表 1 - 44)。

a. 观众席疏散人数,对于观众看台,可按看台座椅数量确定观众厅人数。训练馆表演模式时临时座椅数量总计为 1 200 座。

b. 演出场地内疏散人数,比赛场地内的疏散人数将视体育馆内举办的活动不同而不同。当举办文艺演出时,根据《建筑设计防火规范》中规定,其他歌舞娱乐放映游艺场所的疏散人数应按该场所的建筑面积 0.5 人/m^2 计算确定。比赛场地内舞台面积为 352 m^2,由此计算得到场地内疏散人数为 176 人。办公区和设备区以及公共区的工作人员假设为观众人数的 5%。

表 1 - 44　表演模式疏散人数统计

区　　域	人数/人	总计/人
观众席	1 200	1 436
演出场地	176	
工作人员	1 200×0.05=60	

(4) 疏散宽度校核。

地下一层热身场地所在防火分区的人数详见 5.2.2.5 节,考虑人数最多的演出模式,观众席 1 200 座,工作人员考虑 5%,舞台演出人员 176 人,共计 1 436 人,见表 1 - 45。

表 1 - 45　宽度校核统计

区　　域	人数 /人	宽度指标 /(m/百人)	所需宽度 /m	现有宽度 /m	宽度满足率 /%
热身场地所在防火分区	1 436	1	14.36	16	1.11

3) 火灾场景设置

本项目设置了 4 个火源位置,其中部分火源位置结合灭火系统的有效性、排烟系统的有效性设计了不同工况,考察训练场地的安全性。火灾场景设置见表 1 - 46,篮球赛模式和表演模式的火灾场景示意分别如图 1 - 51、图 1 - 52 所示。

表 1 - 46　火灾场景设置

火源编号	火灾场景编号	火灾规模 /MW	火源类型	排烟系统	喷淋系统	备　　注
位置 1	C1 - 1	2	快速火	有效	有效	赛时观众区座椅火灾
	C1 - 2	2	快速火	失效	有效	

（续表）

火源编号	火灾场景编号	火灾规模/MW	火源类型	排烟系统	喷淋系统	备　注
位置 2	C2	3	快速火	有效	有效	赛时商铺火灾
位置 3	C3	2	快速火	有效	有效	赛时观众区座椅火灾
位置 4	C4 - 1	5	快速火	有效	有效	赛后舞台火灾
位置 4	C4 - 2	10	快速火	有效	失效	

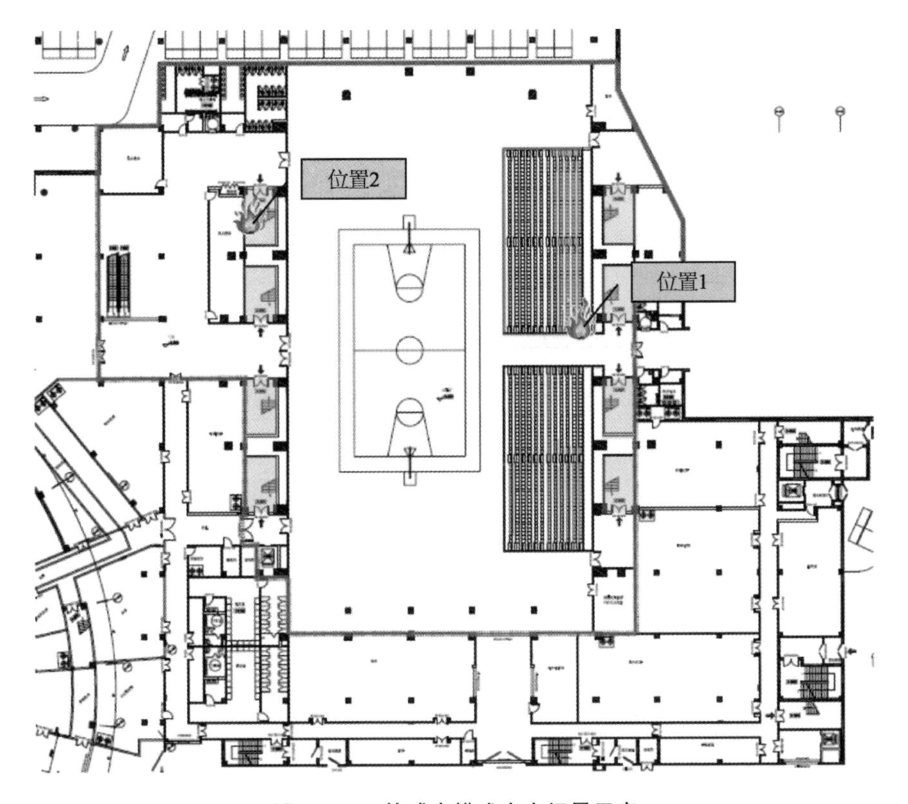

图 1 - 51　篮球赛模式火灾场景示意

4）疏散场景设置

人员疏散场景主要考虑所有出口可用和某主要出口附近发生火灾被封闭的情况，疏散场景列举见表 1 - 47。

疏散场景 S2、S3、S5、S6 示意分别如图 1 - 53～图 1 - 56 所示。

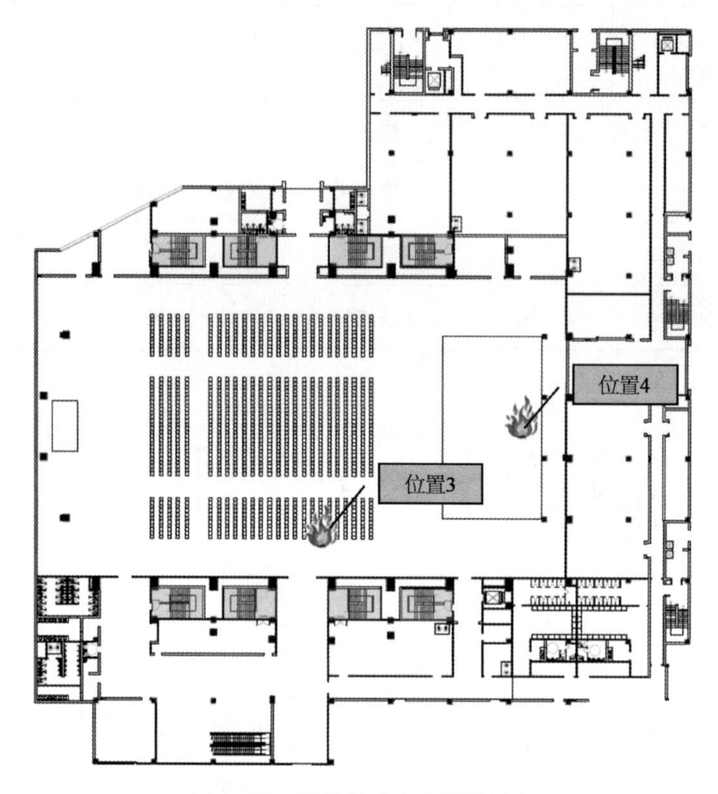

图 1-52　表演模式火灾场景示意

表 1-47　疏散场景列举

场　馆	模　式	场　景	火 灾 位 置	疏 散 条 件
训练馆	篮球赛模式	S1	—	所有出口和通道可用
		S2	临时座椅火灾	首层封闭楼梯间封堵
		S3	商铺火灾	火灾附近疏散门及封闭楼梯间封堵
	表演模式	S4	—	所有出口和通道可用
		S5	观众座椅火灾	火灾附近疏散口封堵
		S6	舞台火灾	火灾附近疏散口封堵

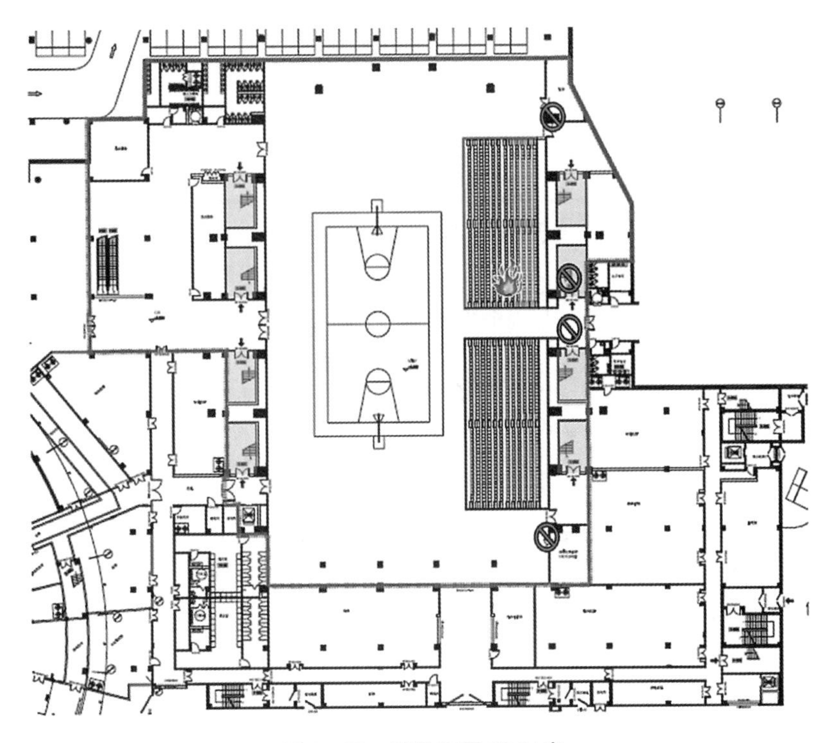

图1－53　疏散场景S2示意

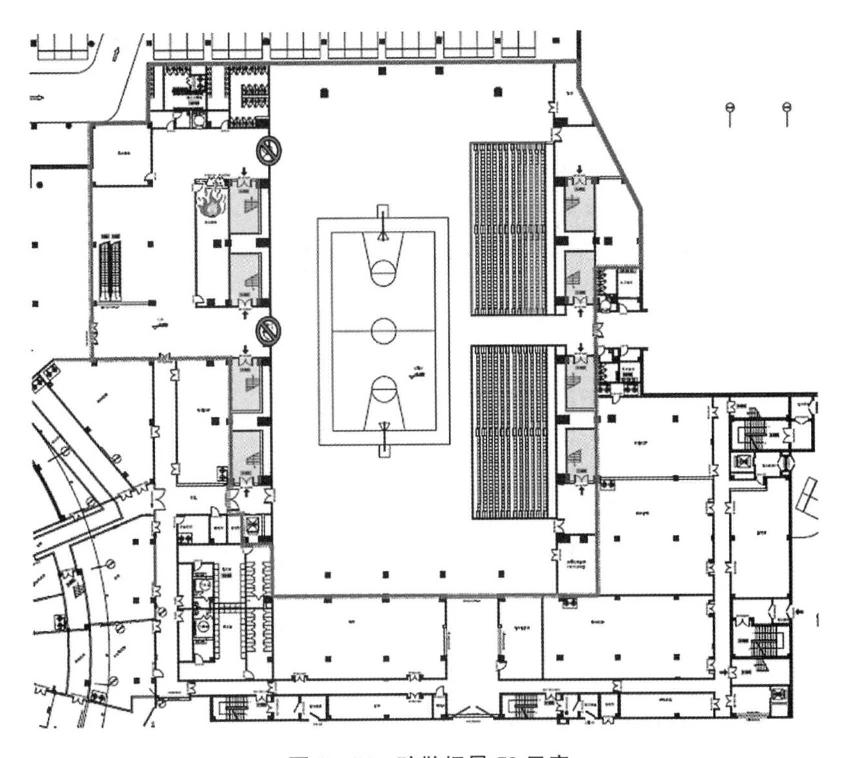

图1－54　疏散场景S3示意

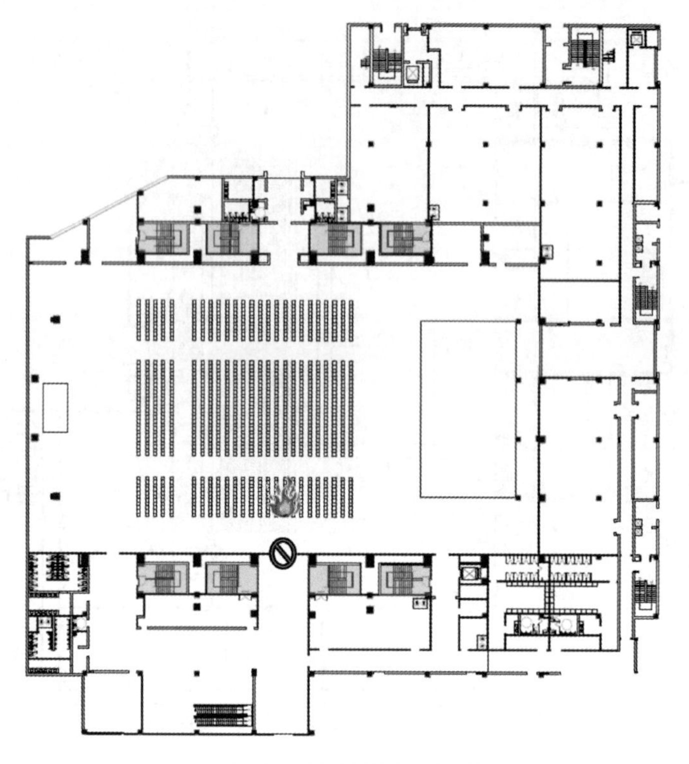

图 1-55 疏散场景 S5 示意

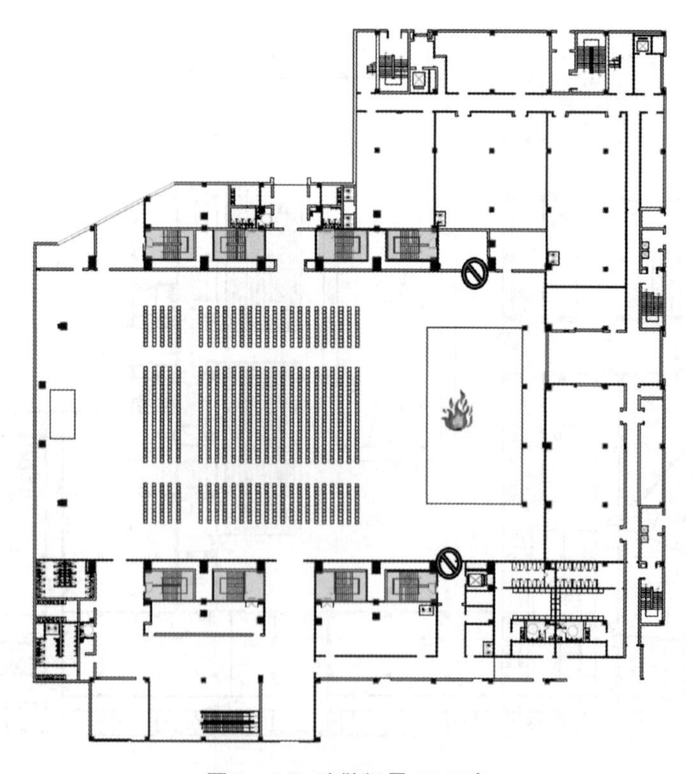

图 1-56 疏散场景 S6 示意

5）烟气模拟结果

本项目内设置了 4 个火源位置，其中部分火源位置结合灭火系统的有效性、排烟系统的有效性设计了不同工况，其模拟结果见表 1－48。

表 1－48　危险来临时间统计

场景编号	假设条件		区　域	ASET/s
	排烟系统	自动灭火系统		
C1－1	有效	有效	B1 层地面上方 2 m	>1 200
			一层地面上方 2 m	>1 200
C1－2	失效	有效	B1 层地面上方 2 m	>1 200
			一层地面上方 2 m	521
C2	有效	有效	B1 层门厅地面上方 2 m	300
	有效	有效	训练场地 B1 层地面上方 2 m	>1 200
C3	有效	有效	B1 层地面上方 2 m	>1 200
			一层地面上方 2 m	>1 200
C4－1	有效	有效	B1 层地面上方 2 m	1 179
			一层地面上方 2 m	471
C4－2	有效	失效	B1 层地面上方 2 m	1 002
			一层地面上方 2 m	396

6）人员疏散结果

结合训练馆的建筑平面及火灾场景，共设置了 6 个火灾场景，分别考虑了赛后的篮球赛模式（疏散场景 S1、S2、S3）及舞台表演模式（疏散场景 S4、S5、S6），RSET 见表 1－49。

表 1－49　人员 RSET 汇总

疏散场景	疏散位置	疏散开始时间/s	疏散行动时间/s	RSET/s	疏散时间 RSET（安全余量=1.5 倍疏散行动时间）/s
S1	地下一层	240	146	386	459
	首层		291	531	677
	全楼		341	581	752

（续表）

疏散场景	疏散位置	疏散开始时间/s	疏散行动时间/s	RSET/s	疏散时间 RSET（安全余量=1.5 倍疏散行动时间）/s
S2	地下一层	240	218	458	567
	全楼		325	565	728
S3	地下一层门厅		33	273	290
	全楼		353	593	770
S4	地下一层		164	404	486
	全楼		298	538	687
S5	地下一层		186	426	519
	全楼		317	557	716
S6	地下一层		193	433	530
	全楼		323	563	725

根据表 1－49 可知，由于篮球赛模式时临时座椅为阶梯形式，观众需要从阶梯式座椅向上或向下疏散至各层后进入封闭楼梯间，而表演模式为平层疏散，因此虽然篮球赛模式人数小于表演模式人数，但从疏散时间上看，篮球赛模式的疏散时间要略大于表演模式的疏散时间。

7）人员疏散安全性分析

本项目在设定的火灾场景与疏散场景下，具体的人员疏散安全性对比分析见表 1－50。

表 1－50　人员疏散安全性对比分析

火灾场景	对应疏散场景	位　置	REST/s	烟气危险来临时间/s	安全性判定
C1－1	S2	地下一层	567	>1 200	安全
		全楼	728	>1 200	安全
C1－2		地下一层	567	>1 200	安全
		全楼	728	>1 200	安全
C2	S3	地下一层门厅	290	300	安全
		全楼	770	>1 200	安全

（续表）

火灾场景	对应疏散场景	位　置	REST/s	烟气危险来临时间/s	安全性判定
C3	S5	地下一层	519	>1 200	安全
		全楼	716	>1 200	安全
C4-1	S6	地下一层	530	1 179	安全
		全楼	725	1 179	安全
C4-2	S6	地下一层	530	1 002	安全
		全楼	725	1 002	安全

1.1.4.4 游泳馆

1）排烟设计概况

接下来主要介绍防火分区D-F1～2-F01的排烟补风设计原则。

（1）排烟方式的选择：采用机械排烟，在大厅上部设置机械排烟口，其剖面图如图1-57所示。

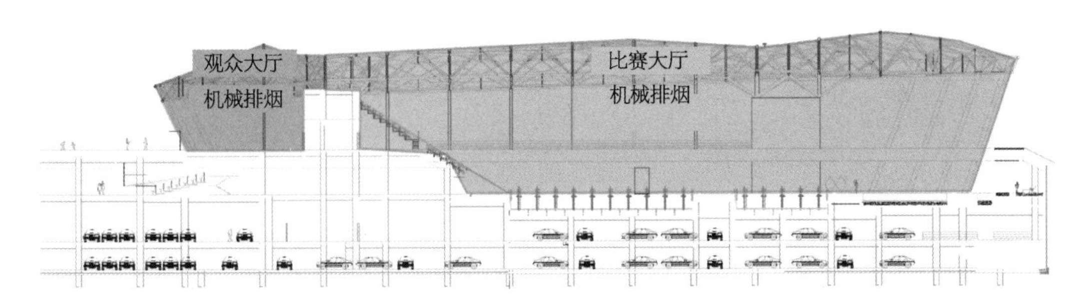

图1-57　机械排烟的剖面图

（2）排烟窗面积/排烟量设计原则：排烟风机设在机房排烟机房内，大空间排烟系统按照中庭设置，大厅体积大于17 000 m^3，排烟量按照其体积的4次换气计算。观众厅体积为140 000 m^3，设计机械排烟量为600 000 m^3/h。

2）疏散设计概况

（1）疏散宽度统计。

① 首层主要为泳池，该防火分区共设有两个疏散出口直接对外，泳池所在大厅共设有四个出口，其中两个疏散到相邻分区。首层疏散示意如图1-58所示，首层疏散宽度统计见表1-51。

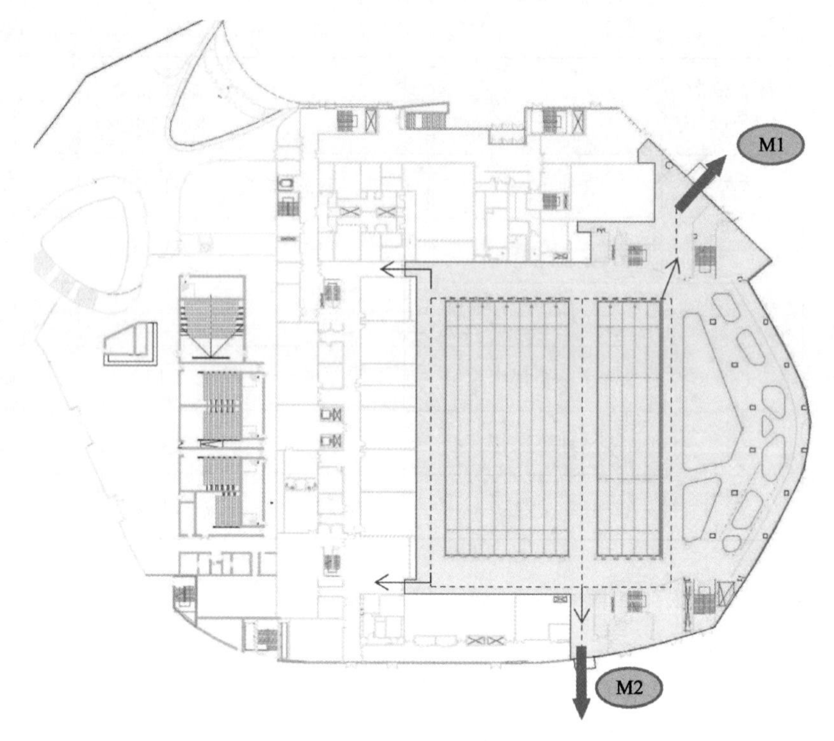

图 1-58　首层疏散示意

图中的箭头为比赛大厅借用出口

表 1-51　首层疏散宽度统计

疏散门编号	疏散宽度/m	备　注
S1	4	直通二层平台室外
S2	4	直通二层平台室外
合计/m	8	

② 游泳馆二层主要是观众区及观众休息厅，共设有 5 个疏散出口直接疏散到二层室外平台，疏散宽度统计见表 1-52。

表 1-52　二层疏散宽度统计

疏散门编号	疏散宽度/m	备　注
S1	4	直通二层平台室外
S2	4	直通二层平台室外
S3	4	直通二层平台室外

（续表）

疏散门编号	疏散宽度/m	备　注
S4	4	直通二层平台室外
S5	4	直通二层平台室外
合计/m	20	

（2）疏散人数确定。

游泳馆二层赛时布置活动座椅，在赛后将布置羽毛球活动场地，对外开放，相对赛后，赛时场地内人员数量更多，疏散难度更大。因此，本次模拟主要考虑赛时的人员疏散情况。疏散人数统计见表1－53。

① 观众席疏散人数，对于观众看台，可按看台座椅数量确定观众厅人数。座椅数量总计为1 407座。

② 比赛场地内疏散人数，场地内的人员主要由运动员、教练员、随队人员、裁判员，以及媒体记者组成，比赛时场地内总人数通常不会超过200人。

③ 工作人员，公共区的工作人员假设为观众人数的5%。

表1－53　疏散人数统计

区　域	人数/人	总计/人
观众席	1 407	1 678
比赛场地	200	
工作人员	1 407×0.05=71	

（3）疏散宽度校核。

考虑活动座椅满布的情况，观众席1 407座，工作人员考虑5%，比赛场地内人员200人，共计1 678人。疏散宽度校核见表1－54。

表1－54　疏散宽度校核

区　域	人数/人	宽度指标/（m/百人）	所需宽度/m	现有宽度/m	宽度满足率/%
首　层	200	0.65	1.3	8	6.15
二　层	1 478	0.65	9.6	20	2.08

3）火灾场景设置

本项目设置了3个火源位置(图1-59)，其中部分火源位置结合灭火系统的有效性、排烟系统的有效性设计了不同工况。经对本项目各区域的火灾危险源辨识和危险性分析，本项目火灾场景设置见表1-55。

表1-55　火灾场景设置

区　域	火源位置	编号	火灾规模/MW	火源位置	喷淋系统	排烟系统	备　注
游泳馆二层	位置1	C1	2.0	楼座	有效	机械排烟、自然排烟	赛时火灾
游泳馆二层	位置2	C2-1	2.0	楼座	有效	机械排烟、自然排烟	赛时火灾
		C2-2	2.0	楼座	有效	排烟失效	
游泳馆二层	位置3	C3	2.0	行李火灾	有效	机械排烟、自然排烟	赛时火灾

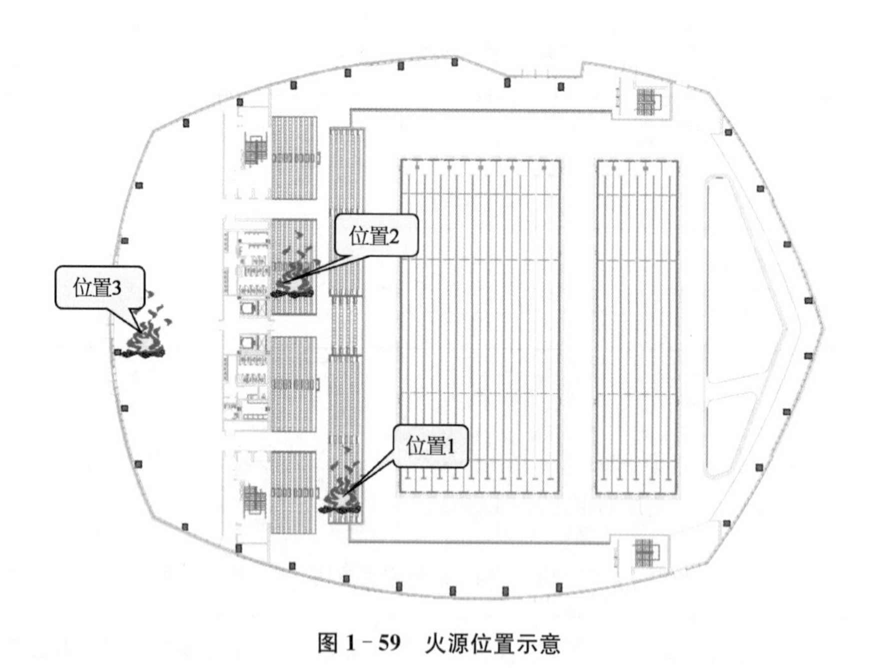

图1-59　火源位置示意

4）疏散场景设置

人员疏散场景(图1-60)主要考虑所有出口可用和某主要出口附近发生火灾被封闭的情况，见表1-56。

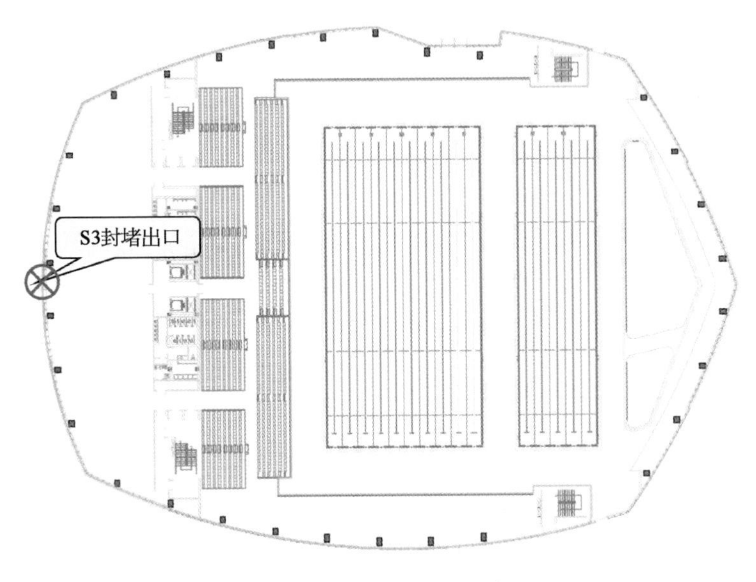

图 1－60　疏散场景示意

表 1－56　疏散场景列举

场　馆	场　景	对应火灾场景	疏 散 条 件
游泳馆	S1	C1	所有出口和通道可用
	S2	C2－1、C2－2	封堵火源附近通道
	S3	C3	封堵火源附近通道及安全出口

5）烟气模拟结果

本项目设置了 3 个火源位置，每个火源位置均结合自动喷水灭火系统的有效性、排烟系统的有效性设计了不同工况。其模拟结果见表 1－57。

表 1－57　危险来临时间统计

场景编号	假设条件		区　　域	ASET/s
	排烟系统	自动灭火系统		
C1	有效	有效	二层地面上方 2 m	>1 200
			最高座椅上方 2 m	>1 200
C2－1	有效	有效	二层地面上方 2 m	>1 200
			最高座椅上方 2 m	>1 200

(续表)

场景编号	假设条件		区　　域	ASET/s
	排烟系统	自动灭火系统		
C2-2	失效	有效	二层地面上方 2 m	>1 200
			最高座椅上方 2 m	>1 200
C3	有效	有效	二层地面上方 2 m	>1 200
			最高座椅上方 2 m	>1 200

6）人员疏散结果

通过人员疏散模拟(图 1-61)，各疏散场景的疏散时间见表 1-58。

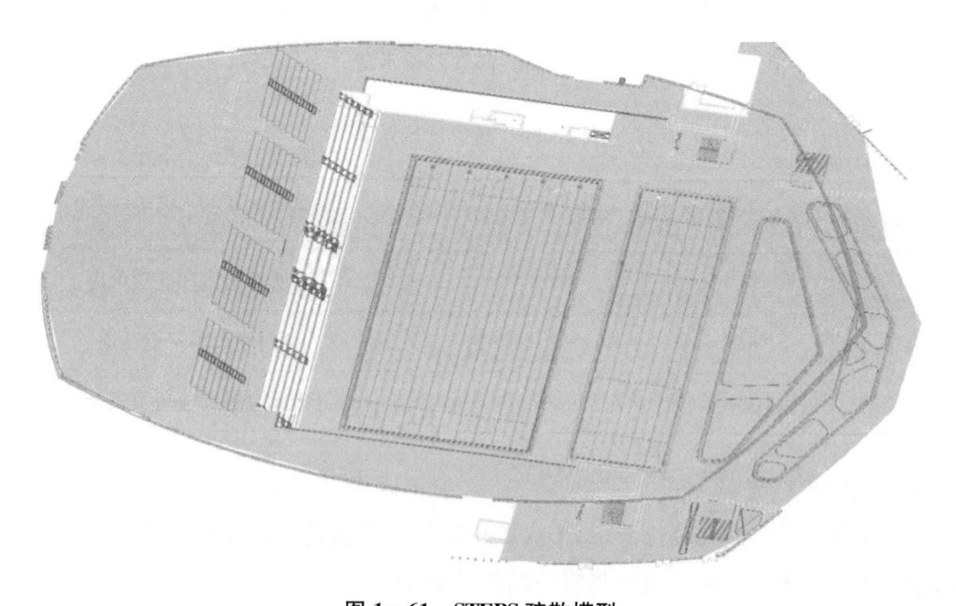

图 1-61　STEPS 疏散模型

表 1-58　人员疏散行动时间汇总

疏散场景	疏散开始时间/s	疏散行动时间/s	1.5 倍疏散行动时间/s	疏散时间 REST/s
S1	240	193	290	530
S2	240	197	296	536
S3	240	192	288	528

通过表 1-58 对比分析可知，不同疏散场景的疏散时间相差不多。通过对比疏散过

程，以及疏散宽度等疏散参数，本场馆疏散宽度远大于规范的规定。本场馆限制疏散时间的主要因素是人员行走时间，在疏散出口处人员排队现象不明显，因此，虽然部分场景封堵了疏散出口，但疏散时间相差不大。

7）人员疏散安全性分析

本项目在设定的火灾场景与疏散场景下，人员疏散均是安全的。具体的人员疏散安全性对比分析见表1-59。表1-59中疏散时间，若无特殊说明，均为各层的整层疏散时间。

表1-59 人员疏散安全性对比分析

火灾场景	对应疏散场景	疏散位置	REST/s	烟气危险来临时间/s	安全裕度/s	安全性判定
C1	S1	全部人员疏散	530	>1 200	>670	安全
C2-1	S2	全部人员疏散	536	>1 200	>664	安全
C2-2	S2	全部人员疏散	536	>1 200	>644	安全
C3	S3	全部人员疏散	528	>1 200	>672	安全

1.1.4.5 速滑馆

1）排烟补风设计概况

速滑馆所有不具备自然通风条件的封闭楼梯间，设置机械加压送风防烟系统，地下室防烟楼梯间加压送风，使其处于正压状态（设计参数：防烟楼梯为40～50 Pa，前室为25～30 Pa），阻止烟气渗入，以便建筑内人员能安全离开。

大空间比赛大厅采用机械排烟，补风形式为观众座椅区下方机械补风和下部门窗洞口自然补风。

机械排烟量：比赛大厅及南北两侧观众休息厅机械排烟量按照比赛大厅体积的换气次数4次/h计算，比赛大厅体积为420 000 m^3，设计机械排烟量为171 m^3/h。其他区域按照规范设计。东西两侧观众休息厅自然排烟，有效排烟面积不小于地面面积5%。

场馆观众厅设机械补风及自然补风门窗，且门窗处自然补风风量大于3 m/s会对人员疏散造成影响，因此，自然补风口风速不应大于3 m/s。

2）疏散设计概况

（1）疏散出口分布。

首层为比赛大厅，赛时为比赛场地，主要人员为运动员、裁判员等；该区域共设有8个疏散出口直接对外，首层疏散出口分布如图1-62所示，首层疏散宽度见表1-60。

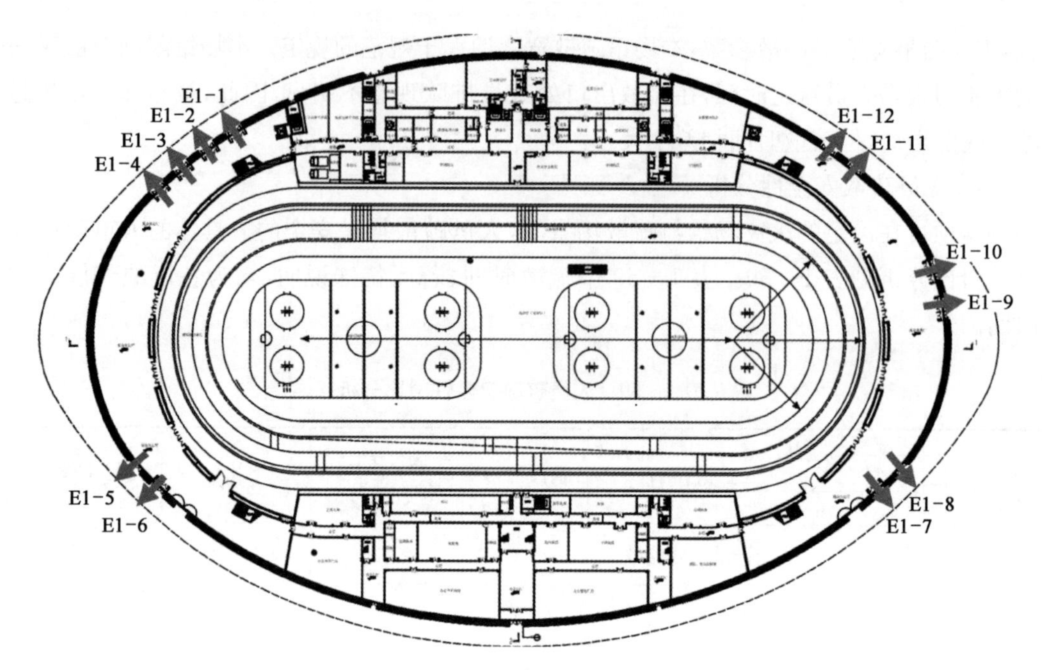

图 1-62 首层疏散出口分布

表 1-60 首层疏散宽度统计

疏散门编号	疏散宽度/m	备　注
E1-1	3.6	外门
E1-2	3.6	外门
E1-3	3.6	外门
E1-4	3.6	外门
E1-5	3.6	外门
E1-6	3.6	外门
E1-7	3.6	外门
E1-8	3.6	外门
E1-9	4.8	外门
E1-10	4.8	外门
E1-11	3.6	外门
E1-12	3.6	外门
合计/m	45.6	

二层主要为看台区和观众休息厅，该区域人员从看台疏散至观众休息厅，再通过封闭楼梯疏散至室外，或通过开敞楼梯疏散至首层观众休息厅，然后通过观众休息厅疏散至室外。二层疏散宽度统计见表 1-61。

表 1-61　二层疏散宽度统计

疏散门编号	疏散宽度/m	备　注
LT2-1	3	开敞楼梯
LT2-2	1	封闭楼梯
LT2-3	1	封闭楼梯
LT2-4	1	封闭楼梯
LT2-5	1	封闭楼梯
LT2-6	3	开敞楼梯
LT2-7	3	开敞楼梯
LT2-8	1	封闭楼梯
LT2-9	1	封闭楼梯
LT2-10	1	封闭楼梯
LT2-11	1	封闭楼梯
LT2-12	3	开敞楼梯
合计/m	20	

三层主要为包厢区，该区域人员从包厢出来通过封闭楼梯疏散至室外。三层疏散宽度统计见表 1-62。

表 1-62　三层疏散宽度统计

疏散门编号	疏散宽度/m	备　注
LT3-1	1.2	开敞楼梯
LT3-2	1	封闭楼梯
LT3-3	1	封闭楼梯
LT3-4	1.2	封闭楼梯
合计/m	4.4	

(2) 疏散人数(表1-63)。

① 比赛场地人员，举办比赛时，场地内的人员主要由运动员、教练员、随队人员、裁判员，以及媒体记者组成。速滑馆规模较大，其比赛场地总人数按300人进行设计。

② 观众区人数，对于观众看台，可按看台座椅数量确定观众厅人数。速滑馆二层座席数总共为3 093座，三层座席数总共167座。同时，考虑场馆内配套的办公区和设备区以及公共区的工作人员，假设其为观众总人数的5%。

表1-63 赛时疏散人数统计

位　　置	人数/人	总计/人
比赛场地	300	3 723
观众区	3 260	
工作人员	163	

(3) 疏散宽度校核。

参考《建筑设计防火规范》，本项目中心场地疏散宽度按0.65 m/百人。观众厅平坡地面疏散宽度为0.43 m/百人，楼梯疏散宽度为0.5 m/百人。观众厅防火分区疏散宽度统计见表1-64。

表1-64 观众厅防火分区疏散宽度统计

位置	人数/人	所需疏散宽度/m	独立疏散宽度/m	宽度满足率/%	备　　注
首层	300	1.95	45.6	23.4	赛后人数最多
二层	3 248(3 093×1.05)	16.24	20	1.23	赛时人数最多
三层	176(167×1.05)	0.88	4.4	5	

3) 火灾场景设置

(1) 火源位置。

本项目设置了4个火源位置，每个火源位置均结合灭火系统和排烟系统的有效性设计了不同工况，考察场地设备的安全性。

位置1(图1-63)：二层座椅区，座椅起火。

位置2(图1-64)：三层包厢，包厢内沙发等设施起火。

位置3(图1-65)：二层商业区，可燃商品及装修等起火。

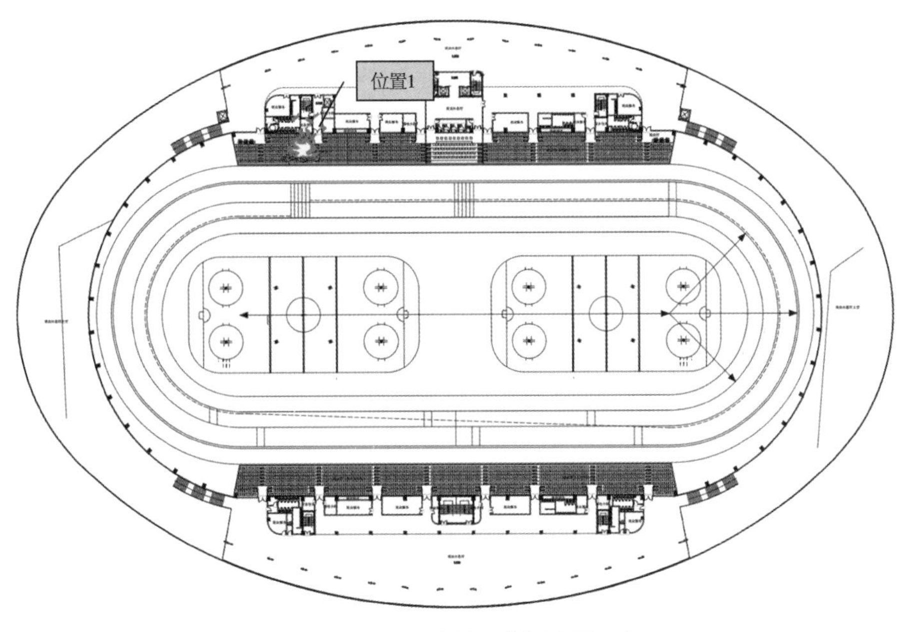

图 1-63　二层座椅区火源位置示意

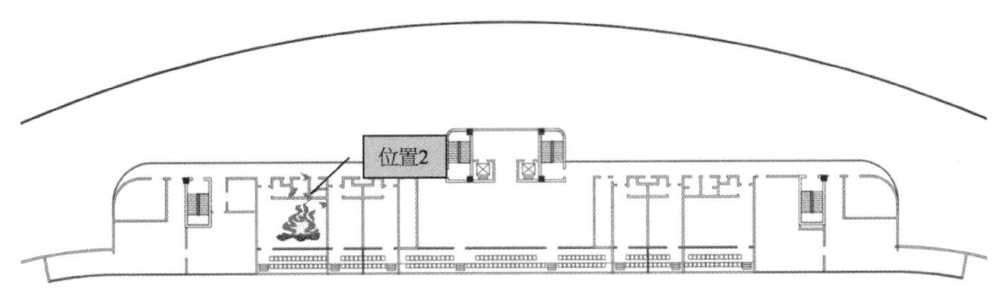

图 1-64　三层包厢火源位置示意

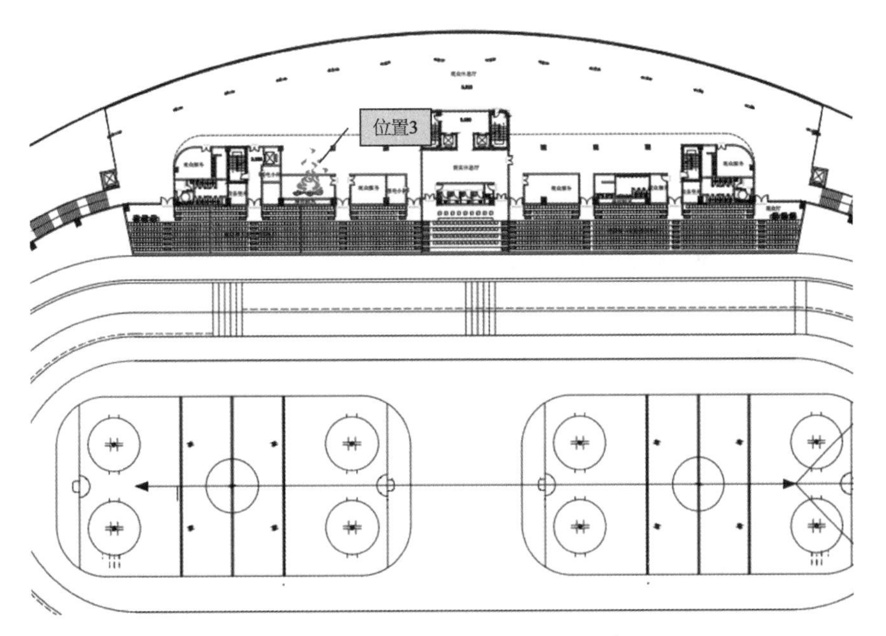

图 1-65　二层商业区火源位置示意

(2) 火灾场景。

本项目速滑馆的火灾场景设置见表 1-65。

表 1-65 火灾场景设置

<table>
<tr><th>火灾场景</th><th>火源位置</th><th>火源功率</th><th>火灾类型</th><th>排烟系统</th><th>喷淋系统</th></tr>
<tr><td>C1</td><td>二层座椅区</td><td>快速 t 平方火 2 MW</td><td>座椅着火</td><td>有效</td><td>失效</td></tr>
<tr><td>C2</td><td>三层包厢内</td><td>快速 t 平方火 3 MW</td><td rowspan="2">家具装饰着火</td><td>有效</td><td>失效</td></tr>
<tr><td>C2</td><td>三层包厢内</td><td>快速 t 平方火 3 MW</td><td>失效</td><td>失效</td></tr>
<tr><td>C3</td><td rowspan="2">二层商业区</td><td rowspan="2">快速 t 平方火 3 MW</td><td rowspan="2">商品着火</td><td>有效</td><td rowspan="2">失效</td></tr>
<tr><td>C3-1</td><td>失效</td></tr>
</table>

(3) 物理模型(图 1-66)。

为验证排烟方案能否满足所有火灾情况下的排烟要求,根据设计提供的图纸,利用火灾动力学软件 FDS 对排烟效果进行模拟,并给出验证结果和模拟结论。

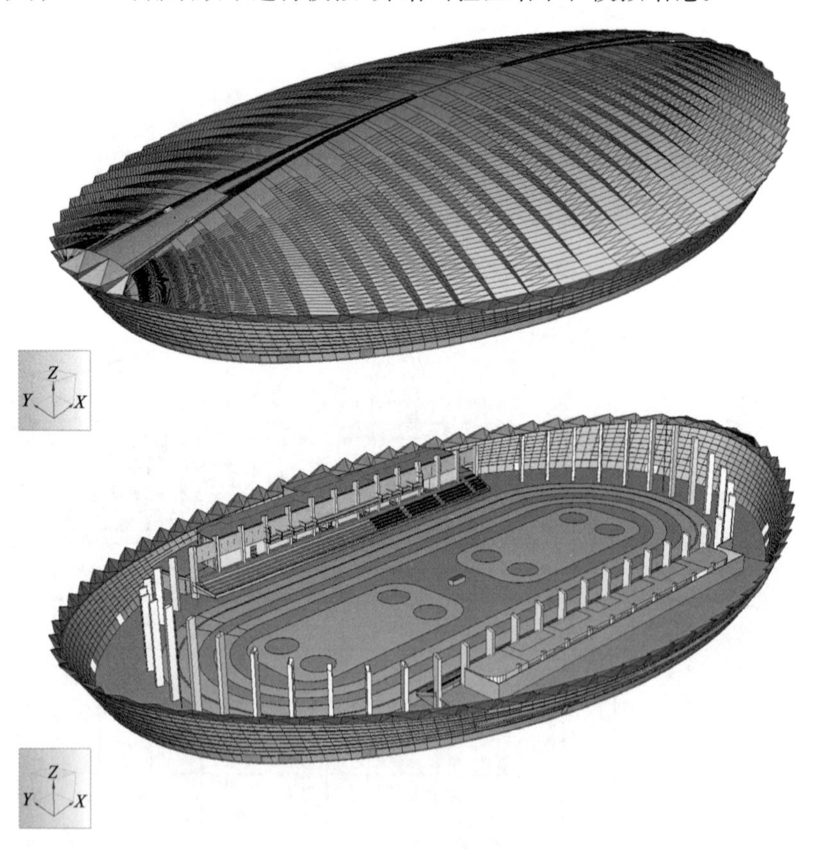

图 1-66 FDS 模型

网格大小为 1 m×1 m×1 m,火源区网格精度为 1 m×1 m×0.5 m,网格总数为 1 250 352

4）疏散场景设置

疏散场景的设计总体原则是：找出火灾发生后，最不利于人员安全疏散的情况。本项目人员疏散场景设置见表 1－66。

表 1－66 人员疏散场景设置

疏散场景	火源位置	对应火灾场景	出口及楼梯情况
S1	位置 1、2、3	C1、C2、C3	全楼疏散，不封堵任何疏散门、通道及楼梯间入口
S2	位置 4	C4	封堵 2 层火灾商业区旁通道，其他疏散门、通道及楼梯间入口不封堵

其中，疏散场景 S2 疏散示意如图 1－67 所示。

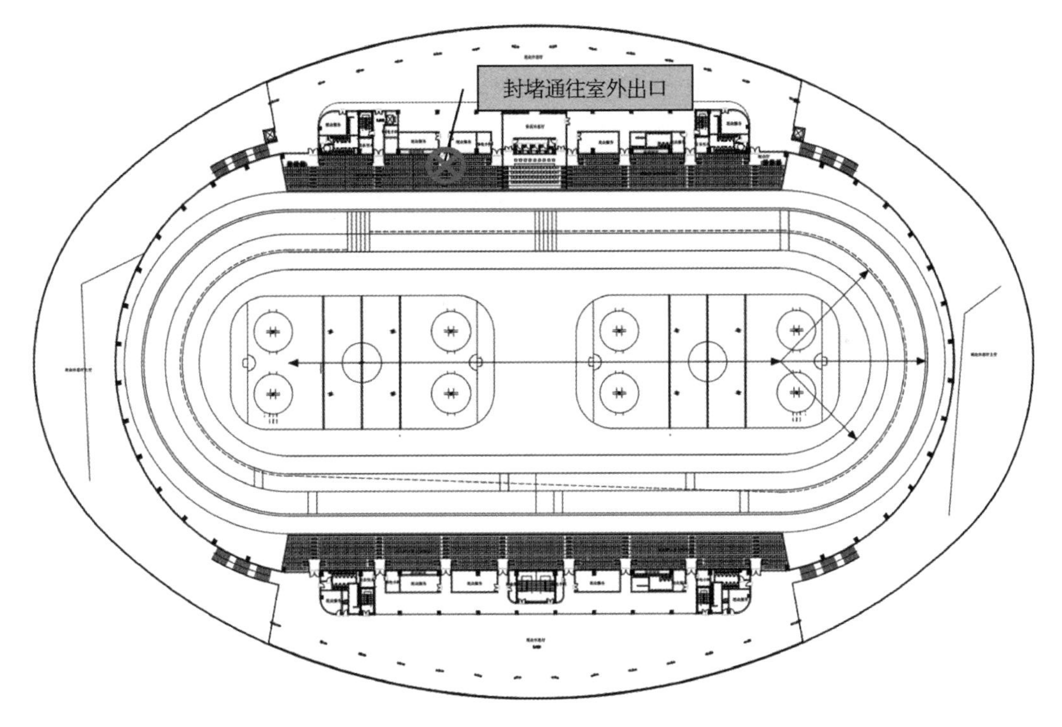

图 1－67 疏散场景 S2 疏散示意（2F）

5）烟气模拟结果

本项目的速滑馆内设置了 4 个火源位置，每个火源位置均结合自动喷水灭火系统的有效性、排烟系统的有效性设计了不同工况。其模拟结果见表 1－67。

6）人员疏散结果

STEPS 疏散模型如图 1－68 所示，人员疏散行动时间汇总见表 1－68、表 1－69。

表 1-67 危险来临时间统计

场景编号	假设条件		区　域	ASET/s
	排烟系统	自动灭火系统		
C1	有效	有效	观众席上方 2 m	>1 800
C2	有效	有效	包厢楼板上方 2 m	>1 800
C2-1	失效	有效	包厢楼板上方 2 m	>1 800
C3	有效	有效	二层商业厅楼板上方 非火源区域 2 m	>1 800
C3-1	失效	有效	二层商业厅楼板上方 2 m	>1 800

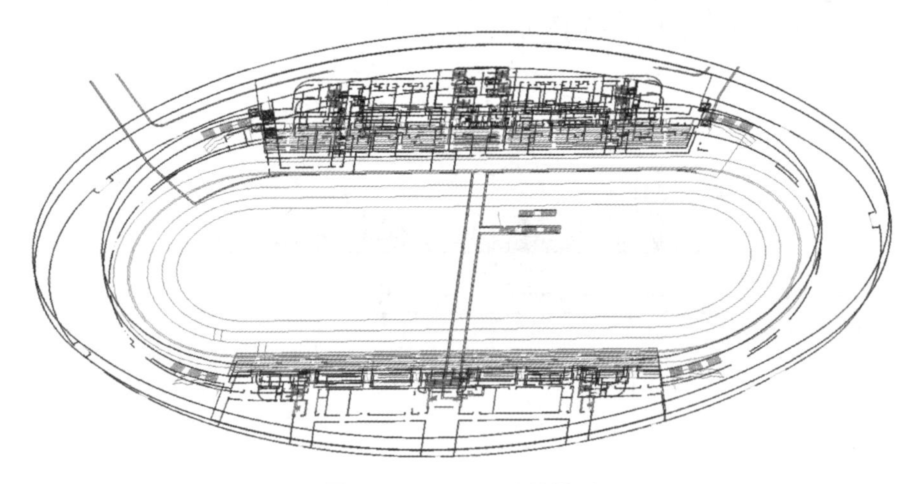

图 1-68 STEPS 疏散模型

表 1-68 人员疏散行动时间汇总(一)

疏散场景	疏　散　设　置	行动时间/s
S1	馆内出口及所有疏散路径不封堵	282
S2	封堵二层火灾商业区旁通道,其他疏散门、通道及楼梯间入口不封堵	284

表 1-69 人员疏散行动时间汇总(二)

疏散场景	疏散开始时间/s	疏散行动时间/s	1.5 倍疏散行动时间/s	疏散时间 REST/s
S1	240	282	423	663
S2	240	284	426	666

7）人员疏散安全性分析

本项目在设定的火灾场景与疏散场景下，人员疏散均是安全的。具体的人员疏散安全性对比分析见表 1 - 70。表 1 - 70 中疏散时间，无特殊说明，均为各层的整层疏散时间。

表 1 - 70　人员疏散安全性对比分析

火灾场景	对应疏散场景	疏散位置	REST/s	烟气危险来临时间/s	安全裕度/s	安全性判定
C1	S1	全楼疏散	663	>1 800	>1 137	安全
C2	S1	全楼疏散	663	>1 800	>1 137	安全
C2 - 1	S1	全楼疏散	663	>1 800	>1 137	安全
C3	S2	全楼疏散	666	>1 800	>1 134	安全
C3 - 1	S2	全楼疏散	666	>1 800	>1 134	安全

1.1.5　评估结论

本项目包括体育场、体育馆、游泳馆、训练馆和速滑馆。存在室内场馆、比赛场地、观众厅防火分区扩大、疏散距离超长以及环道用于人员疏散通道的问题。因此，结合国内外规范设计要求，对本项目从防火、疏散、排烟、灭火设计等方面进行梳理、研究，提出对应的消防策略。在本次评估提出的消防策略及人员疏散安全性分析的基础上，本项目的平面布局及消防设计方案可行。张家口奥体中心消防设计问题汇总见表 1 - 71。

表 1 - 71　张家口奥体中心消防设计问题汇总

	大空间防火分区扩大	疏散距离超长	首层环道用于人员疏散
体育场	—	—	最长开口间距 80 m，通行大巴，规范没有明确规定
体育馆	39 199 m^2（超 5 000 m^2）	观众休息厅疏散距离最长 30 m，超出规范 12.5 m 的距离要求	—
训练馆	5 301 m^2（超 5 000 m^2）	—	—
游泳馆	8 702 m^2（超 5 000 m^2）	楼梯间在首层出室外距离 22 m、40 m，超出规范 15 m 的距离要求，观众厅与比赛大厅疏散距离超出规范 37.5 m 的距离要求	—
速滑馆	28 722 m^2（超 5 000 m^2）	比赛场地疏散距离最大 120.5 m，超出规范 37.5 m 的距离要求	—

1.1.5.1 超规范防火分区的大空间防火设计要求

1）加强大空间内火灾危险性较高区域防火设计要求

体育馆和速滑馆比赛大厅设置包厢、观众服务用房等火灾危险性较高的区域。针对这些区域，提出如下消防设计要求：

（1）敞开包厢应采用不燃烧材料装修，家具采用不燃烧或难燃烧材料制作。

（2）封闭包厢面向大空间采用C类防火玻璃分隔。

（3）观众服务用房按封闭舱设计，墙体采用耐火极限不低于2 h的防火隔墙，顶棚采用耐火极限不低于1.5 h的防火顶板；不能设置墙体的部位应采用耐火极限不低于2 h的防火卷帘或C类防火玻璃等分隔。

（4）以上区域的顶棚下应安装火灾自动报警系统、自动喷淋系统，当房间面积大于100 m^2，还须设置排烟系统。

2）排烟补风设计原则

各场馆大空间均采用机械排烟，排烟量应满足现行规范关于中庭大空间的排烟量计算方法，且设置补风系统，补风可采用机械或自然补风方式。排烟量按其体积的4次/h换气计算。各场馆排烟系统和补风系统设置情况见表1-72。

表1-72 各场馆排烟系统和补风系统设置情况

场 馆	区 域	观众厅体积/m^3	排 烟		补 风		备 注
			4次换气排烟量/(m^3/h)	设计机械排烟量/(m^3/h)	机械补风/(m^3/h)	是否设自然补风	
体育馆	观众厅	36.5万	146万	150万	19.4万	是	低补高排
训练馆	观众厅	3.5万	14万	15万	9万	否	高补高排
游泳馆	观众厅	14万	56万	60万	—	是	低补高排
速滑馆	观众厅	42万	168万	171万	20万	是	低补高排

3）疏散宽度设计原则

体育馆中心场地、训练馆疏散宽度按1 m/百人进行加强设计，其他区域疏散人数及宽度严格按照现行规范执行。

4）灭火系统设计原则

由于各场馆体量较大，体育馆、速滑馆、训练馆场地中心设置冰场功能，地下设置制冷设备，而游泳馆场地中心设置游泳池，因此无法设置消火栓管路。

鉴于各场馆比赛场地空间高大，发生火灾蔓延的风险较低。要求本项目比赛场地应设置大空间自动灭火系统，且应两股水柱进行保护；此外，比赛场地周边通往安全通道处均设置了室内消火栓，且栓箱内配备消防软管卷盘。在此消防灭火保护方案下，比赛场地场芯区域可不设置消火栓。

根据《大空间智能型主动喷水灭火系统技术规程》CECS 263：2009 第 4.1.2 条、7.3.1 条可知，规范要求智能炮持续喷水灭火时间不应低于 1 h，且全覆盖被保护区域。

根据《固定消防炮灭火系统设计规范》第 4.2.1 条、4.3.3 条可知，规范要求固定炮扑救室内火灾的灭火用水连续供给时间不应小于 1 h，且室内消防炮的布置应能使两门水炮的水射流同时到达被保护区域的任一部位。

为提高本项目比赛大厅大空间水灭火系统灭火可靠性，要求本项目体育馆、速滑馆设置固定消防炮系统，训练馆、游泳馆设置大空间智能型主动喷水灭火系统，且应两股水柱进行保护。同时，增大了消防水池容积，对于固定消防炮系统和大空间智能型主动喷水灭火系统，将规范中要求的连续给水时间由 1 h 增加到 2 h。

为确保水炮在大空间火灾初期启动的及时性，本项目在高大空间设置线型光束感烟火灾探测器、吸气式感烟火灾探测器、图像型火焰探测器三种不同参数的火灾探测装置，以保证及时联动启动水炮水泵，将火灾控制在初期。

同时，为保证自动喷水灭火系统的可靠性，建议设置消防自动末端试水系统，各场馆包厢、设备用房、仓库及公共走道部分自喷系统应采用快速响应喷头。

5）人员疏散安全性分析与验证

对于各场馆超规范的大空间区域，针对大空间内可能出现的可燃物及其布置位置，设置对应的火灾场景与疏散场景。采用烟气数值模拟软件和疏散软件进行分析，模拟结果显示，在设定的边界条件基础上，各场馆的人员疏散均安全。体育场环道、体育馆、训练馆、游泳馆、速滑馆的人员疏散安全性对比分析分别见表 1－73～表 1－77。

表 1－73　体育场环道人员疏散安全性对比分析

火灾场景	对应疏散场景	疏散位置	REST/s	烟气危险来临时间/s	安全性判定
C1	含环道的最大面积防火分区	环道内	205	531	安全
C2		体育器械储藏室内		>1 800	安全

表 1－74　体育馆人员疏散安全性对比分析

火灾场景	对应疏散场景	疏散位置	REST/s	烟气危险来临时间/s	安全性判定
C1－1	S1	四层	1 055	>1 800	安全
		三层	981	>1 800	安全

（续表）

火灾场景	对应疏散场景	疏散位置	REST/s	烟气危险来临时间/s	安全性判定
C1－1	S1	二层	987	>1 800	安全
		地下一层	366	>1 800	安全
		全楼疏散时间	1 161	>1 800	安全
C1－2		四层	1 055	>1 800	安全
		三层	981	>1 800	安全
		二层	987	>1 800	安全
		地下一层	366	>1 800	安全
		全楼疏散时间	1 161	>1 800	安全
C2		四层	1 055	>1 800	安全
		三层	981	>1 800	安全
		二层	987	>1 800	安全
		地下一层	366	>1 800	安全
		全楼疏散时间	1 161	>1 800	安全
C3	S2	四层	1 035	>1 800	安全
		三层	1 002	>1 800	安全
		二层	1 180	>1 800	安全
		地下一层	320	>1 800	安全
		全楼疏散时间	1 287	>1 800	安全
C4	S3	四层	1 356	>1 800	安全
		三层	1 035	>1 800	安全
		二层	956	>1 800	安全
		地下一层	314	>1 800	安全
		全楼疏散时间	1 284	>1 800	安全

（续表）

火灾场景	对应疏散场景	疏散位置	REST/s	烟气危险来临时间/s	安全性判定
C5－1	S4	四层	1 298	>1 800	安全
		三层	1 149	>1 800	安全
		二层	948	>1 800	安全
		地下一层	311	>1 800	安全
		全楼疏散时间	1 368	>1 800	安全
C5－2		四层	1 298	>1 800	安全
		三层	1 149	>1 800	安全
		二层	948	>1 800	安全
		地下一层	311	>1 800	安全
		全楼疏散时间	1 368	>1 800	安全
C6	S5	四层	914	>1 800	安全
		三层	1 229	>1 800	安全
		二层	954	>1 800	安全
		地下一层	1 349	>1 800	安全
		全楼疏散时间	312	>1 800	安全

表 1－75　训练馆人员疏散安全性对比分析

火灾场景	对应疏散场景	疏散位置	REST/s	烟气危险来临时间/s	安全性判定
C1－1	S2	地下一层	567	>1 200	安全
		全楼	728	>1 200	安全
C1－2		地下一层	567	>1 200	安全
		全楼	728	>1 200	安全
C2	S3	地下一层门厅	290	300	安全
		全楼	770	>1 200	安全

（续表）

火灾场景	对应疏散场景	疏散位置	REST/s	烟气危险来临时间/s	安全性判定
C3	S5	地下一层	519	>1 200	安全
		全楼	716	>1 200	安全
C4 - 1	S6	地下一层	530	1 179	安全
		全楼	725	1 179	安全
C4 - 2	S6	地下一层	530	1 002	安全
		全楼	725	1 002	安全

表 1 - 76　游泳馆人员疏散安全性对比分析

火灾场景	对应疏散场景	疏散位置	REST/s	烟气危险来临时间/s	安全裕度/s	安全性判定
C1	S1	全部人员疏散	530	>1 200	>670	安全
C2 - 1	S2	全部人员疏散	536	>1 200	>664	安全
C2 - 2	S2	全部人员疏散	536	>1 200	>644	安全
C3	S3	全部人员疏散	528	>1 200	>672	安全

表 1 - 77　速滑馆人员疏散安全性对比分析

火灾场景	对应疏散场景	疏散位置	REST/s	烟气危险来临时间/s	安全裕度/s	安全性判定
C1	S3	全楼疏散	549	>1 800	>1 251	安全
C1 - 1	S1	全楼疏散	663	>1 713	>1 050	安全
C2	S1	全楼疏散	663	>1 800	>1 137	安全
C3	S1	全楼疏散	663	>1 800	>1 137	安全
C3 - 1	S1	全楼疏散	663	>1 800	>1 137	安全
C4	S2	全楼疏散	666	>1 800	>1 134	安全

1.1.5.2　楼梯间首层出室外超距离问题的策略

针对游泳馆楼梯间首层出室外超距离的问题，按《建筑设计防火规范》第 5.5.17 条第 2 款规定进行设计，即在首层采用扩大前室，具体设计可参考《建筑设计防火规范》13J811 - 1

改 5.5.17 图示 5。另外两部楼梯可直接疏散至二层，然后直通室外。在楼梯疏散指示标识设计时，应注意引导人员疏散至二层。

1.1.5.3　门厅疏散距离超长问题的策略

游泳馆存在疏散距离超长的问题，且该门厅作为大空间外的疏散走道进行设计，其疏散距离为 18.5 m，超出规范要求的 12.5 m。由于门厅空间层高较低，不具有大空间的蓄烟条件，因此要求该门厅按《建筑设计防火规范》第 5.5.17 条第 2 款规定的扩大前室进行设计，从而解决疏散距离超长的问题。

1.1.5.4　针对体育场环道作为人员疏散通道的策略

体育馆西侧的环路在人员疏散时具有重要的作用，部分人员必须经过环道才能到达室外。因此，该环道必须作为人员疏散的安全空间，即建筑内人员疏散至此即可认为是安全的。

本工程消防环道在设计时，结合车行流线设置了很多直通室外的开口，环道两个最近开口之间距离最长约为 80 m，这些开口便于环道内发生火灾后的烟气蔓延和扩散，也提高了环道的疏散安全性。为保证西侧环路的消防安全水平，提出如下消防策略。

(1) 环道与相邻功能房间之间应采用固定甲级防火玻璃窗，其隔墙应至少具有 1 h 耐火极限，防止火灾蔓延。

(2) 临近环道功能房间设置自动灭火系统、火灾自动报警系统、机械排烟系统，排烟量参照规范要求设置。

(3) 环道两侧为自然开口，对于长度大于 60 m 的环道，为保证烟气不在环道区域积聚，在环道内设置机械排烟系统，排烟量按地面面积的 60 m^3/hm^2 计算。

(4) 环道为安全通道，在日常使用中严格管理，该区域不应进行商业经营或者堆放任何可燃物。当有比赛及相关活动时，该区域不应停放机动车。

1.1.5.5　消防救援窗及辅助用自然排烟窗加强

在体育馆、游泳馆、训练馆、速滑馆满足机械排烟的基础上，在各个场馆设置自然排烟窗，排烟窗应在储烟仓以内或室内净高度的 1/2 以上且不低于 2 m 高度设置，按空间需要并结合建筑设计防火规范在体育馆、速滑馆设置消防救援窗，以满足消防扑救的需要。

(1) 体育馆周边设置自然排烟窗，排烟面积不小于二层体育馆观众厅地面面积的 2%；在体育馆三层西北侧和东侧的包厢休息厅设置消防救援窗口，满足消防救援的要求，并做出标识。

(2) 训练馆周边设置自然排烟窗，排烟面积不小于训练馆二层门厅地面面积的 2%；训练馆二层可直接疏散至室外平台，因训练馆三层为不临外墙的机房，故不设置消防救援窗口。

(3) 游泳馆周边设置自然排烟窗，排烟面积不小于游泳馆二层观众厅及首层比赛厅地面面积的 2%；游泳馆二层可直接疏散至室外平台，因游泳馆三层为不临外墙的机房，故不设置消防救援窗口。

(4) 速滑馆周边设置自然排烟窗,东西两侧自然排烟面积不小于速滑馆首层及二层观众休息厅地面面积的5%,南北侧自然排烟面积不小于首层房间地面面积的2%;速滑馆首层及二层南北观众休息厅处设置消防救援窗口,并做出标识。因速滑馆三层为不临外墙,故不设置消防救援窗口。

1.1.5.6 消防管理要求

建立消防安全培训与管理措施。做好相应各种情况的应急疏散预案,定期进行疏散演练。

定期测试、维护消防设施,从而确保任何时候消防系统均能有效运行。

1.2 "中国尊"超高层结构抗风研究

1.2.1 项目概述

北京朝阳区中央商务区(central business district, CBD)核心区Z15地块"中国尊"高层建筑总高度为532.1 m,目前是北京最高建筑,如图1-69所示。其基本截面形式为带圆角的正方形,倒角半径与边长之比约为0.2;正方形边长和圆角半径随高度等比例变化。该结构细柔且阻尼低,对风荷载的静力和动力作用都很敏感,为了获取准确的风致响应,本项目通过风洞实验对其风荷载进行了研究。

图1-69 Z15地块高层箭镞(中国尊)效果图

1.2.2 风洞试验

1) 试验模型

由于该建筑结构比较规则,结构振动以一阶振型为主,因此可对结构模型采用高频动态测力天平技术进行风洞试验。模型的设计除了要模拟建筑物的外形，还要满足轻质和刚度要求，以保证天平-模型系统自振频率足够高。根据建筑的实际高度、风洞试验段尺寸、模型制作和风场模拟的可能性，选择模型和实际结构的尺度比例为 1∶500，这样模型的总高度为 1.06 m。本次试验模型以铝合金形成骨架，覆盖泡沫塑料，外表面再粘贴 1 mm 厚的轻质泡沫广告纸模型外形，模型总重量 600 g。

天平-模型系统的频率为：X 向为 14 Hz，Y 向 14 Hz，扭转 Z 向为 30 Hz。考虑天平-模型系统的频响特性和输出信号的信噪比之间寻求平衡，确定试验风速为 6 m/s。

2）刚性测压试验模型

为保证测力试验的准确性，可采用刚性测压模型试验进行对比。测压刚性模型采用 ABS 板（acrylonitrile-butdiene-styren，丙烯腈/丁二烯/苯乙烯共聚物板）制作，模型与实际模型尺寸比例为 1∶500。在模型上布置 20 层测压孔，测压孔沿宽度和厚度方向均匀分布，每边 6 个测压孔，合计 480 个测压孔。为保证流场和风剖面特性，试验风速确定为 16 m/s。

3）风场环境模拟

建筑物处的风环境因素包括风气候、地貌、风向和周围建筑的干扰。

根据荷载规范，北京地区 100 年重现期的基本风压为 0.5 kPa，由此可得梯度风高度处 100 年的风速为 50 m/s。

根据周边地区的发展状况，该建筑所在地区地貌可认为是 C 类。考虑到 Z15 地块高层建筑先于周边建筑建设，因此同时考虑没有短期周围建筑干扰的环境工况和考虑长期周围建筑干扰的环境工况。在风洞中用尖塔和粗糙元模拟了 C 类地貌，模拟的结果如图 1-70、图 1-71 所示，试验工况如图 1-72 所示。模型阻塞率约为 5%，对结果影响较小。

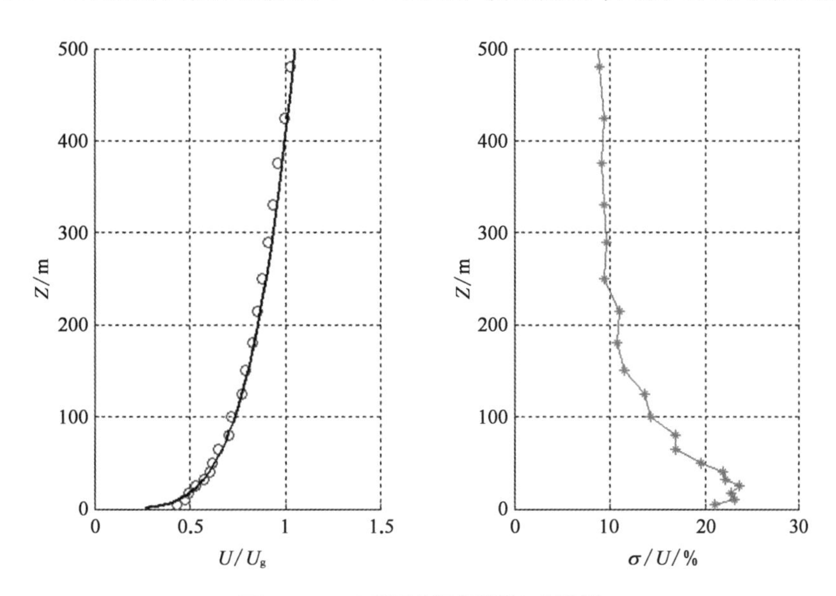

图 1-70　C 类风剖面及湍流度模拟

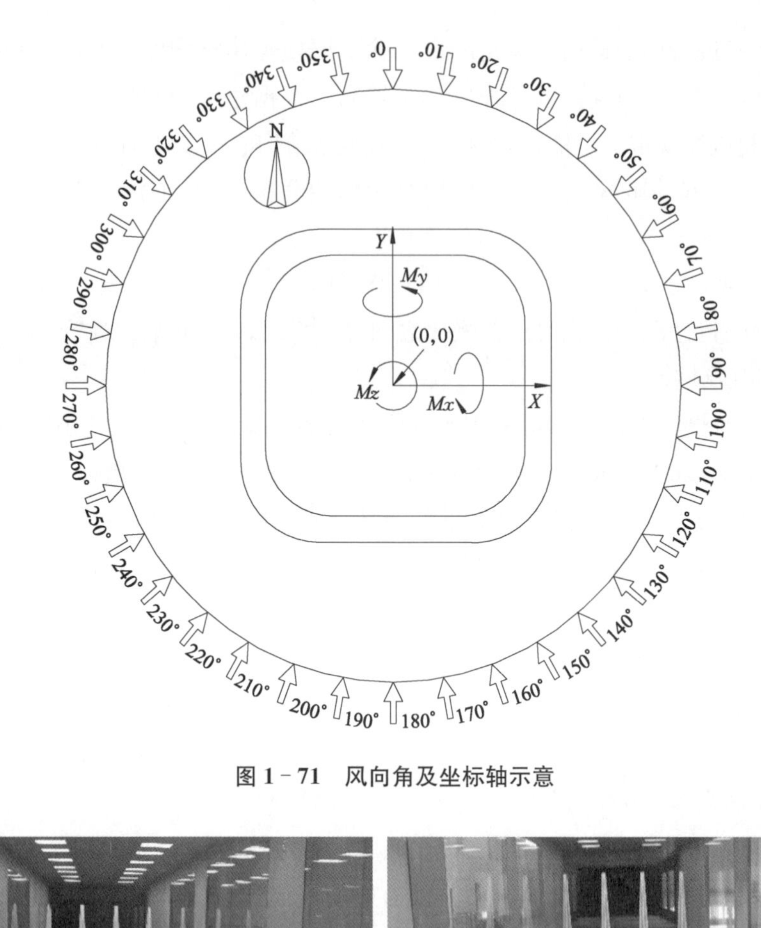

图 1－71　风向角及坐标轴示意

(a) 无待建建筑工况

(b) 有待建建筑工况

图 1－72　试验工况

1.2.3　结构风振响应试验

1）试验的主要结果

试验风向角增量为 10°，通过旋转试验转盘来实现。由风洞试验得到建筑物的一阶顺风向和横风向广义脉动气动力。由于该结构整体偏心较小，扭转方向响应不明显，因此本节主要分析 X、Y 两个主轴方向的响应。定义 X 向和 Y 向的平均基底弯矩系数和脉动基底弯矩系数为

$$C_{\mathrm{Mx}}^{\mathrm{m}}=\overline{M}_{\mathrm{x}}/\rho U_{\mathrm{H}}^{2}BH^{2}/2$$

$$C_{\mathrm{My}}^{\mathrm{m}}=\overline{M}_{\mathrm{y}}/\rho U_{\mathrm{H}}^{2}BH^{2}/2$$

$$C_{\mathrm{Mx}}^{\mathrm{r}}=\sigma_{\mathrm{Mx}}/\rho U_{\mathrm{H}}^{2}BH^{2}/2$$

$$C_{\mathrm{My}}^{\mathrm{r}}=\sigma_{\mathrm{My}}/\rho U_{\mathrm{H}}^{2}BH^{2}/2$$

式中，$\overline{M}$、σ_{M} 分别为天平所测的平均基底弯矩和均方根脉动基底弯矩，也可表示由刚性测压模型计算得到的平均基底弯矩和均方根脉动基底弯矩；B 和 H 分别为模型的宽度和高度。

图 1－73 给出了有干扰和无干扰状态下 X 向和 Y 向基底弯矩系数平均值和均方根值与风向之间的关系。图 1－73 中，NC 表示无干扰系数；C 表示有干扰系数；P 表示测压试验结果；F 表示高频底座天平试验结果；mean 表示均值；sigma 表示均方根。

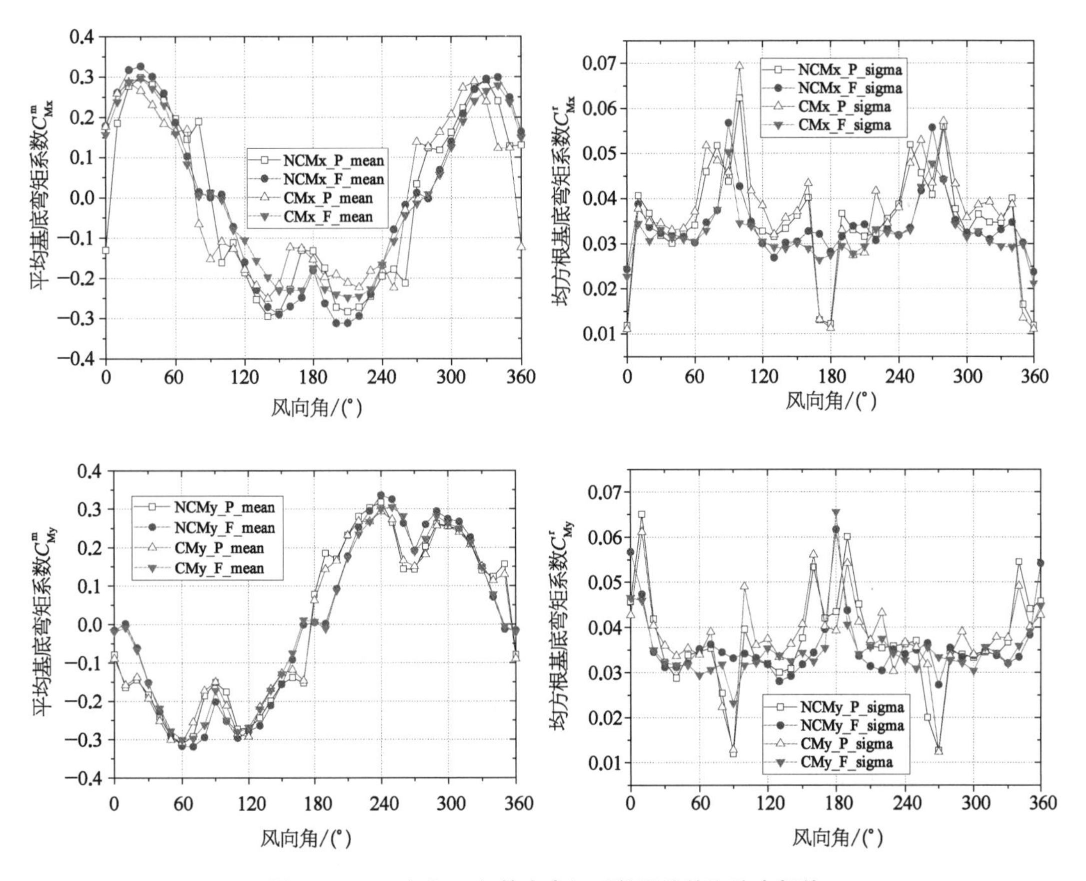

图 1－73　X 向和 Y 向基底弯矩系数平均值和均方根值

2）不同试验方法的对比

从平均基底弯矩系数来看：测力试验与测压试验的平均弯矩值总体上比较接近，但对 X 向弯矩（由 Y 向风力产生），在 80°、100°、260°、280°风向角时，两种试验方法的平均弯矩值相差较大。对 Y 向弯矩（由 X 向风力产生），在 10°、170°、190°、350°风向角平均弯矩值相差较大。

从均方根基底弯矩系数来看，测压试验与测力试验趋势基本相同，但 0°、90°、180°和 270°风向角附近，两种试验方法计算得的均方根值相差较大。

由于该结构角部均用圆角过渡，因此来流风向角为 0°、90°、180°、270°附近时，来流在圆角附近的分离点位置对风速及模型表面粗糙度较为敏感，因而导致两种试验方法在这几个角度的差异较大。对本项目而言，由于模型尺寸较小，在满足相关缩尺关系的条件下，低风速试验更为准确。

3）风向的影响

两种干扰状态下，风向对结构风振响应的影响趋势相同。风向角为 30°时，Y 向（对应 Mx）阻力系数最大，为 0.32；风向角为 240°时，X 向（对应 My）阻力系数最大，为 0.32。对脉动风而言，其最大值出现的风向角位于 10°、180°（X 向）、90°、270°（Y 向）附近，即横风向。

4）干扰的影响

总体来看，干扰引起平均基底弯矩系数略有减小，以测力结果为例，最大 Y 向阻力系数 $C_{\mathrm{Mx}}^{\mathrm{m}}$ 对应无干扰工况为 0.32，对应有干扰工况 $C_{\mathrm{Mx}}^{\mathrm{m}}$ 为 0.3。

干扰对脉动力的影响比较复杂，总的来说，干扰增大脉动力系数。由图 1－73 可见，当风向角位于 90°～120°、190°～230°、330°～340°时，影响较为明显。

5）顶层位移响应

根据试验结果、结构动力特性和风场特性应用高频动态测力天平分析结构动力响应的方法或随机振动理论，就可以确定其风振动力响应。

用 ETABS 模型分析得到 Z15 高层建筑的前几阶频率特性：一阶 X、Y 方向（弯曲）频率为 0.138 9 Hz；一阶 Z 向（扭转）为 0.329 2 Hz。

计算结构风振位移响应时，结构阻尼比取为 2%、峰值因子取 2.5。图 1－74、图 1－75 分别给出了两种工况下的顶层位移响应。其中，min 表示最小值；mean 表示均值；max 表示最大值。

对高频底座测力天平试验，不考虑待建建筑影响时，100 年重现期塔楼顶层的峰值位移为 0.45 m（X 向）和 0.46 m（Y 向）；考虑待建建筑影响时，顶层峰值位移为 0.48 m（X 向）和 0.46 m（Y 向）。

对刚性模型，不考虑待建建筑影响时，100 年重现期塔楼顶层的峰值位移为 0.49 m（X 向）和 0.48 m（Y 向）；考虑待建建筑影响时，顶层峰值位移为 0.54 m（X 向）和 0.49 m（Y 向）。

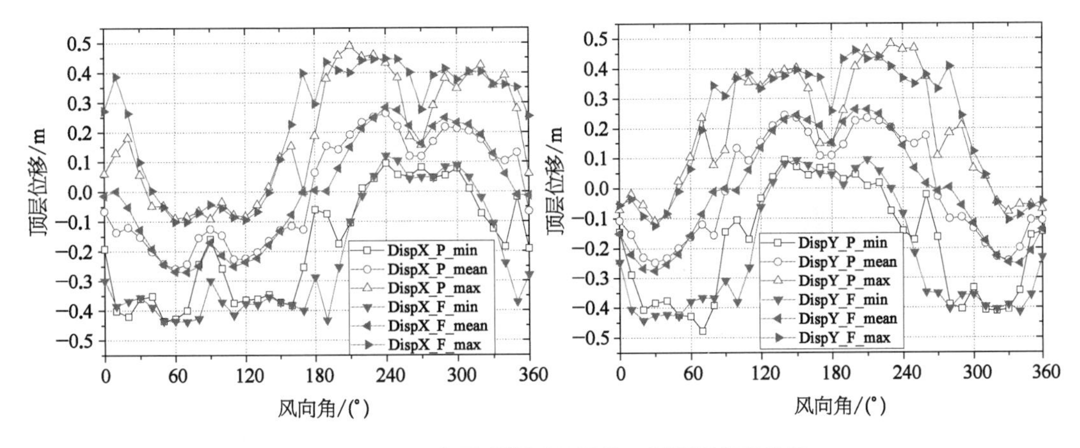

图 1-74　100 年重现期下无干扰工况顶层位移响应

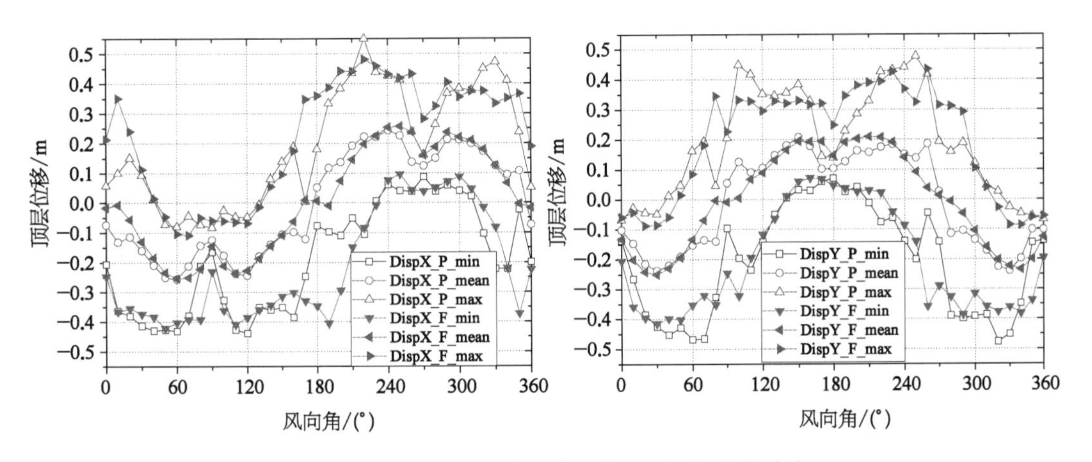

图 1-75　100 年重现期下有干扰工况顶层位移响应

刚性模型试验分析结果约比高频底座测力天平试验高 10%，满足工程精度。

为了考察 Z15 地块高层建筑的舒适性问题，分析了该塔楼 532 m 处的加速度响应。取峰值因子为 2.5，阻尼比为 0.5%，其 10 年重现期最大横风向加速度是：无干扰工况 0.022 g；有干扰工况 0.02 g。

1.2.4　基底剪力和弯矩响应

根据《建筑结构荷载规范》(GB 50009—2012)，选择与风洞试验相同的参数计算结构基底剪力和弯矩，并与风洞试验主轴方向基底剪力和弯矩响应对比，如图 1-76 所示。

从图 1-76 可以看出，由于规范没有考虑顺风向圆形倒角修正，其计算结果约为试验计算结果的两倍；而横风向试验计算结果与规范较为接近。

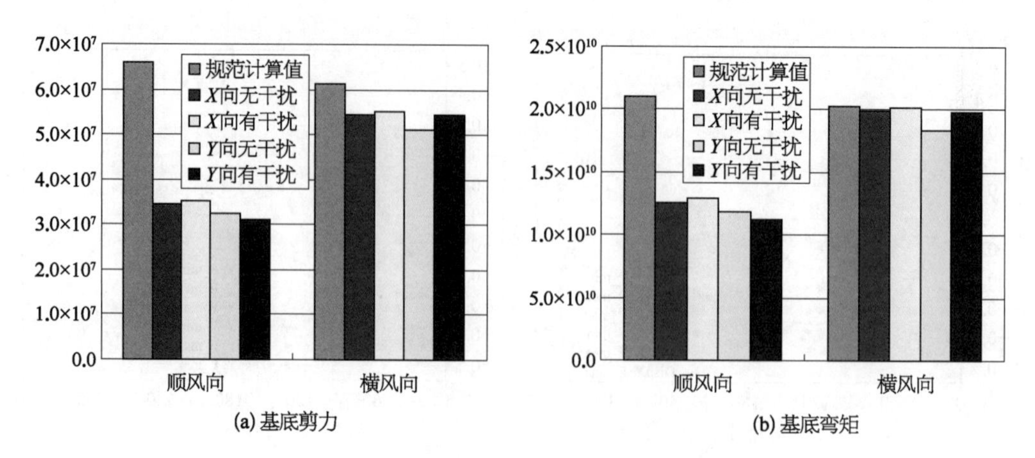

(a) 基底剪力　　(b) 基底弯矩

图 1－76　100 年重现期下顺风向、横风向基底响应对比

1.3　国家博物馆结构加固改造工程

1.3.1　项目概述

国家博物馆老馆建成于 1959 年 8 月，东西立面长 313 m，南北立面长 149 m，总建筑面积(不包括层高超过 2.2 m 的地下室部分)为 6.515 2 万 m^2，占地 5.13 万 m^2。如图 1－77所示，内部分为两个馆，即中国革命博物馆(甲区)与中国历史博物馆(乙区)，两馆之间为中央大厅。整个平面由 23 个分区组成，内有大庭院三个：南院、北院及中院，小庭院两个：东半部两侧各有一个服务院。主入口在西侧，面向天安门广场。正面柱廊两侧大墩标高为 39.88 m，一般檐高为 26.50 m，南北入口檐高为 29.30 m。全馆大部分为三层，局部四层。底层层高 6 m，首层、二层层高 9.5 m，三层层高为 9.5 m 或 4.5 m。

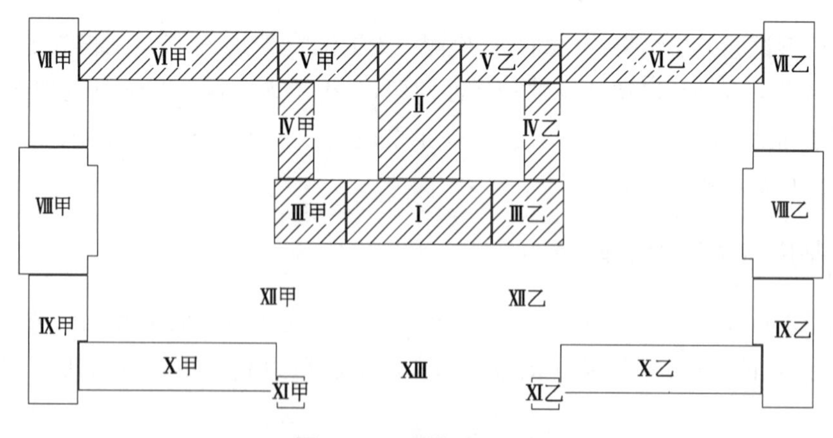

图 1－77　老馆平面示意

此次博物馆改扩建，在维持天安门周边建筑群整体建筑风格不变的前提下，结合现有建筑功能整体布局，对原外围部分建筑单体在保留基础上进行改造，如Ⅶ～Ⅺ区及Ⅻ、ⅩⅢ廊区保留，中间部分（Ⅰ～Ⅵ区）建筑单体进行拆除重建。原有建筑单体结构形式均为现浇钢筋混凝土框架结构，各区段之间均设有 100 mm 宽的变形缝，根据原结构布局情况，基础形式采用条形联合基础。

1.3.2　原建筑存在的主要问题

经过几十年的使用，博物馆老馆的外立面装饰材料已严重老化，粉刷空鼓、琉璃剥落。依据相关规范，通过检测单位对原结构的安全性和抗震性能进行检测评估，原结构主要存在以下问题：

(1) 混凝土构件普遍存在不同程度的损伤，梁的裂缝最大宽度达到 1.5 mm，板的裂缝最大宽度达到 2.3 mm；局部构件存在露筋和钢筋锈蚀现象，如图 1 - 78 所示。

(2) 根据《建筑抗震鉴定标准》(GB 50023—2009)规定的判别标准，结合结构检测结果对原结构进行计算分析，表明原结构在规范规定的多遇地震作用下，多数梁、柱构件抗震承载能力不足；原结构抗侧刚度偏小，结构位移及变形远大于《建筑抗震设计规范》(GB 50011—2010)的相关要求；各区间之间的变形缝宽度仅为 100 mm，不满足《建筑抗震设计规范》第 6.1.4 条的相关要求。

(3) 原有实心黏土砖隔墙抗震构造措施不能满足相关规范要求，且存在部分墙体灰缝不饱满、局部酥软掉渣的现象。

图 1 - 78　原结构构件裂缝及钢筋锈蚀示意

1.3.3　加固原则及绿色技术措施

1) 加固原则

通过对原结构存在问题的分析总结，表明原有建筑结构不能满足规范规定的抗震要求。为贯彻绿色设计理念，充分考虑未来技术发展，以及最大限度地节约资源，根据建筑功能要求，结合工程现场实际情况，综合考虑选择加固方案和加固方法。由于对原有建筑外立面要求完整保护，结构加固方案采用仅在结构内部的加固方式。在加固方式方面，既要保证结构抗震安全，又要减少加固工程量，主要采用改变结构体系、增设黏滞阻尼器等加固方法；在加固材料方面，严格控制材料质量，采用无污染和可重复利用的材料，如钢材和钢丝绳网片-聚合物砂浆等。具体实施遵循如下原则：

(1) 从既有建筑现状出发，依据现有规范和当前技术水平，制定了符合实际情况的加固目标，设计合理后续使用年限定为 30 年。既能使加固后的建筑物满足抗震要求，又可以使得在当前的工程手段下结构加固量控制在合理范围内，达到节约能耗的目的。

(2) 选择合理加固方案达到预期加固效果。选择从结构整体入手，采用改变结构体系的加固方案，把原有柔性框架结构变为具有二重抗震防线的框架-剪力墙结构，以提高建筑物的综合抗震能力。加固后的框剪结构中地震作用大部分由新增剪力墙承担，原有框架结构地震作用大大减少，且框剪结构中框架部分抗震等级降低，使得原有框架梁、柱构件的加固量大幅度减少。

(3) 尽可能地采用钢材和钢丝绳网片-聚合物砂浆等可重复利用和绿色环保的材料，并加强对建筑垃圾进行二次利用。

(4) 充分挖掘既有结构构件潜力，减少加固工程量。对原有损伤的混凝土构件尽可能地进行修补，减少构件拆除重新浇筑的工作量。例如对存在裂缝的梁、板构件，根据裂缝的种类和大小进行修补。对钢筋外露锈蚀的情况考虑除锈及涂刷渗透型阻锈剂等措施，使原有损伤构件经过处理后仍能正常工作。

(5) 对于地基基础部分，考虑到已使用超过 60 年，上部结构未发现不均匀沉降裂缝，且此次改造过程中，原有厚重的砌体隔墙替换为轻质墙体，减少了上部结构重量。对于无新增加层，上部结构不增加的各区段，其地基基础原则上不进行加固处理，仅对基础构件出现混凝土酥散、漏筋等情况进行局部处理；对于乙区新增夹层部分，采取扩大基础底面积法进行补强。

(6) 在具体设计过程中，基于结构尽可能不扰动的原则，减少对原结构的处理措施，且在施工过程中强调安全、环保的施工方法，禁止对原结构的野蛮施工。确因建筑功能需要在原结构上开洞的，采用静力切割技术(该技术采用多种国内先进的金刚石锯切工具组合进行切割，用流动的水进行冷却，是一种无振动、无污染、高效率和绿色环保的新工艺)。

2) 绿色技术措施

(1) 加固材料：尽可能地采用绿色无污染和可重复利用的加固材料。对原承载力不足的薄屋面板采用钢丝绳网片-聚合物砂浆进行补强；而对承载力不足的梁、柱构件，则采用粘贴可重复利用的型钢和钢板方法进行加固。

钢丝绳网片-聚合物砂浆外加层加固法具有以下几个优点：① 材料中的聚合物砂浆渗透性好，后期可以与被加固混凝土材料完全黏结在一起共同工作，且材料性能与钢筋混凝土较为相似，具有一定的防火和防腐性能，满足结构对加固材料的耐久性要求；② 施工中对原有结构影响小，基本上不改变结构外观形状尺寸，较好地维护了原有建筑和结构的原貌；③ 施工较为方便，操作简单，因而极大地节约了加固造价，并且适合在加固工程中狭小、操作空间不大的区域进行作业；④ 与其他加固方法相比，钢丝绳网片-聚合物砂浆具有良好的耐久性和耐高温性能，使得后期维修成本较低，且其材料多采用环保材料，对环境不会造成污染，符合加固工程中对绿色理念的实施。

(2) 卸荷及建筑废料利用：原有建筑隔墙采用的是黏土砖，由于原建筑层高较高，隔墙墙体基本比较厚重。此次改造过程中，对原有隔墙，除涉及天安门和长安街的外立面外，其余部位均替换为轻质墙体。如此，一方面减轻重量从而达到减小地震作用的目的；另一方面又实现了建筑节能、保温隔热和隔音改造的需要。同时，原结构内高大厚重的砖砌体分隔墙及部分围护墙拆除后，较好的黏土砖用于地下设备管沟侧墙的砌筑，其余拆除下来的砌体废料碾碎后用于室内地坪回填，从而节省材料并减少渣土运输。

(3) 消能减震：此次改造加固过程中为防止影响建筑功能布局，在Ⅹ区范围除可以在区域两端增设钢筋混凝土剪力墙外，其余部位均不允许布置剪力墙。针对这种情况，设计中采用增设门式消能减震支撑的方式给结构提供附加阻尼，消耗地震能量，减小建筑的地震损伤。此种附加耗能支撑不承担竖向重力荷载，主要是用来抵抗水平地震作用，且在强地震作用下破坏后易于更换。这样既减少了混凝土加固工程量，又能达到结构抗震加固效果。

1.3.4　结构加固及节点设计

1) 结构加固

加固前各区段框架结构在8度多遇地震作用下，层间位移角为1/250～1/350，结构抗侧刚度不足，远不能满足规范相关要求。针对各区具体情况，分别采用改变结构体系、增设消能支撑等加固方法，提高结构抗震能力。加固后结构层间位移角为1/950～1/1 300，均满足国家现行规范的要求。

下面以Ⅹ区为例予以论述，加固平面图如图1-79。

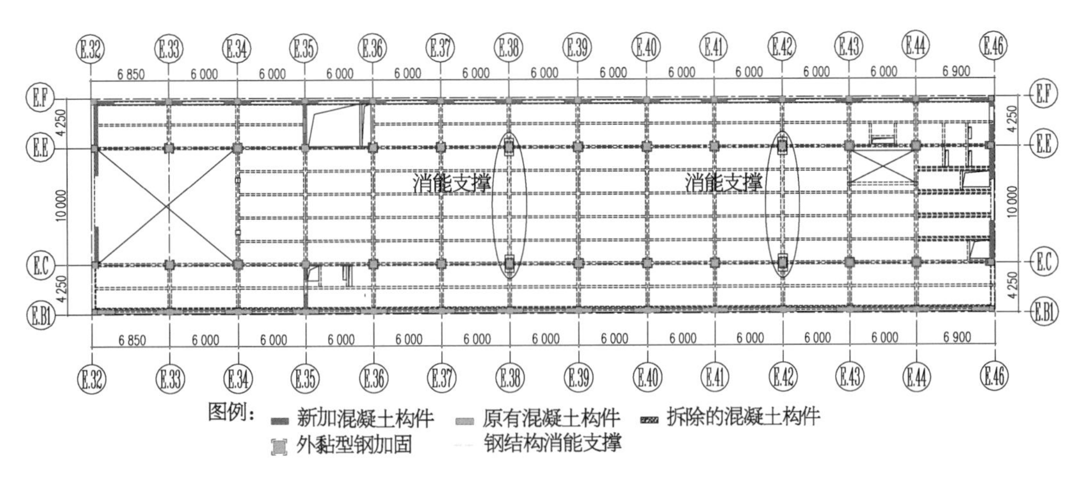

图1-79　Ⅹ区结构加固平面示意

由于混凝土的不可回收特点，建筑中混凝土使用是评价绿色建筑的重要指标。X区结构设计中尽可能地减少混凝土使用量，采用门式消能减震支撑来替代现浇钢筋混凝土剪力墙，提高结构抗震性能，如图1-80、图1-81所示。门式消能减震支撑使用门式钢框架作为消能器固定支座，消能器连接门式钢框架和原结构，在地震过程中通过两者之间产生的相对速度，使得阻尼器开始工作消耗地震能量，对结构提供耗能阻尼，达到减少建筑地震损伤的效果。设计中钢框架两侧立柱利用原有框架柱，采用格构式钢柱外包的方式，这样既可以增大钢框架刚度，又可以减少对建筑功能的影响，如图1-82所示。

图1-80 消能支撑示意

图1-81 消能支撑的局部示意

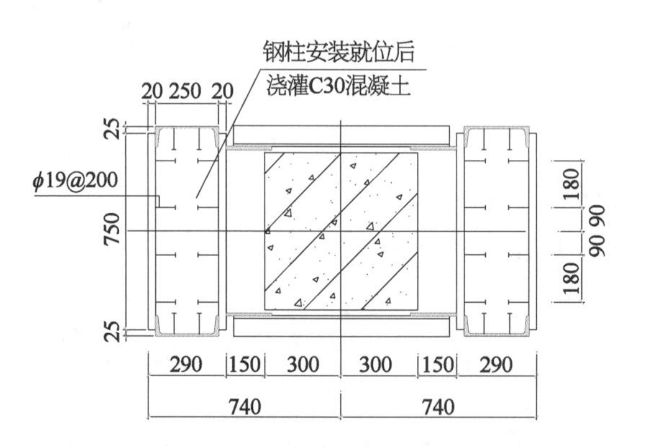

图1-82 格构式立柱示意

采用三组地震波，如图1-83所示，通过计算软件对有阻尼器和无阻尼器两个模型进行分析对比，研究阻尼器对结构抗震性能的影响。模型为三层框架剪力墙结构，一层层高6 m，二、三层层高均为9.5 m。外侧边柱截面尺寸为500 mm×500 mm，中间框架柱为600 mm×600 mm，纵向框架梁截面尺寸为250 mm×1 000 mm，横向框架梁为300 mm×600 mm，中间10 m跨度框架梁截面为300 mm×1 200 mm。原有结构构件混凝土强度等级为C18，新增400 mm厚剪力墙，混凝土强度等级为C40。有阻尼器模型在E.38和E.42轴处各设置一道耗能阻尼支撑，阻尼器刚度K为500 kN/mm，阻尼系数C为

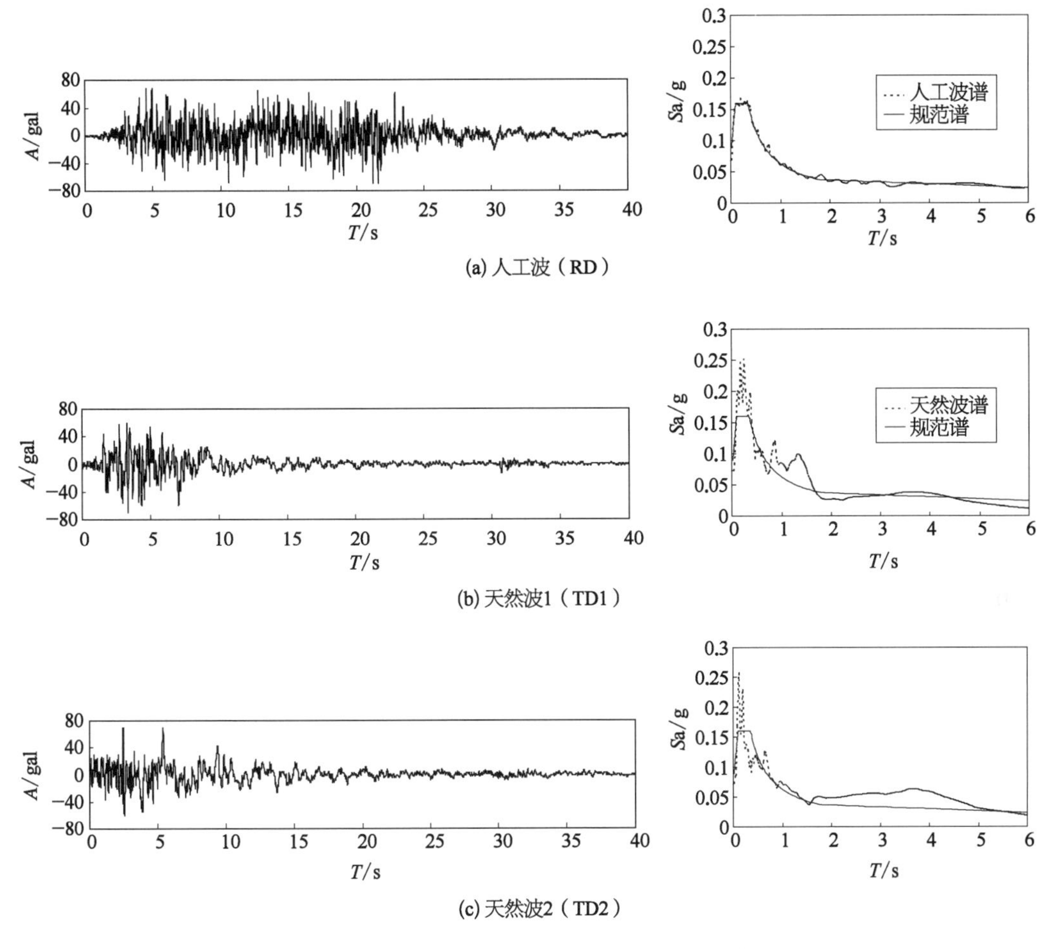

(a) 人工波（RD）

(b) 天然波1（TD1）

(c) 天然波2（TD2）

图 1-83　地震波加速度时程曲线和反应谱

34[T·(s/cm)$^{0.15}$]，阻尼指数 α 为 0.15。

从图 1-84～图 1-87 中可以看出，有阻尼器模型对比无阻尼器模型，其中楼层加速度、层间位移角和楼层剪力均有大幅降低。其中，加速度减少约在 30%，层间位移角减少 50%～60%，各楼层剪力减少 30%～40%。可见，有阻尼器可以有效地减少地震作用，增强结构的隔震性能。在 8 度小震作用下，有阻尼器模型地震剪力与阻尼比为 15%的无阻尼器模型结果大致相当，考虑结构原有阻尼比为 5%，有阻尼器方案中阻尼器对原结构附加阻尼比大致为 10%。

2）典型节点

具体结构构件加固中，遵循绿色设计原则，对原有结构构件尽可能地进行刚度和强度的增强，维持原有结构构件主体不动，避免采用大量替换的加固方式。加固材料最大程度上选择可替换的钢板、型钢、钢绞线等，图 1-88～图 1-91 为部分结构构件加固详图。

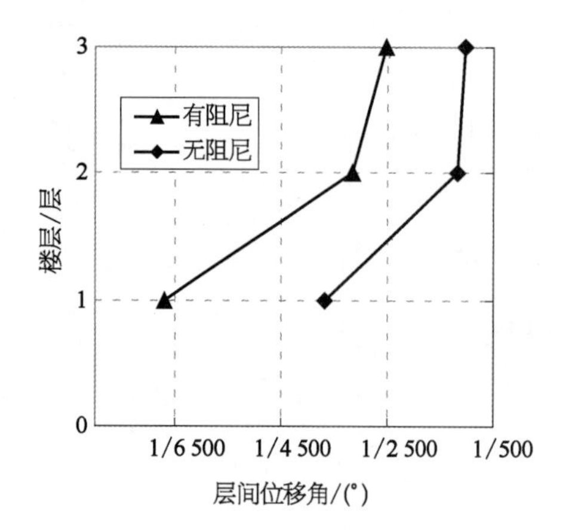

图 1-84 层间位移角对比

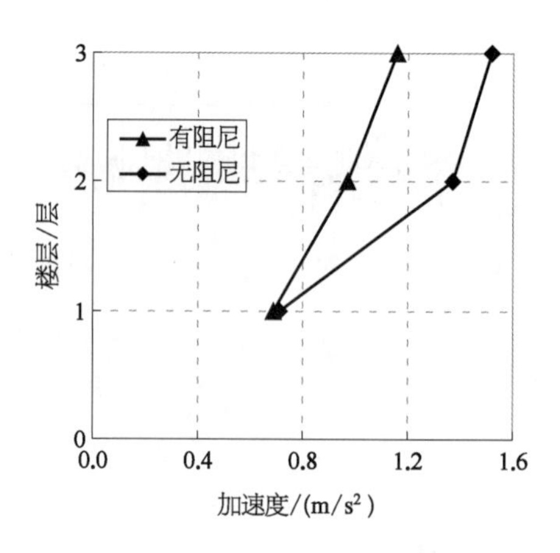

图 1-85 结构层加速度对比

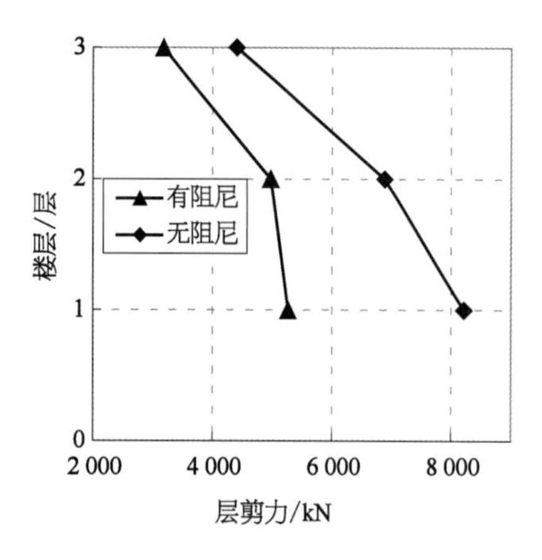

图 1-86 楼层剪力对比

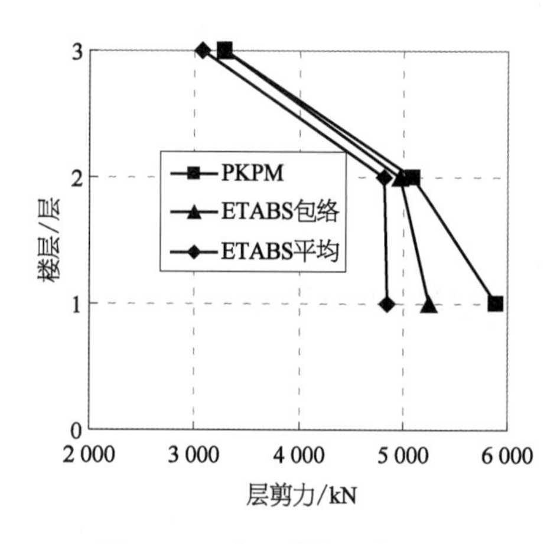

图 1-87 多遇地震层剪力对比

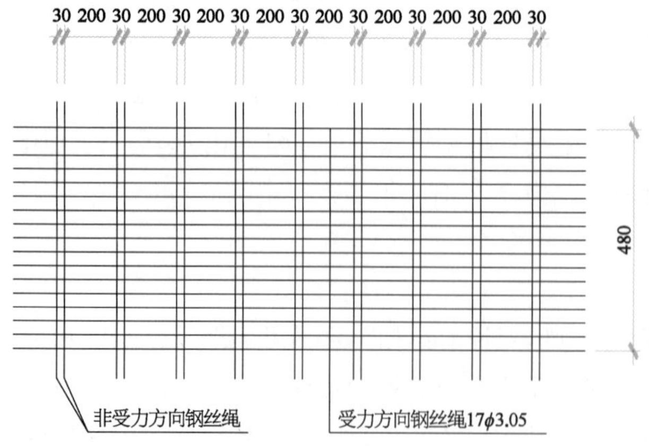

图 1-88 屋面板补强

图 1-89 框架梁顶面钢板加固

图 1-90　角钢加固框架柱做法

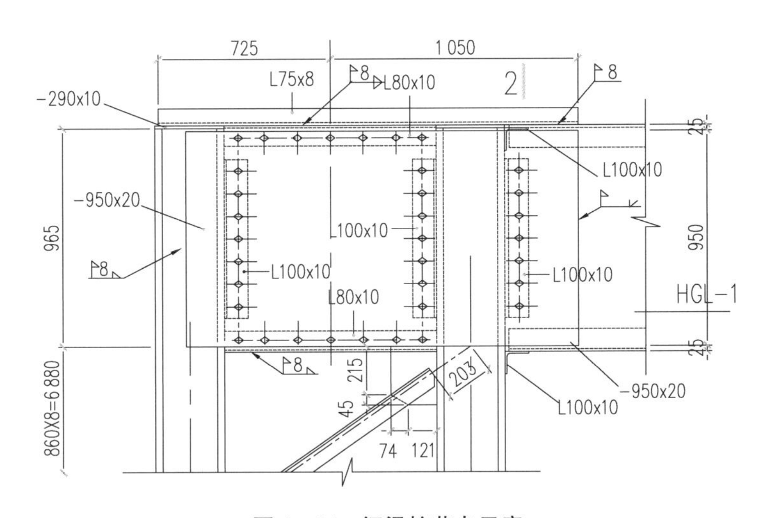

图 1-91　钢梁柱节点示意

1.3.5　加固、改造效果

(1) 充分利用可使用的旧建筑。保留老馆南北两个“L”形的侧翼，对其结构进行加固，并根据新的功能安排，对保留部分局部加层，建筑、机电进行全面更新。改造的同时，对保留部分的外立面和室内空间尺度尽量保留，对有价值的装饰构件给予保留或移建。

(2) 将原来部分高大厚重的黏土砖外围护墙更换成陶粒混凝土空心砌块并粘贴 50 mm 厚硬泡聚氨酯保温层，外窗选用气密性 6 级的断热铝合金型材 low-E 中空玻璃等措施，既达到了减轻地震作用的目的，又使围护结构大大改进了相关的热工性能指标，从而达到了绿色节能的要求。

(3) 结构加固设计选材时优先考虑了材料的可再循环使用性能。确保整体建筑选材中可再循环材料使用比重占 10%以上；选择材料过程中，对材料中可能出现的有害物质格外关注，确保其相关材料中有害物质含量符合现行国家标准《室内装饰装修材料人造板及其制品中甲醛释放限量》(GB 18580—2017)、《室内装饰装修材料混凝土外加剂释放氨的限量》(GB 18588—2001)和《建筑材料放射性核素限量》(GB 6566—2010)的要求。

依据《绿色建筑评价标准》(GB/T 50378—2006),博物馆建筑已于2013年5月被中华人民共和国住房和城乡建设部评为"三星级绿色建筑设计"。目前整体建筑已投入使用,效果良好。

第 2 章　城市区域灾害防御技术应用

2.1　综合防灾规划——北京市门头沟区

2.1.1　项目概述

《北京市门头沟区综合防灾规划(2016—2035 年)》按区域和新城两个层次开展，区域综合防灾侧重于城市防灾减灾救灾体系的构建、城市防灾基本要求以及合理的城市防灾空间布局，消除防灾空间薄弱环节，以持续性地提升城市防灾韧性能力。新城强调刚性管控与战略引领，强调安全底线思维，加强结构管控、边界管控和指标管控，通过完善城市生命通道系统、加强城市防灾避难场所建设、强化公共建筑物和设施防灾能力、加强重大危险源的安全防护和管控，全面提升门头沟区的韧性防灾能力。

1）指导思想

深入学习贯彻习近平总书记重要讲话精神，落实党中央、国务院关于防灾减灾救灾的决策部署，紧紧围绕统筹推进“五位一体”总体布局和协调推进“四个全面”战略布局，牢固树立和贯彻落实新发展理念，坚持以人民为中心的发展思想，正确处理人与自然的关系，正确处理防灾减灾救灾和经济社会发展的关系，坚持以防为主、防抗救相结合，坚持常态减灾和非常态救灾相统一，努力实现从注重灾后救助向注重灾前预防转变、从应对单一灾种向综合减灾转变、从减少灾害损失向减轻灾害风险转变，着力构建与经济社会发展新阶段相适应的防灾减灾救灾体制机制，全面提升全社会抵御自然灾害的综合防范能力，切实维护人民群众生命财产安全，为全面建成小康社会提供坚实保障。

2）基本原则

以人为本，协调发展；预防为主，综合减灾；分级负责，属地为主；依法应对，科学减灾。

3）基本技术思路

该项目的基本技术思路如图 2－1 所示。

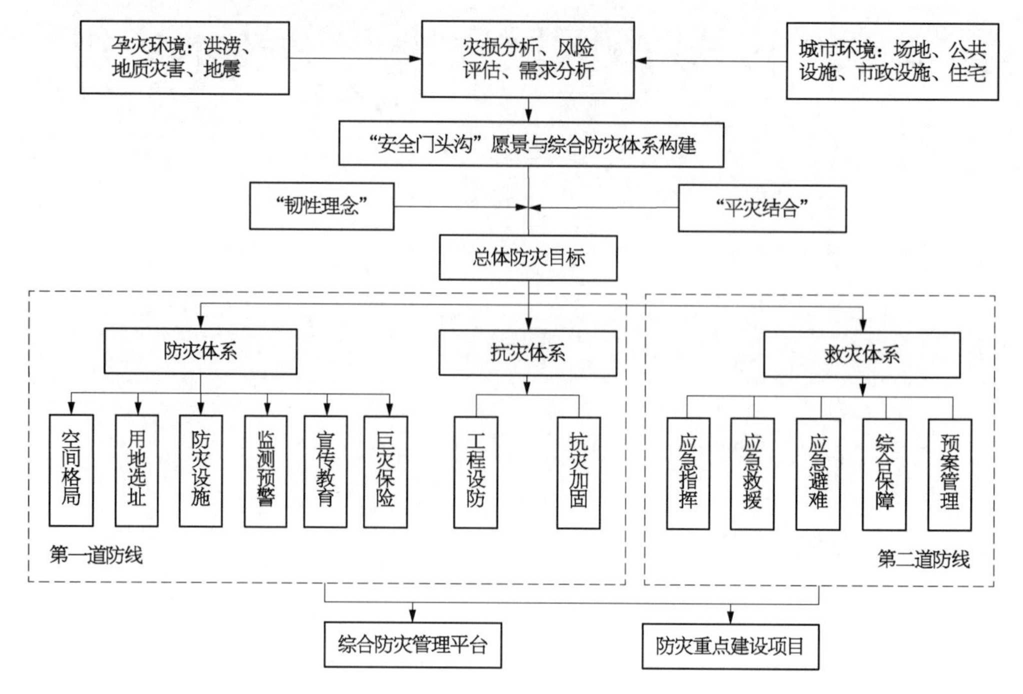

图 2-1 基本技术思路

2.1.2 规划主要内容

1）摸清城市灾害综合风险底线

科学合理地进行城市用地建设，严格控制城市安全防灾底线。针对门头沟区的各类灾害特点，统筹兼顾、因地制宜、突出重点，针对重大危险源可能影响或波及的片区，可能发生特大灾难性事故设施而影响或波及的片区，存在危险性、难以整治的场地破坏因素的片区，灾害高风险片区和抗灾能力薄弱片区以及安全生态红线等风险控制区，综合分析对城市空间用地建设的制约影响，严格控制城市安全防灾底线。

2）完善城市防灾减灾救灾体系，明确城市防灾规划防御目标

考虑灾害发生的时序特征，从工程设施、城市规划、应急处置和恢复重建四个方面构建具有多道防线、点—线—面结合的城市防灾减灾体系，实现“中灾正常、大灾可控、巨灾可救”的灾害防御目标；从门头沟区全域、新城区、城镇三个层面完善城市防灾体系和防灾基本要求，强化综合风险分析，优化防灾空间结构，强化应急支撑能力和防灾功能保障。

3）稳定城市防灾空间结构

以最大限度满足应急救灾的需求为目标，结合门头沟区的城市总体规划空间结构和相关防灾专项规划的防灾空间分区要求，稳定城市防灾空间结构，形成具有多中心防灾救灾机能的独立空间结构单元，实现分类分层建设与管理，有效阻止次生灾害蔓延；同时，构建出合理的城市防灾资源布局依托，便于分类分级制定各类配套防灾设施的建设、改造要求和技术指标体系。

4）提升城市防灾韧性水平，增强城市灾后自恢复能力

在城市总体规划中，进行城市韧性设施体系空间结构与安全保障规划，构建具有多层次应急功能保障的基础设施体系。进一步提高城市工程设施的设防标准，增强城市的抗灾能力；进一步鼓励高性能韧性材料、结构体系和结构控制技术的推广应用；进一步开展风险排查，持续改善工程设施抗灾能力基础，逐步消除城市抗灾薄弱区。

5）明确城市防灾设施体系规划，强化生命通道和避难场所支撑

针对门头沟区的典型灾害防御设施（如监测预警设施、防洪设施、内涝防治设施、防灾隔离带、重大危险源防护设施），明确重点防护对象；针对为应急救援、抢险救灾和避难疏散提供保障的城市交通、供水、供电、通信等工程设施，明确应急保障对象；针对为满足应急救援、抢险避难和灾后生活提供应急服务所必需的应急指挥、医疗救护和卫生防疫、消防救援、物资储备分发、避难安置等功能的公共服务场所和设施，明确应急保障对象；按照"可通、可达、可救"的目标，强化生命通道设置；加强中心避难场所布局规划和建设，提供城市应急救灾功能和灾后应急支撑能力。

2.1.3　规划成果

2.1.3.1　综合灾害风险评估

1）地质灾害风险评估

门头沟区地质灾害具有种类多、分布广、突发性强、危害大等特点，对门头沟区地质灾害发生点进行综合风险评估。首先，基于地质灾害在全区发生的位置，结合灾害类型、发生规模、险情等级等指标，量化灾害点空间影响范围和影响等级，宏观评估地质灾害在全区的影响程度，确定全区地质灾害点易发风险（图2－2）。其次，基于城乡建成环境、基础设施等承灾体暴露性，与城市功能复合区的空间识别，确定地质灾害影响下建成环境的暴

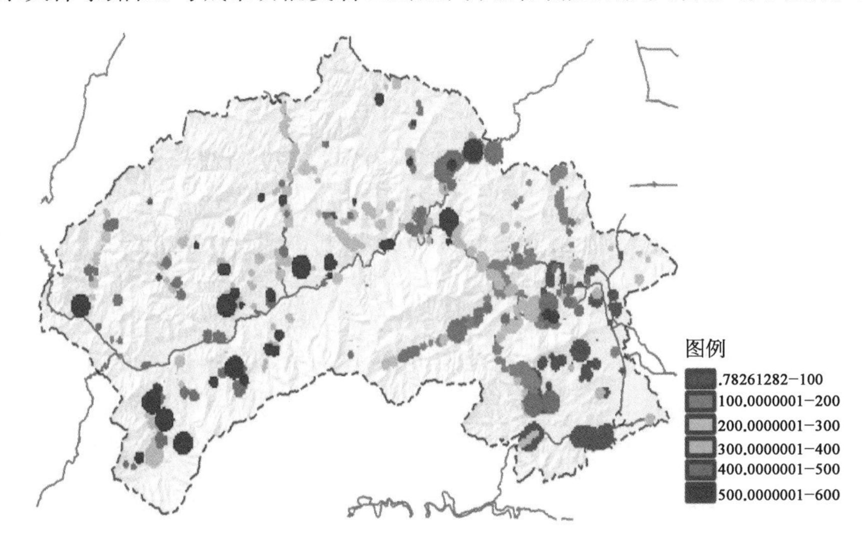

图2－2　门头沟区地质灾害点易发风险等级

露等级和城乡重点防控级别，确定城乡建成环境风险防控等级（图 2－3）。最后，综合分析上述要素，结合门头沟区地质灾害点易发风险、城乡建成环境风险防控等级，得出门头沟区城乡建成环境地质灾害综合风险（图 2－4）。

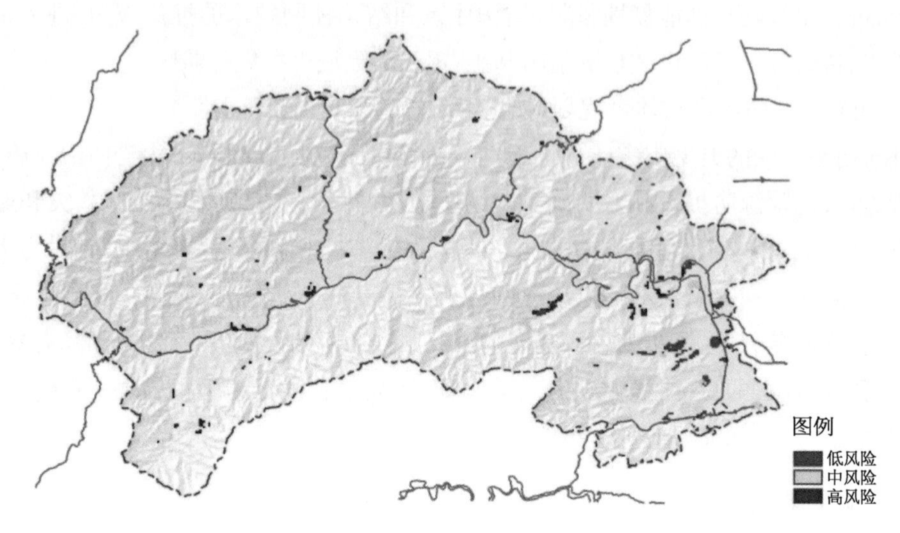

图 2－3　门头沟城乡建成环境风险等级

图 2－4　门头沟区城乡建成环境地质灾害综合风险

2）地震灾害风险评估

首先，根据北京地区地震峰值加速度分布，确定门头沟区地震的影响等级；其次，通过对全区建成环境年代的识别，划定全区建筑承灾体的易损性评分；再次，识别门头沟区主要的灾害类型与地震对其造成的可能影响，确定主要次生灾害类型为地质灾害。最后，综合分析以上要素，对区内诸多要素进行叠加分析，得出门头沟区地震灾害风险（图 2－5）。

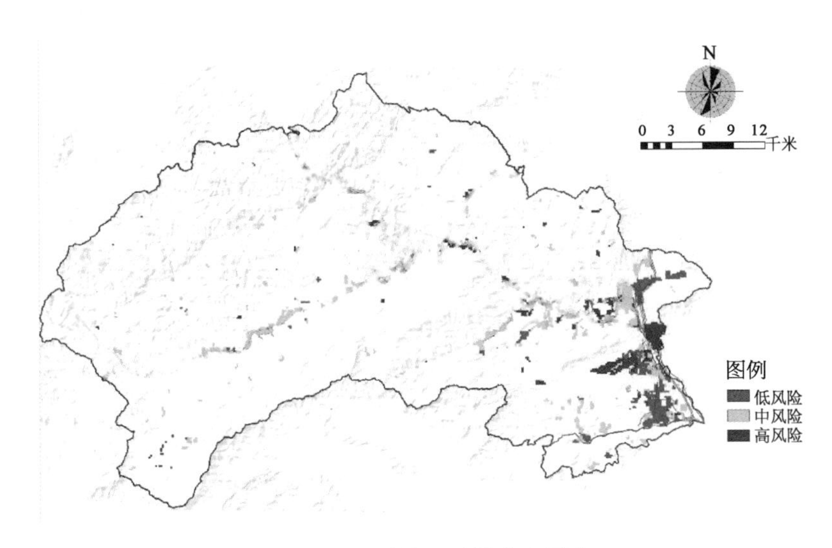

图 2－5　门头沟区地震灾害风险

3）洪涝灾害风险评估

首先，由于地形状况复杂，根据门头沟区全区高程与坡度变化情况，识别出高程相对较低、坡度变化较缓的地区作为发生洪水冲击的可能影响范围（图 2－6）。其次，由于河道的空间上弯曲、交汇等处在径流量突增情况时发生洪水风险比其余地方大，通过地理信息系统（geographic information system，GIS）线密度分析并赋值，得到河道密度风险等级（图 2－7）。最后，通过洪水冲击的可能影响范围与河道密度风险等级叠加，得到门头沟区洪涝风险等级（图 2－8）。

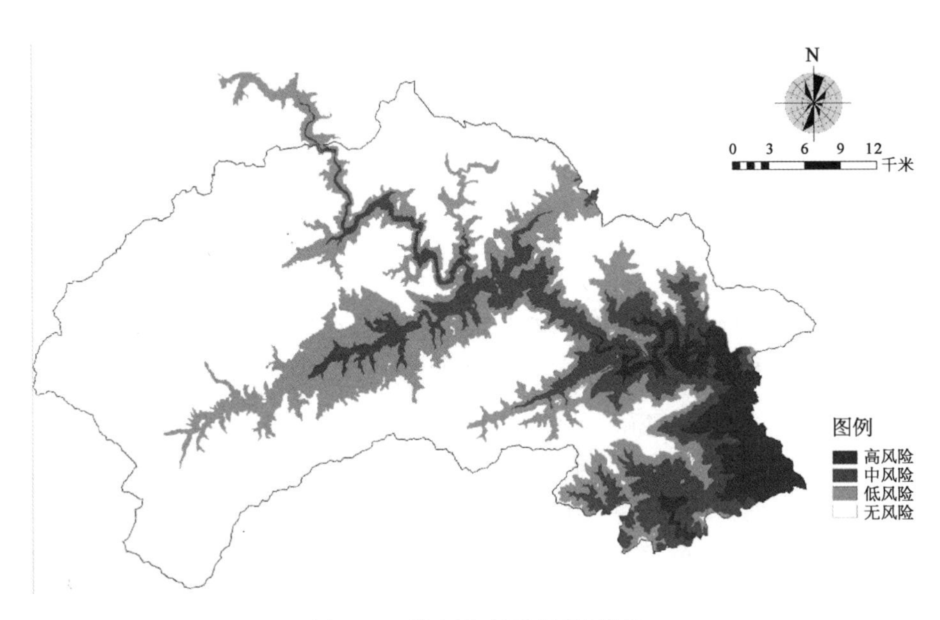

图 2－6　洪水影响区域风险等级

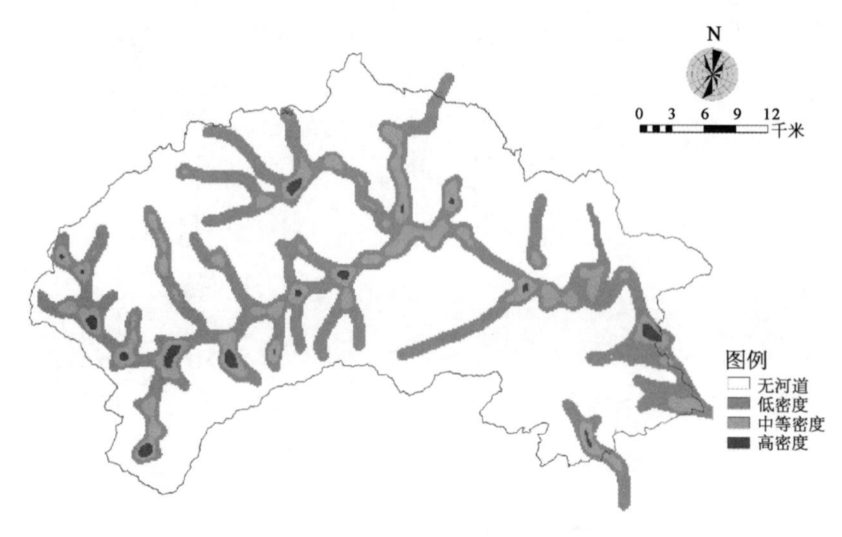

图 2-7 河道密度风险等级

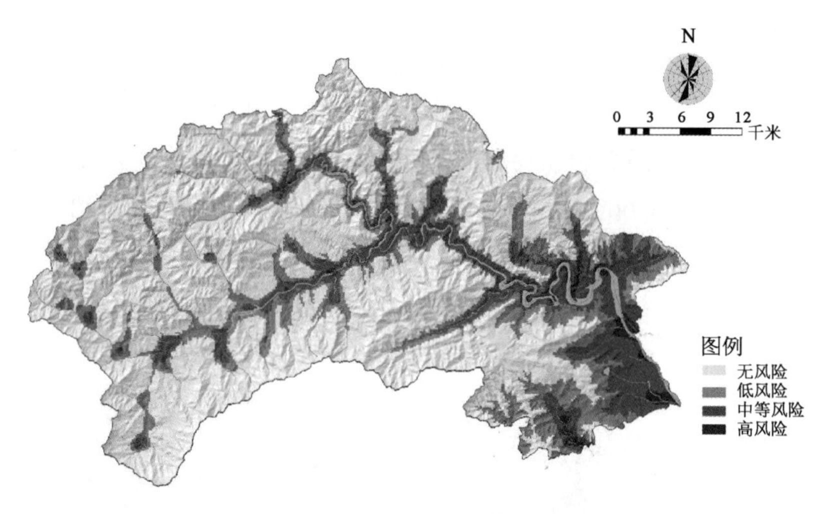

图 2-8 洪涝风险等级

4）火灾风险评估

综合考虑压缩天然气站、液化天然气站、加油站等易燃易爆危险品单位，还有高层建筑、木结构古建筑、棚户区等火灾危险源的分布与范围，对存在的危险源做空间聚类分析，得到火灾的危险性影响范围并矢量化赋值，确定门头沟区火灾风险评估(图 2-9)。

5）门头沟区综合风险评估

综合考虑门头沟区域灾害的重大性、延迟性、破坏性、影响区域、频率可能性、易损性等因素，以单灾种风险评估为基础，通过综合评估区域灾害影响程度，再利用GIS的叠加分析功能，对单灾种的风险值进行加权平均，得到门头沟区综合风险评估(图 2-10)。

图 2－9　门头沟区火灾风险评估

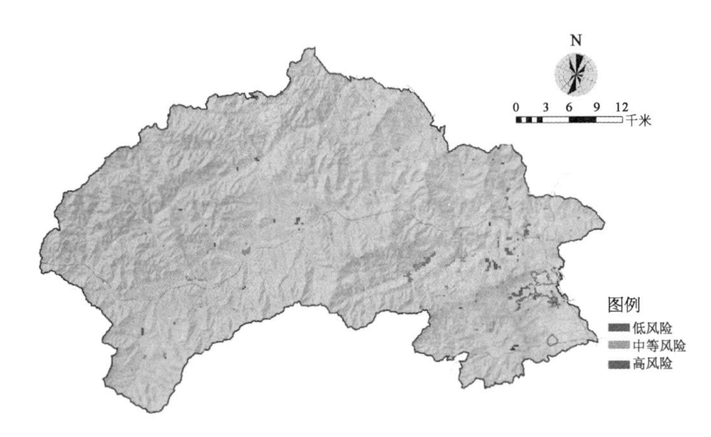

图 2－10　门头沟区综合风险评估

2.1.3.2　城市用地防灾适宜性评估

用地防灾适宜性评估，应根据地形、地貌、地质等适宜性特征和潜在灾害影响，按照《城市综合防灾规划标准》(GB/T 51327—2018)的规定将用地划分为适宜、较适宜、有条件适宜和不适宜四类(图 2－11)，并应符合现行国家标准《城乡用地评定标准》(CJJ 132—2019)的规定。

图 2－11　门头沟新城防灾适宜性评价

2.1.3.3 城市防灾空间布局

防灾分区界限应以最大限度满足应急救灾的需求为目标，结合行政区划范围、道路走向与宽度、水系分布、天然形成的屏障等情况综合考虑划分。根据上述原则，确定的城市空间结构布局，门头沟区的防灾分区按照二级进行划分，其主要划分技术要求见表 2-1。

表 2-1 防灾分区要求

分　级	一级防灾分区	二级防灾分区
权限要求	中心城区统一协调，区级政府负责管理	市、区政府协调管理，街道(镇)级政府负责
面积	50～100 km^2	1～5 km^2
防护分隔	天然分割，疏散道路，防护绿地	天然分割，疏散次干道
功能要求	防止大规模次生灾害蔓延，巨灾、大灾发生情况下救灾功能不丧失	防止次生火灾蔓延，中灾发生情况下市民有效疏散

门头沟区新城的防灾空间分区根据综合考虑区域—城市—城区(组团)—街道(社区)抗震防灾资源的整合共享，按照分层次、分等级的方式进行划分。防灾分区界限应以最大限度满足应急救灾的需求为目标，结合行政区划范围、道路走向与宽度、水系分布、天然形成的屏障等情况综合考虑划分，共划分 24 个防灾单元(图 2-12)。

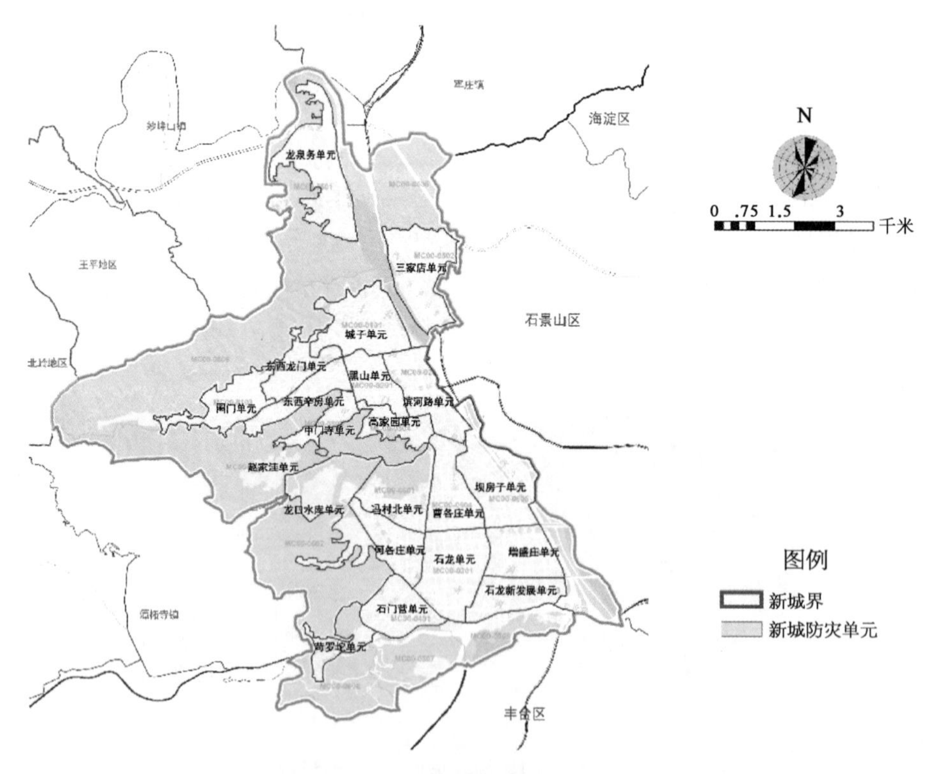

图 2-12 门头沟区新城防灾单元分布

2.1.3.4　城市生命通道构建

城市生命通道包含规划布局、建设要求、管控措施和突发应对四个层次。规划布局是指，在城市风险评估基础上，确定防灾分区和重要保障点，部署生命通道；建设要求是指，提出满足高标准设防的具体设计指标和空间管制要求；管控措施是指，常态下对生命通道的管理措施，需要财政、制度和机构的保障；突发应对包括应急预案、应急队伍和应急演练等，主要应对灾害来临时的突发状况。城市生命通道防灾规划布局要点，见表2-2。区域救灾疏散通道规划如图2-13所示。

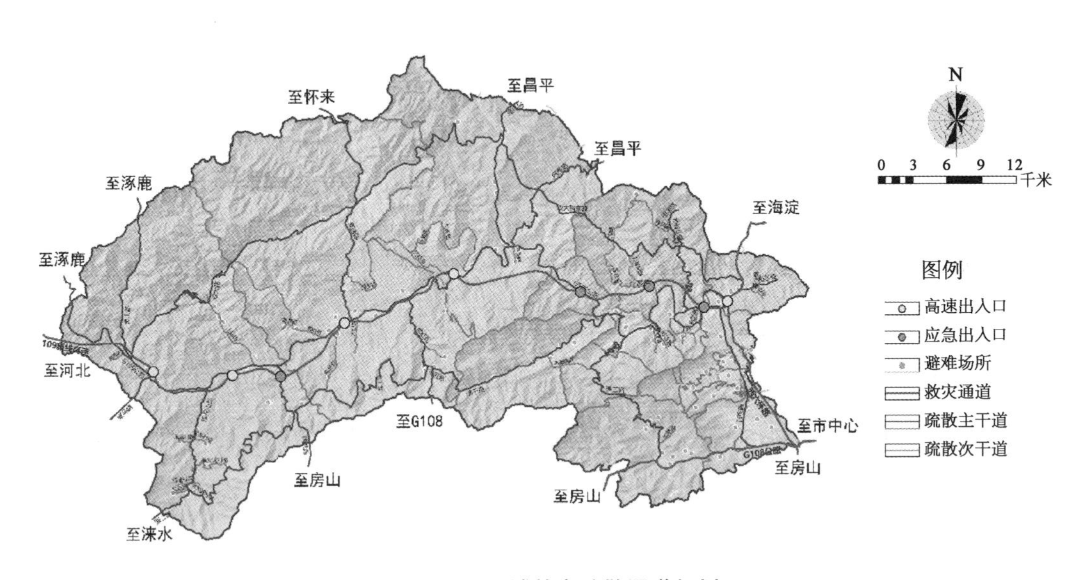

图2-13　区域救灾疏散通道规划

表2-2　生命通道布局要点

要　　点	重点管控、保障措施、设防标准
能够安全到达避难或安全场所	在灾害发生时，生命通道必须保持安全和通畅，且各个避难据点之间的道路不宜过长，以步行不超过1 h为宜。根据经验，考虑各种不确定因素，1 h的步行距离为2 km左右
多级网络状分布	避难过程中难免意外事件造成生命通道堵塞，因此应采取网络式空间格局，冗余设置
专用人行道设置	交通量大且又混杂有运载危险品车辆行驶的避难道路，为避免灾后起火燃烧而阻碍避难，宜设置人行专用道

（续表）

要　点	重点管控、保障措施、设防标准
道路两侧的安全问题	灾害发生时，生命通道两旁的建筑和道路占有物有可能被破坏而堵塞道路（如变电箱、广告招牌、高架道路等），有效降低生命通道的宽度。因此，应对道路两侧的危险因素采取有效的防范措施

2.1.3.5 应急避难场所布局

在应急避难场所的规划建设中，应严格按照国家标准《防灾避难场所设计规范》（GB 51143—2015）进行规划和建设。

避难场所应有利于避难人员顺畅进入和向外疏散，并应符合下列规定：

（1）中心避难场所应与城市救灾干道有可靠通道连接，并与周边避难场所有应急通道联系，满足应急指挥和救援、伤员转运和物资运送的需要。

（2）固定避难宜采取以居住地为主就近疏散的原则，紧急避难宜采取就地疏散的原则。

（3）固定避难场所设置可选择城市公园绿地、学校、广场、停车场和大型公共建筑，并确定避难服务范围；紧急避难场所设置可选择居住小区内的绿地和空地等设施。

（4）固定避难场所出入口及应急避难区与周边危险源、次生灾害源及其他存在潜在火灾高风险建筑工程之间的安全间距不应小于 30 m。

（5）雨洪调蓄区、危险源防护带、高压走廊等用地不宜作为避难场地。确需作为避难场地的，应提出具体防护措施确保安全。

（6）防风避难场所应选择避难建筑。

（7）洪灾避难场所可选择避洪房屋、安全堤防、安全庄台和避水台等形式。

固定避震疏散场所用地规模不宜小于 1 km^2，服务半径宜为 2～3 km，步行 1 h 之内可以到达。固定避震疏散场所内外的避震疏散主通道有效宽度不宜低于 7 m，至少应有两个进口与两个出口，车辆进出口无台阶、车障和较大的陡坡，人员进出口无过高的台阶和障碍物，至少有一个进出口可以进出残疾人的轮椅；建议以无围墙、无围栏的避震疏散场所为主。避震疏散场所距次生灾害危险源的距离应满足国家现行重大危险源和防火的有关标准规范要求；四周有次生火灾或爆炸危险源时，应设防火隔离带或防火树林带。门头沟区固定避难疏散场所规划如图 2 - 14 所示。

2.1.3.6 城市综合防灾应急保障体系

从应急供电、应急供水、应急通信、应急消防、应急物资储备、应急医疗等方面构建城市综合防灾的应急保障体系，如图 2 - 15～图 2 - 19 所示。

图 2－14　门头沟区固定避难疏散场所规划

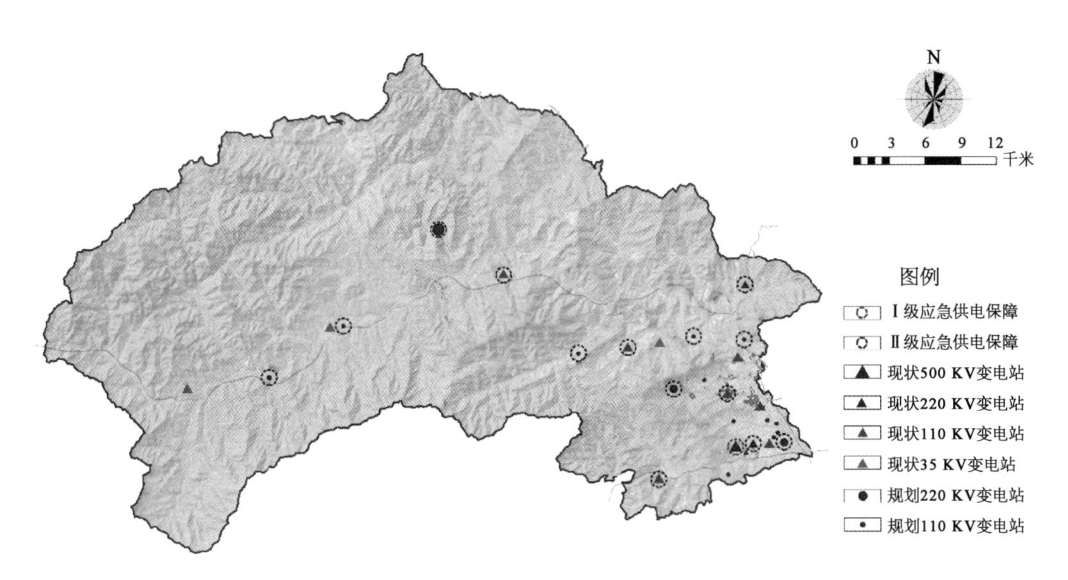

图 2－15　区域供电设施功能保障规划

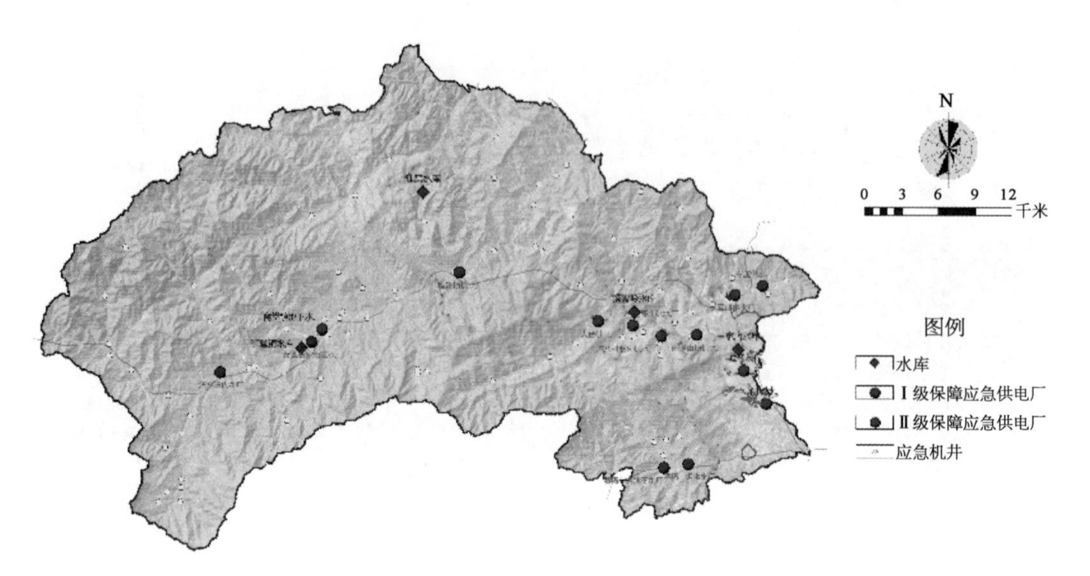

图 2-16 区域供水设施功能保障规划

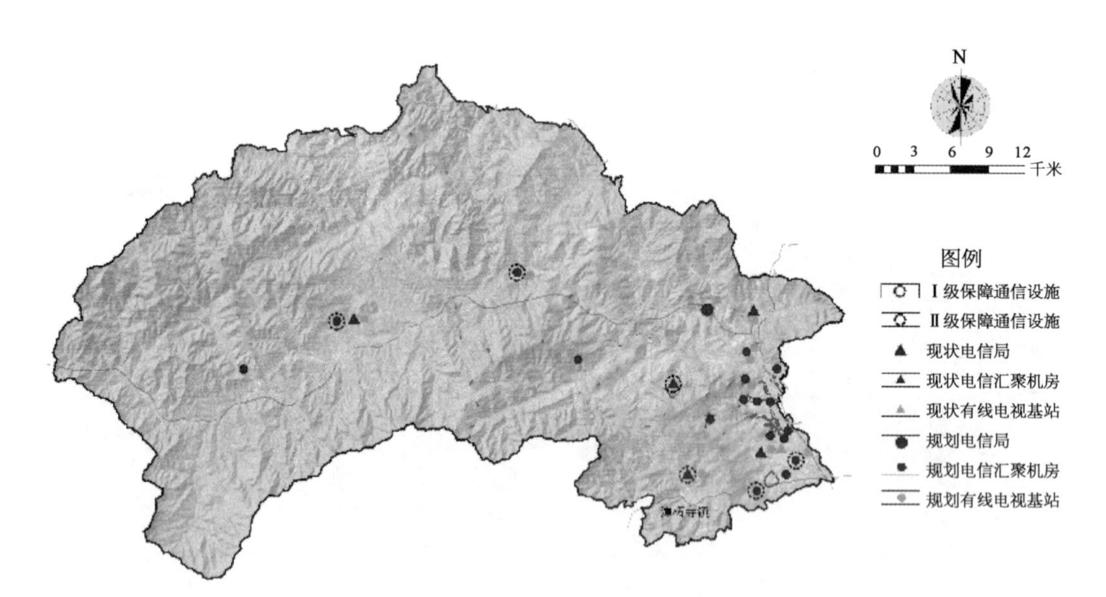

图 2-17 区域通信设施功能保障规划

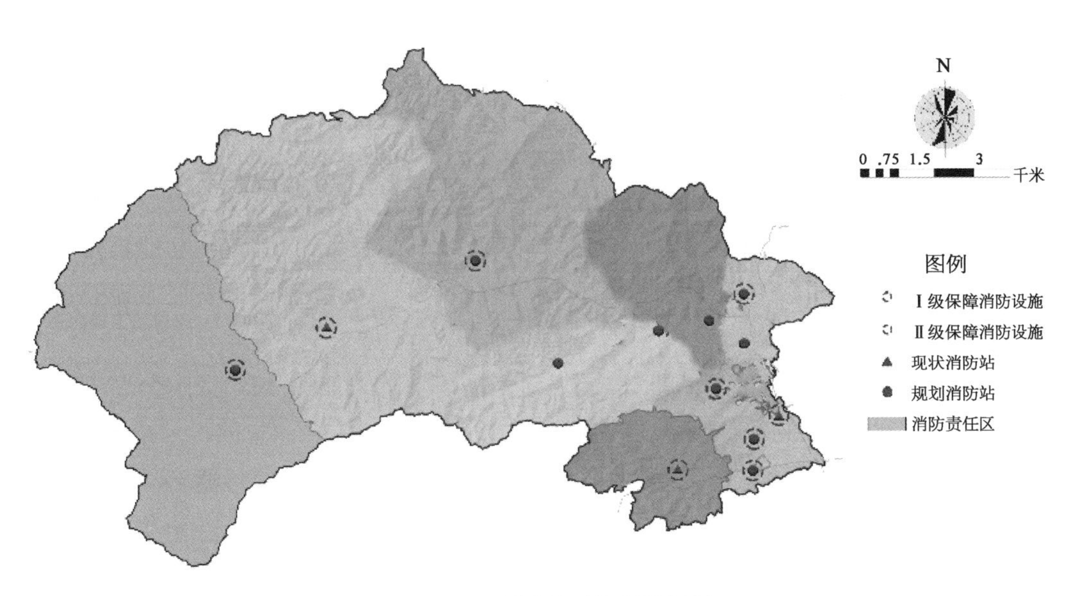

图 2－18　区域消防功能保障规划

图 2－19　区域救灾物资储备库布局规划

2.2 消防规划——北京市通州区潞城镇

2.2.1 项目概述

《中共北京市委北京市人民政府关于贯彻落实〈京津冀协同发展规划纲要〉的意见》中确定通州为北京的副中心，由此通州的建设进入了一个新的、更高的发展阶段，作为通州新城"一城两轴三点四镇"空间结构中"三点"之一的潞城镇，其主要功能被定位为通州新城城市空间和职能拓展区，未来新城行政中心。这对潞城镇的发展来说是历史性的机遇。

随着潞城镇建设规模的不断扩大，潞城镇消防事业的发展逐步落后于经济的发展。面对宏观政策的要求和城镇空间发展的新背景，潞城镇迫切需要制定消防专项规划以适应城镇的发展需求。因此，为了给潞城镇的生活生产提供更有力的安全保障，特开展《北京市通州区潞城镇消防专项规划》的编制工作，在深入调查研究的基础上，进行科学分析和合理论证，提出相应的发展策略和实施步骤，这样才能保证潞城镇镇域总体规划落到实处，真正成为潞城镇建设的指南。

2.2.2 消防安全布局规划

1）消防建设用地消防分类

城市规划建设用地消防分类是根据城市规划建设用地性质、各地段火灾危险性大小和消防重点单位的分布而划分，是潞城镇消防设施规划建设的依据之一。以总体规划等上位规划所确定的发展规划和发展方向为基础，按照火灾危险性大小及其对城市消防安全的影响程度，将城市规划建设用地分为三类，如图 2－20 所示。对城市消防安全有较大影响，需要采取相应的重点消防措施，并配置相应的消防装备和警力的连片建设发展的地区确定为城市重点消防地区，具体如下(图 2－20)：

(1) 一类消防重点保护区域，主要包括政府机构，重要的工厂企业，重点科研单位，交通通信枢纽，生产储存易燃易爆物品单位，金融、贸易、商业中心区，高层建筑地区；分布在通州新城中心区，侉子店中心村加油站、调压调气站、污水处理厂、给水厂以及医疗设施等。

(2) 二类消防重点保护区域，主要包括工厂企业、办公区、职业教育学校、科研单位等人流密集的地区；分布在医疗工业园区、食品工业园区、人民大学东校区和侉子店中心村等。

(3) 除一类、二类消防重点保护区域外，其余建设用地为一般消防安全区域，主要包括居住区、绿地。根据中华人民共和国公安部第 61 号令及开发区具体项目建设情况，逐年确定消防安全重点单位。

图 2-20　潞城镇消防用地分类

2）潞城镇消防安全布局

合理的消防安全布局是潞城镇消防专项规划的核心，在进行潞城镇建设的过程中，关键是潞城镇各项建设的选址不得妨碍潞城镇的发展、危害潞城镇的安全、污染和破坏潞城镇的环境、影响潞城镇各项功能的协调。从保障潞城镇安全出发，即从消防安全的角度看，潞城镇的总体布局必须考虑消防安全要求。

潞城镇内建设用地布局合理，各功能区之间相互干扰较小，镇域林木覆盖率达到35%以上，镇域内北运河、潮白河、运潮减河等主要水系与绿化工程形成了两条滨河绿化带，镇域共形成五条重点绿化廊道。在消防安全布局方面，新镇区消防水源较为丰富，现状也无较为严重的消防安全隐患。本规划根据潞城镇的实际情况，着重对消防安全布局提出了原则性意见。

潞城镇消防安全布局包括：影响潞城镇消防安全的生产、储存易燃易爆危险品的企业、仓库的布局；潞城镇内燃气管线与周边建筑物之间的安全布局；潞城镇内轨道交通周边的安全布局；产业区内火灾危险性和规模大的电子信息、生物新医药以及印刷企业的安全布局；地下建筑的安全布局；避免次生灾害所需的隔离与疏散避难场所的布局；同时对潞城镇内未拆迁的村庄以及施工工地的消防安全提出要求。

3）易燃易爆危险品的生产、储存场所的安全布局

易燃易爆危险品具有燃烧速度快、火焰温度高、火灾后危及范围大、扑救难度大、对下

风向建筑威胁大等特点。

潞城镇目前共有3座加油站，分别为中石油京东海苑加油站、中石油北京甘棠加油站和中石油东关加油站，主要储存汽油、柴油，每处储油量在80～140 t之间，分别分布在胡郎路、武兴路和芙蓉东路，中石油京东海苑加油站距离居民建筑距离较近，其余建筑处于安全距离之内。中石油北京甘棠加油站和中石油东关加油站周边用地布局相对合理。

新建和改造的加油站应严格按照已编制完成的控制性详细规划进行，镇域内不宜建设1级加油罐，宜采用直埋地下卧式油罐。汽车加油站的站址选择，应符合城镇规划、环境保护和防火安全的要求，应选在交通便利的地方，并应符合《小型石油库及汽车加油站设计规范》(GB 50156—1992)与《建筑设计防火规范》对汽车加油站的相关规定。

潞城镇范围内目前有生产和使用甲、乙类化学危险品的工厂企业共4家，分别为北京天龙钨钼科技股份有限公司、北京时代石油制品有限公司、北京紫禁城漆业有限公司和北京市甘兴化工厂。北京天龙钨钼科技股份有限公司位于召里工业区，在稀有金属加工成型过程中，主要使用液氨为原料，制氢以防护稀有金属钨钼的氧化。工艺中无须储氢设施，其氢气危险性较低，但液氨最大储存量为16.4 t，系为危险化学品重大危险源。

北京时代石油制品有限公司和北京紫禁城漆业有限公司位于武兴路工业园区，主要成品为汽油、机油等液态化学品，在高温、高压等化学反应过程中，存在较多的危险化学中间体，其危险性较大。

北京市甘兴化工厂主要进行吡啶溶剂的制造，以甲醛、乙醛、氨为原料，在催化剂的作用下经过化学反应合成吡啶，原料和中间体均是化学性质活泼的物质，属于甲类危险危化品，具有易燃易爆性。

新建易燃易爆危险品生产和储存单位在规划选址中，应严格遵循“将生产储存易燃易爆危险品的企业、仓库布置在潞城镇边缘远离居住区的独立安全地区”的原则，其具体选址定点和建设过程必须严格执行国家有关消防技术规范的规定。

4）燃气管线的安全布局要求

潞城镇生产、生活所需天然气由高压燃气管线直接引入，潞城镇内无油制气厂，1座通州天然气门站。目前潞城镇建成有中高压调压站1座，分别位于东六环西侧路与通胡大街交汇处，镇内天然气使用均采用管道式供应，无瓶装站。

对于潞城镇内的中高压燃气管线，一是应确保中高压燃气管线、调压站与建筑物、构筑物和交通轨道间的水平和垂直净距应满足有关安全规范的要求；二是燃气管线上方不得堆放易燃易爆危险品，并不宜与其他管道或电缆共沟敷设。对道路以外敷设的燃气管道，应划分明确的管道保护范围，对侵占燃气管道通廊的违章建(构)筑物，应依法予以拆除，防止燃烧、爆炸等危及生命财产安全的事故发生。在道路改造时，应事先与燃气主管单位联系，防止施工造成燃气管道破裂。

已建成的1座中高压调压站应严格控制其与周边建筑的防火间距，并做好防火监督工作。

远期中高压燃气调压站应规划在潞城镇的独立安全区，采用地上独立建筑物，与其他建筑的防火间距应符合规范要求。

5）轨道交通的安全布局要求

潞城镇内将有 2 条轨道交通线路通过，而且规划有 2 条铁路支线。为了防止轨道交通沿线周围的危险源对轨道交通的安全运行造成威胁，本规划特别提出了轨道交通周边的安全布局要求。

应先确保轨道交通沿线无易燃易爆危险品的生产、储存和堆放场所，然后轨道线路及轨道站点的选址和建设应满足相关规范的要求。

6）产业区域的安全布局要求

目前镇区已形成食品加工、新能源与新材料、生物工程与医药、石油化工、装备制造、汽车制造、木制加工、服装服饰加工等支柱产业，同时还包括电子信息、印刷类企业和物流公司，其中食品加工、服装服饰加工、石油化工、生物工程与医药和印刷业的火灾危险性最大。

食品加工类企业在生产过程中使用到大量易燃食用油、原材料，存储大量易燃包装材料，以及存在高温、烘烤的危险工艺，加工过程中可能形成易燃易爆有机粉尘，火灾危险非常大。服装服饰加工企业的原材料主要是易燃布料、皮毛、皮革等，均为易燃物，火灾危险性非常大。新能源与新材料、石油化工类企业在生产过程需要使用易燃易爆的液体、气体，以及需要在高温状态下进行，其火灾危险性非常大。生物新医药企业的火灾危险性也非常大，生产原料涉及易燃、易爆和有毒、有腐蚀性的物质，而且使用高温、高压设备多。印刷类企业使用的原料主要是纸张、塑料和油墨，均为易燃物，火灾危险性非常大。

基于上述特点，本规划针对上述六种产业类型对产业区域的消防安全布局提出了要求，新能源与新材料、石油化工、生物工程与新医药类和印刷类企业应远离居住区和人口密集区，集中布置时应保证足够的防火间距。

7）地下建筑的安全布局要求

结合潞城镇域基本上没有地下建筑的情况，本规划从长远出发，从消防安全的角度对开发区地下空间的开发利用提出了要求。

地下空间的开发利用方式主要有三种：一是作为停车场，采取积极利用地下空间停车的原则，并将不同的地下停车库连通，也考虑使用智能化的停车场管理系统对地下停车场统一管理；二是作为地下联络通道；三是作为商业空间，在新城核心区和标志性绿地及周边的街区进行地下商业空间的开发，通过标志性绿地里设置下沉式花园，与周边地区的地下商业空间相连，形成跨越道路和街区的一体化地下商业街。

地下建筑禁止用作生产和储存易燃易爆危险品的车间或仓库。设有采光窗和排烟竖井的地下建筑与相邻地面建筑之间应按规范确保防火间距。地下建筑耐火等级为一级，装修材料必须采用非燃材料。

地下建筑应在严格执行规范的基础上，提高防护要求，同时加强对地下建筑的消防设施的日常监管。

8）避免次生灾害所需的隔离与疏散避难场所的布局

新城除了不可避免地发生火灾之外，还可能遭遇地震、战争等自然或人为灾害的侵袭，为了避免火灾引起的次生灾害，同时抗御各种灾害的侵袭，必须建立有效的避难疏散系统。

就新城来说，主要是结合公共绿地、防护绿带、广场、学校操场、停车场等形成避难、疏散系统，利用道路、广场、绿化廊道、两条滨河绿化带等作为消防安全分隔，依托新城主、次干道快速疏散人员，将火灾、自然灾害及引发的次生灾害的损失降低到最低。

新能源与新材料、石油化工、生物工程与新医药类、服装加工厂和印刷类企业等火灾危险性大的产业区域应完善自身的安全建设，利用道路、绿化形成防火分隔，并与住宅区保持安全间距，避免区域性火灾的发生。

本规划提出设 10 处疏散避难场所。其中，潞城新城设有 5 处疏散避难场所，侉子店设有 2 处疏散避难场所，其他设有 3 处疏散避难场所；避难场所用地面积不低于 2 000～4 000 m^2 的标准，距离居住区不超过 500 m 的范围内。

9）拆迁区域的消防安全

遵循提出的通州将作为北京副中心相关职能的规划思路，潞城镇则会有大量的拆迁工程，拆迁区域较多，而且近年来发生多起拆迁区域的火灾案例，因此拆迁区域的消防安全也将作为本规划的重点考虑。

拆迁区域建筑耐火等级低，相互毗连、建筑密度大，很容易形成大面积火灾，因而扑救难度大。对于该区域，必须加强消防监督管理，做好防火安全教育，消除火灾隐患。

10）施工工地的消防安全

潞城镇拆迁完成后将会进入高速建设阶段，施工工地将会较多，而且近几年有多起施工工地发生火灾的案例，因此施工工地的消防安全也是本规划考虑的重点之一。

对于施工工地，第一是要规范并严格管理施工工地的用火和用电，加强对职工的教育和引导；第二是加强对施工工地消防设施、设备、器材的监管力度，确保施工工地的消防器材安全、可靠；第三是制定有效的防火管理制度，并编制合理、有效的应急预案。

此外，应根据具体情况，施工期较长、区域较大的施工工地可建立专职消防队，定期检查现有消防设施的可靠性。

11）森林的消防安全

根据《通州区潞城镇镇域总体规划（2014—2024 年）》的规划，到 2020 年，镇域林木覆盖率达到 35%。森林火灾是林区小城镇的主要火灾之一。潞城镇镇域范围内的林木多集中在潞城镇中部以及东南部。

（1）针对森林火灾，灭火的基本方法如下所述。

① 窒息法，即隔绝空气法，隔绝燃烧所需要的氧气以达到灭火的目的，主要采取土埋、化学灭火剂或扑打的方式。该方法只适合于火灾初期。

② 冷却法，使温度降到燃点以下，如在可燃物上覆盖泥土、洒水和风力灭火等，使燃烧物温度降低到燃点以下。

③ 隔离法，即封锁可燃物，其一是建立防火线，使已燃与未燃物质彻底分开；其二是增加可燃物的耐火性，喷洒化学阻火剂或水等使其成为难燃物或不燃物，起隔离带作用。

(2) 针对森林火灾，应加强的措施如下所述。

① 加强倡导完善森林防火组织机构，明确工作责任制。

② 健全法规、强化火源管理。

③ 建立护林员队伍，制定防火、护林责任制。

④ 组织督促群众做好林缘、林间农田秸秆的回运、清理及计划火烧，指导责任人做好林区内农事用火的火场疏导。

⑤ 加强专业扑火队伍建设，提高专业森林扑火队伍的综合素质。

⑥ 加强森林防火瞭望台、专用通信网等森林防火基础设施建设，配备防火交通运输工具、扑火灭火器械与通信工具，在重点林区修筑防火道路，建立防火物资储备仓库，提高防灭火能力。

⑦ 开设防火隔离带或造防火林带。

⑧ 编制森林防火应急预案，提高森林防火应急科学水平与处置能力。

2.2.3　消防站布局规划

消防站担负着扑救火灾和抢险救援的重要任务，是潞城镇消防基础设施的重要组成部分。为保障潞城镇消防安全，适应今后潞城镇消防站建设的需要，应制定符合潞城镇当前经济与社会发展水平的消防站规划，加强对消防站建设的科学决策和科学管理。

1) 消防站现状

潞城镇目前无消防站，距离潞城镇最近的消防中队有3处，分别为商务园中队、新华街中队和玉桥中队。新华街中队辖区包括潞城镇的胡各庄村、三元村、召里村、堡辛新村、大台村、古城村、辛安屯村、羊驼村、前北营、后北营。

至2006年初，潞城镇镇域总人口为5万人，根据《通州区潞城镇镇域总体规划(2014—2024年)》，到2020年规划人口为11万～13万人。根据《城镇消防站布局与技术装备配备标准》(GNJ1－82)，人口在五万以上、工厂企业较多的镇、县城、工矿区，应设1到2个消防站。随着医疗产业园、人民大学东校区等的建设，潞城镇建成区面积逐渐增大，但目前无一处消防站，消防站责任区面积太大，消防站的建设速度远远跟不上潞城镇的发展速度。

2) 消防站布局规划

根据通州消防支队编制的《通州区消防事业发展规划》，潞城胡各庄西部将建设一处消防指挥中心(含特勤消防站)，该指挥中心将负责全区消防指挥工作。该中心占地16 000 m^2，配备消防干警78人，车辆20部。此外，特勤消防站配备消防干警70人，车辆8部，占地5 200 m^2。

考虑潞城镇镇域范围内通州新城的长远发展，将其按照镇区的标准来建设，因此按照消防规范要求应建立一支消防队(二级消防站),配备消防车 3 辆,消防水源以市政给水管网为主,天然水源为辅。供水干线上每隔 120 m 左右应设置地下消火栓,消火栓出水口径不小于 150 mm。

考虑中心村的长远发展,将其按照镇区的标准来建设,因此按照消防规范要求应建立一支消防队(二级消防站),配备消防车 3 辆,潞城中心村消防站还应兼顾周边村庄的消防工作。消防水源中心村内以市政给水管网为主,天然水源为辅。村内供水干线上每隔 120 m 左右应设置地下消火栓,消火栓出水口径不小于 150 mm。

根据本规范的编制范围,规划新增消防站 2 处,均为标准型普通站。

消防站的布局是在充分考虑潞城镇的消防安全重点单位的分布、人口密度、建筑状况以及交通道路、水源、地形等多种因素,并结合潞城镇的经济和社会发展条件的基础之上确定的。同时,根据潞城镇不同区域火灾风险的差异对消防站的响应时间做了适当的调整。确定合理的消防站的服务半径,是消防队快速响应、迅速出动、及时有效地控制和扑灭火灾的基本条件之一。在规划消防站布局时,一般以接到出动指令后 5 min 内执勤消防车可以到达辖区边缘为原则。5 min 时间是根据我国“15 min”的消防时间确定的。如果消防部队能在火灾发生的 15 min 中内展开灭火战斗,将有利于控制和扑救火灾,否则火势将迅速蔓延,造成严重的损失。15 min 的消防时间分配为:发现起火 4 min、报警和指挥中心处警 2.5 min、接警出动 1 min、行车到场 4 min、开始出水扑救 3.5 min。因此,本规划对消防站的选址提出了要求。

普通二级消防站占地面积为 2 300～3 800 m^2,此用地面积包括建筑物占地面积、车库面积和训练场地面积之和,消防站内道路、绿化的用地面积没有计算在内,参照消防队的要求及实际情况确定最终的消防站建设用地总面积。

根据《北京城市总体规划(2004—2020)》的资料描述,潞城镇镇域内全部为沙土液化区,为缓变性地质灾害易发区。根据《通州新城总体规划(2005—2020 年)》对通州区地质条件的评价,潞城镇致灾因素主要是其为蓄洪区和重点风沙危害区。通州区重要的地震断裂带的分布对潞城镇影响不大,仅西南—东北走向的马坊—夏垫一级地震断裂带经过潞城镇东南角崔家楼村和康各庄村,这条断裂带所在的地区曾在 1536 年 10 月发生过一次 6 级地震。因此,潞城镇消防站建筑物应按乙类建筑进行抗震设计,并应按潞城镇设防烈度提高 1 度采取防震构造措施。对消防车库的框架、门框、大门等影响消防车出动的重点部位,应按照有关设计规范要求进行验算,限制其地震移位。

各项建筑应严格执行国家颁布的消防规范要求,加强消防设施建设。当地管理部门还应加强火灾教育,增强广大居民的防火意识。

2.2.4 消防装备规划

消防装备是潞城镇整体抗御灾害系统的重要组成部分,是形成和全面提高消防战斗力的物质基础。消防部队只有配备合适有效的现代化消防装备,才能够应对各种复杂、多样和不确定的火灾以及实施其他灾害的灭火救援。消防装备规划的目的是提升潞城镇消防装备水平，确保消防部队在响应火灾或其他灾害时具有足够的消防装备和较强的处置能力。

消防装备包括消防车辆装备、灭火器材装备、个人防护装备、抢险救灾装备、消防通信器材以及消防监督器材等。消防装备的配备应保证消防装备的数量和功能满足灭火救援的需要，并能最大限度地保护消防员免受火灾和其他灾害事故的伤害。

1）消防装备现状

潞城镇镇内目前无消防站，邻近共有3座消防站。

消防车辆车种不齐，随着潞城镇内高层建筑的数量越来越多，高层建筑的消防越来越重要，而潞城镇消防站目前没有一辆举高消防车。

2）消防装备规划

消防站的装备规划除了应参照《城市消防站建设标准（修订版）》建标〔2006〕42号、《消防员个人防护装备配备标准》（XF 621—2006）以及其他相关规定外，还要根据责任区灭火救援的实际特点，确定各消防站需要另行配置的消防装备。

从潞城镇的产业类型来说，火灾危险性主要集中在食品加工、服装服饰加工、新能源与新材料、石油化工、生物工程与新医药和印刷业的等企业上。

这些类企业的共同特点是生产过程中都必须使用易燃易爆类化学危险品，而且石油化工、生物工程与新医药和印刷业类企业还可能涉及有毒、腐蚀性物质，因此责任区内消防站的装备必须能够可靠处理此类火灾，同时给消防员配备相应的个人防护装备。

上述企业均为潞城镇内的支柱型产业，其数量、规模都很大，一旦发生火灾后果非常严重，因此责任区以及邻近责任区的消防站还必须根据此类火灾的危险性特点，制定针对性的灭火预案，并进行实地演练。

2.2.5　消防通道规划

消防通道的畅通是保障消防车辆和人员及时到达火灾现场的前提，消防通道依托市政道路系统，由市政各级道路、街坊道路、企事业单位道路以及从天然水源或人工水源取水的通道等组成。消防通道规划的目的是保证发生火灾等突发事件时消防车辆在出动的过程中不受其他交通运输工具、障碍物等的影响，快速安全到达事故现场，确保灭火抢险救灾的时效性。

潞城镇道路系统除通胡路、运河东大街等城市道路以外，道路建设的标准普遍较低，对消防车辆实施消防救援行动造成了一定影响。对潞城镇区的消防通道规划来说，主要是针对目前存在的问题进行规划，主要包含以下几个方面。

1）消防通道的基本要求

应满足消防车通行对净空和净宽的要求，一般消防车通道的宽度不应小于4 m，净空高度不应小于4 m，与建筑外墙之间的距离宜大于5 m。消防车主要干道应满足抗灾救灾和疏散要求，其宽度应保证干道两侧房屋受灾倒塌后消防车仍能通行。

消防车通道的回车场地面积不应小于 12 m×12 m，供大型车使用时，不宜小于 18 m×18 m。

消防车通道的坡度不应影响消防车的安全行驶、停靠、作业等，举高消防车停留作业场地的坡度不宜大于 3%。

消防通道应尽量顺直、畅通，与河流、高速路、轨道线等交叉时的桥梁和涵洞等应满足消防车对净高、净宽的要求，保证消防通道的畅通。

消防通道的地下管道和暗沟等应能承受大型消防车的压力，具体荷载指标应满足能承受镇区内配置的最大消防车辆的重量。

2）道路交通的改善

针对潞城镇部分道路在道路交叉口设置的中央分隔栏，其不利于消防车在紧急情况下掉头、转弯，特提出开发区主干道、次干道、支路的中央分隔栏均应为活动式中央分隔栏，便于消防队员在紧急情况下开启。

考虑到潞城镇内某些企业占地面积过大，没有穿过厂区的市政道路，使得消防车出动时绕行距离过大。因此在本规划中规定了占地面积过大的厂区内部应设贯穿整个厂区的消防通道，其宽度不应低于市政次干道，贯穿厂区的道路和周边市政道路应有 2 个相连的出入口。潞城镇消防道路规划示意如图 2-21 所示。

图 2-21 潞城镇消防道路规划示意

为了给消防出动提供快速交通环境，消防通道建成后不得随意挖掘和占用，必须临时挖掘和占用时，应及时向开发区公安消防管理部门告知；加强公安、交警、消防等多警协同作战，做好消防出动路线上的交通疏导和管制工作。

3）危险品运输

为确保危险品的安全性，运输车辆应避开人流和车流量集中的高峰时段，规定危险品运输时间为0:00—凌晨6:00。遵照《中华人民共和国消防法》和《危险化学品安全监督管理条例》等有关规定，严格执行城市危险品运输的审批、监督和管理。

2.2.6　消防给水规划

消防给水是确保有效扑救火灾的重要条件。消防给水主要包括消防水源和消防供水设施两部分。消防水源是指可利用的用于扑救火灾的水资源，主要包括市政给水管网、天然水源和人工水源。消防供水设施主要包括供水管网、消火栓、消防水池等。

消防给水规划的目的是提高城市消防供水的安全可靠性，保证消防供水设施的数量、水量、压力等满足灭火的要求，保证消防车到达火场后能够就近利用消防供水设施，为灭火、抢险救援创造良好的用水条件。针对潞城镇的具体现状，消防给水规划主要包含以下几个方面。

1）消防用水量的确定

根据《通州区潞城镇镇域总体规划(2014—2024)》到2020年，潞城镇镇域规划人口为11万～13万。根据《消防给水及消火栓系统技术规范》(GB 50974—2014)的规定，市政消防供水标准按同一时间火灾次数不少于两次，一次消防用水量为45 L/s计，市政消防用水量不应小于90 L/s，该用水量在市政供水管网及水厂新建、扩建、改建时应予以满足。

2）消防水源

(1) 市政消防水源主要是指由市政自来水厂供给的市政给水管网水源。为了确保潞城镇区市政消防水源的安全可靠性，本规划提出保证至少二路独立的输水管路向镇区市政给水管网供水，并修建相应的加压供水设施。

(2) 天然水源作为消防水源，特别是在发生地震等大的自然灾害，导致市政供水系统受到破坏时，其作用尤为重要。对潞城镇区来说，天然水源主要是指大运河以及潮白河。为了可靠地利用潮白河等天然水源，在潮白河等水体沿岸合理选址修建天然水源取水点，供消防车取水使用。取水点应设消防取水口，并设置消防车通道与潞城镇区道路连通。取水设施防洪标准不低于25年，消防车取水深度不大于6 m。

(3) 人工水源主要是指消防水池、人工湖、喷水池和景观池等，可以作为市政消防给水的补充水源。人工水源周围应设置环形消防车道、取水口和取水码头，为消防取水灭火救援提供有利条件。

消防水池水源可取自市政给水管网，消防水池宜与生产、生活水池合用，实现水体循环,制定并切实执行消防水池管理清扫制度,防止消防用水因各种因素淤积,水质恶化。

在一些消防车辆难以到达取用的天然水源、人工水源处可建设供水泵房,并通过供水管网向周边地区供应应急消防用水。

(4) 潞城镇区污水处理厂应设有中水处理设施可以为镇区提供中水水源,近期中水主要用作绿化浇洒、道路浇洒、建筑冲厕、工业用水等方面,远期可考虑作为消防水源,因此本规划将其也纳入消防水源。

3) 供水管网

潞城镇区应采用环状管网供水方式,管道管径的确定必须符合生活、生产、消防等各方面的综合要求,保证消防供水的水量和水压。镇区消防用水取自市政给水管网,应对镇区原有的市政给水管网进行合理的技术改造,优化管路网络结构。对管网的水量、水压进行实时监控,提高自动化监管水平,同时加强管道的检漏工作。潞城镇给水规划及现状示意如图 2-22 所示。

图 2-22 潞城镇给水规划及现状示意

4) 市政消火栓

本规划除了具体规定了消火栓的设置要求之外,也对消火栓的日常维护提出了要求。

市政消火栓宜在道路的一侧设置,并宜靠近十字路口,间距不应大于 120 m,保护半径不应大于150 m。道路宽度超过60 m时，应在道路的两侧交叉错落设置市政消火栓。对一些高层建筑、工业厂房和重要建筑，应按规范要求设置专用室外消火栓及水泵接合器。新修、翻修道路必须按规范要求设置消火栓。

市政消火栓的规格必须统一，拆除或移动市政消火栓必须征得当地公安消防监督机构的同意。

消防、供水等部门应联合做好市政消火栓的日常维护工作，并组织定期检查，保证消火栓在火灾时能够可靠使用。

2.2.7 消防通信规划

消防通信是以消防通信指挥系统为核心，以消防信息化为支撑，以消防信息安全为保障，依托城市通信基础设施，充分利用有线、无线、计算机、卫星等通信技术，传递以符号、信号、文字、图像、声音等形式所表达的有关消防信息的一种专用通信方式。消防通信是公安部门顺利完成防火灭火、抢险救灾和重大消防保卫任务所必不可少的通信手段。

潞城镇区消防通信系统以建立多功能、现代化的消防指挥中心为基点，包括有线通信系统、无线通信系统、计算机网络系统、图像信息监控系统、视频会议系统、移动指挥中心系统、消防调度指挥系统、综合信息显示系统和远程监控系统查询设备等。具体如下所述。

1) 有线通信系统

有线通信系统主要包括有线调度系统、数字录音系统和火警广播系统。有线调度系统依托电信部门提供的市话网和公安系统内部专网，应完成日常接警调度和办公的重要通信。

支队指挥中心应装备程控电话交换机，接入市话网，用于指挥调度和日常办公通信。程控电话交换机中继线的数量根据办公人员的数量而定。

支队值班室至少装备市话网直拨电话1部、公安专线电话1部、消防调度专线电话1部、内部分机电话1部、总队IP电话1部和传真机1部。

支队指挥中心应装备数字录音系统，实现对本单位接警调度和值班通话的实时多路录音。

支队指挥中心应建设火警广播系统，用于在本地播发火警出动指令和重要通知。

2) 无线通信系统

支队应装备数字集群固定台2部，分别值守总队城市消防通信指挥覆盖网(一级网)和支队、火场指挥网(二级网)。支队指挥车应装备数字集群车载台1部，手持台4部。应装备必要数量的执勤电台。

3) 计算机网络系统

局域网建设，支队指挥中心内部建立100 MB交换式快速以太网，配备中心交换机、路由器、防火墙、楼层交换机等设备。在保证网络物理隔离的条件下,分别接入119指挥网、公安信息网、管委会信息专网、互联网等信息网络。其中,公安信息网接入带宽不低于100 MB,管委会信息专网接入带宽不低于10 MB。119指挥网和公安信息网互为传输备份。

支队值班室至少装备3台计算机(配A4激光打印机),分别接入119指挥网、公安信息网和管委会信息专网,接受总队指挥中心、公安分局指挥中心、开发区管委会应急指挥中心的调度指令。

支队指挥中心至少装备1台数据库服务器和1台应用服务器。

4) 图像信息监控系统

支队指挥中心应建立图像监控系统,对本单位办公区域内建筑物出入口、楼层出入口、消防车库、通信机房等重点部位进行监控。

根据开发区建筑物的密度、高层建筑分布情况设置高空监控摄像站点,并通过宽带网络或无线数据传输通道,共用交警支队在各路口上的摄像信号,将图像传送至支队和总队指挥中心。

支队图像监控系统应引入开发区管委会和公安分局的图像信息资源,包括辖区重点地区、主要交通道路、消防安全重点单位、重大火灾危险源等图像信息,通过监控图像实现对辖区消防管理工作精确指导,对灭火救援进行可视化指挥。

支队图像监控系统应引入所辖中队的监控图像,通过监控图像对中队进行远程管理。

5) 视频会议系统

支队指挥中心配备视频会议设备,与总队视频会议系统联网,实现参加和收看总队、公安局、公安部及市政府视频会议的功能。

支队应建设支队级视频会议系统,能够独立组织和管理支队到中队的视频会议,向所属中队转发总队的视频会议。

6) 移动指挥中心系统

支队移动指挥中心以通信指挥车为基础,搭载有线通信、无线通信、图像传输、扩音广播、现场智能通信组网管理平台系统等应急通信设备,作为灾害现场支队通信指挥枢纽,能够在灾害现场快速部署应急通信网,向支队和总队指挥中心回传灾害现场的图像和数据,实现控制、交换、决策、查询和记录等多功能指挥,提升消防部队的快速反应、应急指挥、协同作战能力。

7) 消防调度指挥系统

消防调度指挥系统主要包括119接处警系统、支队GPS车辆监控分中心和其他通信指挥应用系统。

(1) 119接处警系统。支队指挥中心配备与总队119指挥中心联网的计算机接处警设备,能够实时接收119指挥中心下达的出动指令,掌握所辖中队车辆、人员、装备的备勤情况和处警出动情况。

（2）支队 GPS 车辆监控分中心。支队建设 GPS 车辆定位监控分中心，与总队 GPS 车辆定位监控通信系统联网，对所属消防车辆的位置信息进行实时监控；支队通信指挥车应装备 GPS 车辆自主导航设备和便携式车辆 GPS 定位监控终端，与总队车辆 GPS 定位监控系统联网。

（3）支队指挥中心按照总队的整体部署，建设和应用灭火救援现场指挥辅助决策软件、消防灭火救援数字化预案、消防安全重点单位数据库、防火监督信息管理系统等应用系统，配齐相关的软硬件设备。

8）综合信息显示系统

支队指挥中心应建设满足图像监控、计算机多媒体、文字信息等显示精度要求的综合信息显示系统，能够切换监控图像、视频会议图像、数字视频光盘（digital video disc，DVD）、计算机等图像信息。

9）远程监控系统查询设备

支队应配备消防安全远程监控系统查询设备，通过公安信息网查询市级消防安全远程监控中心数据库，实时掌握本辖区消防安全重点单位内部的消防安全管理情况，提升防控火灾的能力，提高消防监督质量和效率。

为确保消防通信指挥平台各种设备可靠运行，应加强支队消防指挥中心及其他设施建设。支队指挥中心的 GIS 应随着建设的发展不断更新，补充相应的燃气、消防给水、电力等有关信息数据；补充完善各类火灾特性数据库、易燃易爆危险物品数据库、灭火救援战术技术数据库、灭火救援作战数据库的内容。

2.2.8　消防与其他专项规划

1）电力

潞城地区目前没有电厂，由北京市电网统一供应。潞城地区现拥有 110 kV 变电站 2 座，主变 4 台，总容量 163 MVA。其中，潞城变电站位于侉店村村南，占地面积约 4 274 m^2，胡各庄变电站位于大台村村南，占地面积约 11 848 m^2。

潞城地区配电线路多采用架空导线形式架设，电缆线路主要集中在通胡大街、运河东大街和宋梁路两侧。目前，潞城镇境内有 35 kV、110 kV、220 kV 高压线共 17 条，500 kV 高压线 1 条，对镇域空间分割较严重。10 kV 配电线路 12 条，电缆线路 9 条，总长度 168.4 km，公用变压器 291 台，容量 65 345 kVA；高压用户 375 户，容量 139 865 kVA；总容量 205 210 kVA。尤其是 500 kV 高压线，电压高，在镇域内从北向南穿过，与大多数道路斜向交叉。此外，《通州新城总体规划（2005—2020 年）》规划一条 500 kV 的高压线从侉子店穿过，穿越镇域。这两条 500 kV 高压线将对镇域未来的空间发展和布局产生较大的影响。

2）消防供电

严格执行“供配电系统设计规范”的规定，确保一二类负荷的供电可靠性，尤其是高层建筑和地下建筑的消防用电。

潞城镇消防指挥中心、各消防站、水厂、电力调度室、供气调度室、急救中心、交通指挥中心以及环保、气象、路灯、地震的值班室等均应双电源供电，消防指挥中心、电力调度室、供气调度室、急救中心、交通指挥中心等特别重要的负荷，除由两个电源供电外，还应增设应急电源，并严禁将其他负荷接入应急供电系统。

高压架空线路与易燃易爆场所及建筑物之间，电力电缆地下通道与燃气管、热力管之间必须按规范留足安全距离，在交叉时必须加强保护措施。

3）避难场所

潞城镇消防安全的布局中对疏散通道避难场所等做了规定（图 2－23），但仅有避难场所是远远不够，如果疏散至避难场所的人员需要较长时间在此停留，那么人员的食物补给则必须考虑。

图 2－23　潞城镇疏散通道和避难场所示意

基于上述考虑，本规划在对应内容中增加了避难场所食物补给的规定。为了保证人员在紧急避难场所停留期间的安全，必须在避难场所配备一定的生活饮用水和食物，并进行定期更换，做到既能保证储存食物的安全性，又不浪费。

4）防灾

潞城镇的消防安全不仅要考虑火灾带来的问题，还要考虑地震或战争以及其他自然灾害所带来的威胁，因此潞城镇消防安全工作应与人防等防灾工作相结合，争取将地震或战争灾害及其引起的二次灾害控制和减小到最低程度。

2.2.9　消防宣传规划

潞城镇的消防安全不仅是消防管理部门的事情，也是全社会的事情。潞城镇消防安全水平的提高，除了加强硬件设施建设，同时也必须提升消防人文环境和消防社会环境。

今后应及时开展此类消防安全培训深入企业员工内部的宣传和教育活动，同时从以下几方面入手，有效提升潞城镇的消防人文环境和社会环境。

(1) 建设消防教育馆和消防教育基地，形成潞城镇消防宣传教育体系。消防教育基地应面向社会、公众和学生，开展全方位的消防培训教育，推进消防社会化进程。

(2) 建立健全消防安全责任人、消防安全管理人、专兼职消防管理人员、特殊工种和外来务工人员的消防教育培训制度。

(3) 建立“政府引导、社会支撑、群众参与”的消防安全工作格局，以社区和企业为潞城镇消防安全工作的基本单位，基本达到“组织网络健全、硬件设施配套、防范意识增强、管理机制合理”的要求。

(4) 加强对社区弱势群体的重点关注和监护，对鳏寡孤独以及生活不能自理人员配备必要的报警防护设施。

(5) 大力宣传消防安全法律法规和科普知识，定期举办消防演讲比赛、消防运动会等普及消防安全法律法规和科普知识的群众活动。定期组织工业园区的员工和社区的居民参与消防宣传活动和火灾逃生演习。

2.2.10　建设规划与投资概算

1) 建设规划

潞城镇的建设包括以下几个方面：

(1) 消防站。

2018年，在潞城镇域范围内的通州新城建设了一座二级普通消防站，并规划至2024年，在侉子店中心村建设一座二级普通消防站，以满足潞城镇内火灾扑救、抢险救援以及消防保卫工作的需要。

(2) 消防装备。

依据《城市消防站建设标准(修订版)》，逐步完善现有潞城镇消防中队消防车辆、消防灭火器材、抢险救援器材和消防员防护装备，同步配建河西区、路动区消防站所需的消防车辆、消防灭火器材、抢险救援器材和消防员防护装备。

(3) 消防通道。

结合潞城镇道路建设，逐步完善核心区道路网络，加强生活居住区内消防通道建设，清理违章占道经营摊点和路边停车点，拆除侵占消防通道的违章设施；加快推动河西区、路东区道路骨架建设，保障消防车的正常通行。

（4）公共消防设施。

核心区按规定补齐空缺消防栓和更换已破损或无法使用的消防栓；完成潞城镇市政消火栓的布置，结合潞城镇消防通道建设同步铺设市政管网，保障消防供水的压力和流量。充分利用大运河、潮白河及运潮减河等天然河流，治理河道污染，有计划地建设消防车取水点，确保天然水源作为消防第二水源的可利用度。

（5）消防通信。

完善消防通信系统，使报警、接警、调度指挥三个环节达到规范规定要求。近期建设潞城镇消防指挥分中心，接入公安信息网、政府信息专网、互联网，接受市消防指挥中心、潞城镇管委会和有关应急指挥中心统一调度指挥；在潞城镇内设立消防高点监控点，建立潞城镇消防安全远程监控系统。

2）投资概算

根据“城市消防站建设标准”，潞城镇建设（至2018年）的投资概算为：二级普通消防站建筑工程投资约为900万元，车辆投资为600万～1 500万元，装备器材、通信调度系统投资约为600万元，合计为2 100万～3 000万元。按照潞城镇消防站建设规划，到2018年消防站建设共投资约3 000万元，预计到2024年消防站建设共需要投资约6 000万元。

2.2.11 规划实施保障措施

消防规划的最终目的是实施，是消防规划的具体化，也是消防规划不断完善、深化的过程。消防规划的实施管理是实现潞城镇消防规划目标的重要保障手段。而消防规划的实施管理又是一个长期、渐进和艰巨的过程，要与潞城镇规划中的其他各项建设统一协调，以保证消防规划提出的目标能够顺利完成。

消防规划的实施仅依靠行政管理是不够的，还需要综合运用法制、行政等多种管理手段，才能确保消防规划的有效实施。

基于上述考虑，本规划提出以下规划实施的保障措施：

1）消防规划管理的手段

（1）法制管理手段。

实施消防规划必须有强制性的法律手段予以保障。潞城镇行政执法部门要加强消防规划实施管理过程中的执法监督，督促有关部门和单位依法落实消防规划的要求和措施，对违反消防规划的行为，要制定处罚办法，切实把实施消防规划纳入法制轨道。

（2）行政管理手段。

行政管理是实施消防规划的主渠道。在推进落实消防规划时，要明确各部门之间的责任，促进各部门之间的配合，提高效率。

为了保证消防规划的实施，潞城镇政府应根据潞城镇经济发展和财政收入的增长比例，增加对公共消防设施和消防设备的资金投入。

（3）社会监督手段。

消防规划关系到全社会的安全利益，社会大众对消防规划实施管理的各项事务有知情权、查询权、建议权、参与权和投诉权等。应通过广播、电视、报刊等广泛开展宣传，把消防规划的要求、建设目标和建设成果公布于众，让社会公众了解消防规划、关心消防规划，对消防规划实施舆论监督和社会监督，动员全社会的力量推动潞城镇消防规划的实施。

（4）技术评估手段。

消防规划的实施是一项长期、动态的工作，也是消防规划不断完善、深化的过程。在消防规划的实施管理中，要注重采纳专家的意见，建立重大问题技术评估制度，为实施消防规划管理提供技术保障，减少或避免规划实施中的随意性和盲目性，使消防规划的实施更加切合实际，保证消防规划的目标水准不因调整变化而降低。

2）消防规划实施保障措施

提高对消防工作的认识，加强对发展消防事业的领导。将消防规划分段实施的内容纳入政府任期的目标任务。由潞城镇管委会负责组织计划、建设、财政、规划、公用事业、电信、供水及消防机构等部门实施。

消防规划经审查批准后，各部门按照各自的职能分别负责公共消防设施的建设，由潞城镇公安消防机构监督、验收和使用，保证消防专项规划全面实施。

加强消防规划的实施立法，逐步完善保障消防规划实施的行政规章和行政措施；对于违反消防规划和消防违法行为，应按照有关法律法规进行处理。

加强潞城镇消防监督管理机构同潞城镇供水、供电、通信、燃气、城建等部门之间的协调工作。

潞城镇市政、自来水、电信等部门和单位要加强对潞城镇公共消防设施的建设、管理和维护，保证其的有效性和可用性。

每年度城市公共消防设施建设规划应纳入潞城镇基础设施建设计划，潞城镇消防规划建设与其他市政设施统一规划、统一建设。

2.3　抗震防灾规划——江苏省宿迁市泗阳县

2.3.1　项目概述

为了提升城市的综合抗震防灾能力，最大限度地减轻未来地震灾害，保障人民生命财产安全，促进城市的建设和发展，根据《中华人民共和国防震减灾法》和《城市抗震防灾规划管理规定》（中华人民共和国建设部令 第117号）、《城市抗震防灾规划标准》（GB 50413—2007）和《建筑抗震设计规范》等法律法规和技术标准，编制城市抗震防灾规划。

城市抗震防灾规划是有关城市建设地震灾害防御的专业规划，是城市抗震防灾工作的指导性文件。结合城市规划、建设与抗震防灾工作需求，在进行土地利用开发、建筑与基础设施的建设与改造、避震疏散规划、次生灾害防御、灾后恢复重建等工作时，均应符合本规划的总体安排和要求。

随着江苏省宿迁市泗阳县国民经济和城市建设的快速发展，城市的灾害影响环境也变得更加复杂，泗阳县的城区建筑工程、基础设施、次生灾害防御以及避震疏散等方面的抗震工作还存在薄弱环节，灾害风险较高，一旦遭遇中强地震可能会产生较为严重的破坏，甚至使城市功能瘫痪。泗阳县的抗震防灾能力与经济发展水平不相适应的矛盾也越来越突出，地震灾害防御则成为县政府和人民日渐关注的问题，通过编制城市抗震防灾规划，对各类防灾资源进行合理配置与建设，逐步实施推进，是保障城市抗震防灾安全的重要举措。

《泗阳县城市抗震防灾规划(2020—2035)》总体情况如下所述。

1) 规划区范围

与城市总体规划中的城区范围一致，总面积 149 km^2，其中城市建设用地规模为 57 km^2，规划人口为 50 万人。

2) 规划期限

2020—2035 年，其中近期为 2020—2025 年，中期为 2026—2030 年，远期为 2031—2035 年。

3) 编制模式

依据《城市抗震防灾规划管理规定》和《城市抗震防灾规划标准》中的有关规定，考虑到泗阳县的发展远景等因素，本规划按照乙类模式进行编制。

4) 规划实施后的总体防御目标

(1) 当遭受多遇地震(小震，即 6 度，0.05 g)影响时，城市功能正常，建设工程一般不发生破坏，市民的生产和生活基本不受影响。

(2) 当遭受相当于本地区抗震设防烈度的地震(中震，即 7 度，0.10 g)影响时，城市功能基本正常，城市生命线系统和重要工程设施基本正常，一般建设工程可能发生破坏但基本不影响城市整体功能，重要工矿企业能很快恢复生产或运营。

(3) 当遭受罕遇地震(大震，即 8 度，0.2 g)影响时，城市功能基本不瘫痪，城市生命线系统和重要工程设施不遭受严重破坏，不发生严重的次生灾害；应急保障基础设施可有效运转，城市救灾功能基本正常或可快速恢复；无重大人员伤亡，受灾人员可有效疏散、避难并满足基本生活需求。

2.3.2 抗震防灾基本要求

1) 抗震防灾总体要求

(1) 泗阳县规划区地震基本烈度为 7 度(设计基本地震加速度值为 0.10 g)第三组，建设工程的抗震设防要求除应满足国家和江苏省有关抗震设防的法律法规及相关技术标准的要求外，还应满足本规划各章的具体规定。

(2) 加强工程选址、方案评审和初步设计阶段的抗震防灾管理,主管部门在对工程项目进行审查和审批时应同时进行抗震设防审查。

对于重大项目,主管部门在立项、审批、管理和建设过程中应与规划、建设行政主管部门协调加强抗震设防审查。对超高、超过规范限制的建筑工程应按有关规定报建设行政主管部门进行抗震专项审查。

(3) 可能发生严重次生灾害的工程项目不应建在人口稠密区域。已建的应逐步迁出,未迁出前应采取必要的防护措施。

2) 建筑抗震防灾要求

(1) 对《建筑工程抗震设防分类标准》(GB 50223—2008)规定的甲、乙类大型体育场馆等公共建筑、学校类等建筑,可作为避难建筑;对人口密集、疏散场所不足的旧城区,应有选择地将部分学校的教学楼、医院门诊楼等重要建筑在加固改造时提高设防标准,使其具备避难建筑的功能。避难建筑应保障在罕遇地震下其主体结构和附属结构不发生中等及以上破坏。

(2) 对《建筑抗震设计规范》所涵盖的各类建筑,应严格按照该规范以及其他相关标准的有关规定和要求进行抗震设计与施工。

(3) 对规划区内村镇建筑抗震防灾进行指导和监管;村镇建设中的公共建筑、生命线工程、中小学校舍、幼儿园、乡镇企业建筑及其他二层以上建筑,应按照《建筑抗震设计规范》进行抗震设防;两层及以下农民自建房屋应按照行业标准《镇(乡)村建筑抗震技术规程》(JGJ 161—2008)等规范标准进行抗震设计与施工,保障抗震防灾能力。

(4) 文物保护建筑宜采取保护性抗震加固措施。

(5) 各类建筑物间的前后距离、建筑密度应符合城市规划和建筑设计相关规范要求。

3) 生命线系统抗震防灾要求

(1) 生命线系统中的新建建筑,应按照《建筑工程抗震设防分类标准》规定的设防类别和《建筑抗震设计规范》等相关的建筑抗震设计规范、标准进行抗震设防。对未进行抗震设防或未按照《建筑工程抗震设防分类标准》规定的设防类别进行抗震设防的已有建筑,应进行抗震鉴定,对不满足抗震鉴定要求且有加固价值的,应制定抗震加固计划,并在本规划实施期内完成加固任务。

(2) 对下列生命线系统的工程设施及相关建筑,建设单位应在初步设计阶段组织专家进行抗震专项论证:

① 属于《建筑工程抗震设防分类标准》中特殊设防类、重点设防类的建筑工程。

② 结构复杂或者采用隔震减震措施的大型城镇桥梁和城市轨道交通桥梁,位于可能液化或者软黏土层的桥梁与隧道。

③ 超出现行工程建设标准适用范围的道路交通、供水、燃气等工程设施。

国家或者地方还有其他相关规定的,应当符合其要求。

(3) 新建生命线系统设施、电气设备应选用抗震性能好的产品;地面上的配电变压器应采用螺栓与地面基座锚固，杆架上的配电变压器应采用螺栓与杆架基座锚固；备用发电机组、开关柜、配电屏等应设置地脚螺栓并与基础锚固；蓄电池组应设置在有防止掉落或倒塌的钢防护架、柜中，钢防护架、柜应与楼(地)板采用螺栓锚固。

已建生命线系统中的上述各类设备，凡是没有采取锚固措施的，应按照上述要求在近期内完成锚固。进行改造的电气设备应选用抗震性能好的产品。

(4) 穿越易滑坡、砂土严重液化地段以及发震断裂带上可能发生地表错位地段的管线，应符合的要求是：新建生命线工程管线应避开易滑坡、砂土严重液化的场地以及发震断裂带，当无法避开时，应由设计与施工单位采取措施消除滑坡、液化、地表错位的影响，并应采用柔性接头以增强抗震能力；已建的生命线工程管线，应依据本款要求结合维修改造逐步完善抗震措施。

(5) 各生命线系统应制定符合本系统的抗震防灾规划，主要应包括下列内容：

① 规划的防御目标。

② 本系统抗震设防的基本情况(现状)。

③ 抗震方面存在的主要问题(建筑抗震设防、设备锚固等方面)。

④ 在小震、中震和大震情况下的抗震防灾对策措施。

⑤ 在超大震情况下，保障抢险救灾的对策措施。

⑥ 应急预案(主要包括抢险救灾、事故紧急处置等的对策措施)。

4) 避震疏散场所人均面积要求

结合泗阳县城市避震疏散场所的具体情况和《城市抗震防灾规划标准》《防灾避难场所设计规范》的要求，避震疏散场所人均有效避震疏散面积应符合表 2-3 的要求。

表 2-3　人均有效避震疏散面积　　单位：m^2/人

疏散场所	紧急避震疏散场所	固定避震疏散场所	避难建筑
按照需疏散人口计算	≥1.5	≥2.0	≥2.5

5) 道路宽度与对外通道要求

(1) 城市救灾干道和疏散主干道的有效宽度应满足以下要求：

救灾主干道不小于 15 m；疏散主干道不小于 7 m；疏散次干道和疏散通道不小于 4 m。城市疏散道路有效宽度可按下式计算：

$$N = W - (H_1 + H_2)K$$

式中　N——震后疏散道路的有效宽度；

W——道路两侧建筑外墙之间的距离；

H_1、H_2——道路两侧建筑高度；

K——道路两侧建筑物可能倒塌瓦砾影响宽度系数，可取建筑高度的 1/3～1/2。

（2）当城市疏散道路有效宽度不能满足上述规定时，可通过下列措施提高道路两旁建筑物的抗震能力：

① 救灾主干道两侧倒塌后影响救灾主干道有效宽度的建筑物，应提高1度采取抗震措施。

② 疏散主干道两侧倒塌后影响疏散主干道有效宽度的建筑物，宜提高1度采取抗震措施。

（3）泗阳县城市出入口应保证震后外部救援和抗震救灾的要求，每个组团应至少有一条对外通道，整个城市应不少于4个出入口。应保证泗阳县震后铁路和公路与外埠的交通畅通，充分发挥铁路高效的运输作用，铁路与公路有关部门应制定保证大震和超大震时对外交通联系的应急预案。

6）桥梁抗震防灾要求

城市桥梁及公路桥梁应根据路线等级及桥梁的重要性和修复（抢修）的难易程度，分类进行抗震设防，应按照《公路工程抗震规范》（JTGB02—2013）或《城市桥梁抗震设计规范》（CJJ166—2011）的要求确定不同类别桥梁的重要性系数并进行抗震设计。各类桥梁的抗震设计计算和抗震构造措施，应符合下列要求：

（1）城区内桥梁抗震设防要求。

① 城区内新建大桥、特大桥梁（二级公路上的）地震作用计算和抗震措施按8度采用。

② 一般桥梁地震作用按7度计算，按8度采取抗震措施。

已建桥梁应根据上述桥梁类别和抗震设防要求进行抗震鉴定，对不满足抗震鉴定要求的，应在规划期内采取抗震加固措施，保证震后市内道路正常通行。

（2）对外出入口桥梁抗震设防要求。

① 新建城市主要出入口的桥梁：位于高速公路和一级公路的特大桥，抗震设计计算和抗震构造措施应专门进行研究确定。

② 高速公路及一级公路上除特大桥外的其他桥梁，以及二级公路上的大桥、特大桥，地震作用计算和抗震措施应按8度采用；其他一般桥梁按7度计算，按8度采取抗震措施。

已建桥梁应根据上述桥梁类别和抗震设防要求进行抗震鉴定，对不满足抗震鉴定要求的，应在规划期内采取抗震加固措施，保证震后城市出入口的畅通。

7）交通运能要求

交通部门应制定泗阳县城在不同程度地震影响下的抗震救灾实施方案和应急预案，并在遭受地震灾害时满足下列运能要求：

（1）应能保障抢险救灾人员和物资运输畅通，如抢险救灾队伍、医疗卫生队伍，熟食品、饮用水、帐篷以及抢救伤员用的工具、仪器和医疗设备等，以及危重伤病员的对外疏散。

(2) 应能保障抗震救灾急需的大宗物资运输畅通，如大型挖掘机、推土机、清运卡车等机械设备和发变电站中的主变压器、断路器、互感器等电气设备，以及粮食、机用油料和恢复重建用的建筑材料等物资。

(3) 对急需进入灾区现场的抢险救灾队伍、医疗卫生队伍，以及熟食品、饮用水、帐篷以及抢救伤员用的工具、仪器和医疗设备等，可通过距泗阳县城较近的淮安机场运达。

8) 次生灾害防御要求

(1) 次生灾害源点的新建建筑，应按照《建筑工程抗震设防分类标准》规定设防类别和《建筑抗震设计规范》进行抗震设防；对未经抗震设防或未达到《建筑工程抗震设防分类标准》规定设防类别的已有建筑，应进行抗震鉴定；对不满足抗震鉴定要求且有加固价值的，应制定抗震加固计划，并纳入本规划一并实施。

(2) 易燃易爆源、毒品源、细菌源、放射性污染源以及火灾、水灾、地质灾害(岸坡土体滑坡)等地震次生灾害源点的隶属部门和单位，应制定各自次生灾害源点的抗震防灾规划，主要包括规划的防御目标；次生灾害源点的基本情况(现状)；抗震方面存在的主要问题(次生灾害源抗震隐患、影响范围等)；在小震、中震和大震情况下，预防地震次生灾害发生的对策措施；在超大震情况下，预防严重地震次生灾害发生的对策措施；应急预案(主要包括抢险救灾、事故紧急处置等的对策措施)。

9) 新建城区抗震防灾规划要求

新建城区及社区、居民小区、企业等，应满足以下抗震防灾规划的相关要求：

(1) 进行较大范围新建城区建设时，应按照《城市抗震防灾规划标准》的规定和要求规划建设紧急和固定避震疏散场所，或对原有避难场所进行改建、扩建，并按相关要求进行功能设置、配套设施建设；物资储备、标识设置等方面均应满足城市避震疏散场所建设的要求。

(2) 新建社区等在规划设计时应根据建筑和人口密度设置一定数量的紧急避震疏散场地，并应满足相应的标识设置以及配套设施要求。

(3) 新建道路应满足本规划第 2.5 条避震疏散道路的宽度要求。

(4) 医疗卫生机构、消防设施的设置以及次生灾害的防御、避让措施等应符合各自系统抗震防灾规划的要求。

10) 旧城区改造抗震防灾规划要求

在旧城区改造过程中，应对旧城区存在的建筑密度大、耐火等级低、疏散场地不足、疏散道路布局不合理以及道路宽度不满足要求等问题进行梳理，在详细规划阶段提出切实可行的改造方案，并在本规划期内逐步完成改造。

(1) 旧城改造应满足关于避震疏散场所的面积、城市救灾干道与疏散主干道的宽度和跨河桥梁的抗震设防要求。

(2) 旧城区改造中没有条件设置面积较大的固定避震疏散场地时，应充分利用改造后的绿地、小广场、街心花园等合理布局，根据改造后的人口分布情况合理设置紧急避震疏散场地，并应满足相应的标识设置以及配套设施要求。

(3) 医疗卫生机构、消防设施的设置以及次生灾害防御、避让措施等应结合改造加以完善，以符合各自系统抗震防灾规划的要求。

(4) 对没有列入拆除计划的老旧房屋，应结合旧城改造，在规划期内予以拆除。

2.3.3 防灾分区与资源布局

2.3.3.1 主要内容和目标

城市防灾分区与资源布局的目标是在不同程度地震灾害情况下，保障城市应对不同灾害影响时具备相应的防灾救灾能力。即保证抢险救灾能够顺利进行，防灾资源得以合理配置，发挥最大防灾效益。最终目的是在不同程度地震灾害情况下，使受灾居民的生活、社会的安定得到相应的保障，减少人员伤亡和财产损失。

防灾分区与资源布局主要内容包括：防灾管理分区与分级；城市避难、救援、救护交通保障；疏散场所的分布与灾后居民生活保障；消防、医疗救助保障；防止次生灾害蔓延保障等。

2.3.3.2 防灾分区划分原则

(1) 责权明晰原则。按城市—街道(乡、镇)—社区的行政建制划分抗震防灾管理体系，并确定不同层级的防灾责任和管理权限。

(2) 地震灾害风险区域响应原则。城市地震灾害风险区域的响应主体是各级政府，但有的行政区域与自然分割并不一致，这种情况下进行防灾管理较为不便。因此，防灾分区还应结合江河、沟壑等自然分割的实际情况进行防灾分区的划分。

(3) 防止次生灾害蔓延原则。国内外地震灾害经验表明，地震直接引发的次生灾害主要是火灾，因此，江河、沟壑等天然地形是阻止火灾等次生灾害蔓延的最好屏障。当没有天然屏障时，防灾分区界线可以根据道路宽度情况进行划分。城市街区通过较宽的道路和绿地的分隔，也可阻隔或较大幅度地减轻火灾等次生灾害的蔓延。

2.3.3.3 防灾资源布局原则

(1) 防灾资源统筹原则。将抗震防灾资源进行整合、共享，按照城市—街道(乡、镇)—社区划分的抗震防灾管理体系，按层次、分级别的方式进行防灾资源的布局与配置，可使有限的防灾资源得到充分利用，发挥最大效益，避免过度建设或建设不足。

(2) 与城市现有规划体系相协调原则。震后的救灾道路布局、疏散场所布局、次生灾害隔离带布局、消防站和医疗救援布局以及其他防灾关键设施布局等应与城市的相关专项规划相协调，如城市的道路规划、绿地规划、消防规划、医疗卫生规划、供水规划及其他相关专项规划等。

(3) 安全底线原则。以保障城市抗震防灾功能和居民生命安全为前提，提出城市抗震防灾对城市规划和建设要求。在灾害面前，人的生命安全是第一位的，当通过抗震防灾规划发现原城市规划在保障居民生命安全和保障城市抗震防灾功能方面存在不足时，须提出修改意见与建议。

(4) 因地制宜和均衡布局原则。结合城市抗震防灾资源现状和救灾需求，以各类防灾资源的服务范围覆盖整个城市规划区为目标进行防灾资源布局。

2.3.3.4 防灾管理分级与分区

抗震防灾分级目的是灾时抢险救灾能够指挥得当、顺利进行，保障灾民的生活需要和社会秩序安定。抗震防灾分区目的是使防灾资源得以合理配置，避免过度配置或配置不足。泗阳县抗震防灾管理分级和分区如下：

(1) 防灾管理分级。根据城市防御地震灾害的目标与原则要求，泗阳县按照三级防灾管理结构进行划分，即一级为县(市)，二级为街道(乡、镇)，三级为社区。

(2) 防灾管理分区。考虑泗阳县道路、河流、街道(乡、镇)、社区、消防站、公安、医疗卫生机构、避灾疏散场所的分布及其实际建设情况，将城市规划范围以街道(乡、镇)为管理单元划分为5个二级防灾分区，各二级分区再根据城市行政体制(社区)分成若干个三级防灾区域。

二级防灾分区的划分基本数据见表2-4。

表2-4 泗阳县防灾分区划分基本数据

<table>
<tr><th>序号</th><th colspan="2">二级防灾分区</th><th>规划人口/万人</th><th>居住用地面积/km²</th><th>片 区</th></tr>
<tr><td rowspan="3">1</td><td rowspan="3">众兴街道负责</td><td>1-1</td><td>21.0</td><td>6.44</td><td>中心片区</td></tr>
<tr><td>1-2</td><td>9.0</td><td>2.96</td><td>城西片区</td></tr>
<tr><td>1-3</td><td>5.0</td><td>1.43</td><td>城北片区</td></tr>
<tr><td>2</td><td>城厢街道负责</td><td>2-1</td><td>6.5</td><td>2.58</td><td>城南片区</td></tr>
<tr><td>3</td><td>来安街道负责</td><td>3-1</td><td>8.5</td><td>2.90</td><td>城东片区</td></tr>
<tr><td colspan="3">合 计</td><td>50.0</td><td>16.31</td><td>—</td></tr>
</table>

按控制泗阳县抗震防灾空间格局的京杭运河、泗水河、泗塘河、北环河以及周边的道路和绿化带将泗阳县划分为5个防灾片区，通过防灾资源的配置使其具有各自相对独立的救灾机能，并且通过交通干道有机地联系在一起，实现统一指挥与救灾组织协调。

按行政责任和隶属关系划分的片区，无论从震后的抢险救灾、人员疏散管理、居民生活物资的分发、大震或更大地震情况下的应急救助，以及灾后居民日常生活保障等，都具有较强的可操作性。

泗阳县抗震防灾空间分区如图2-24所示。

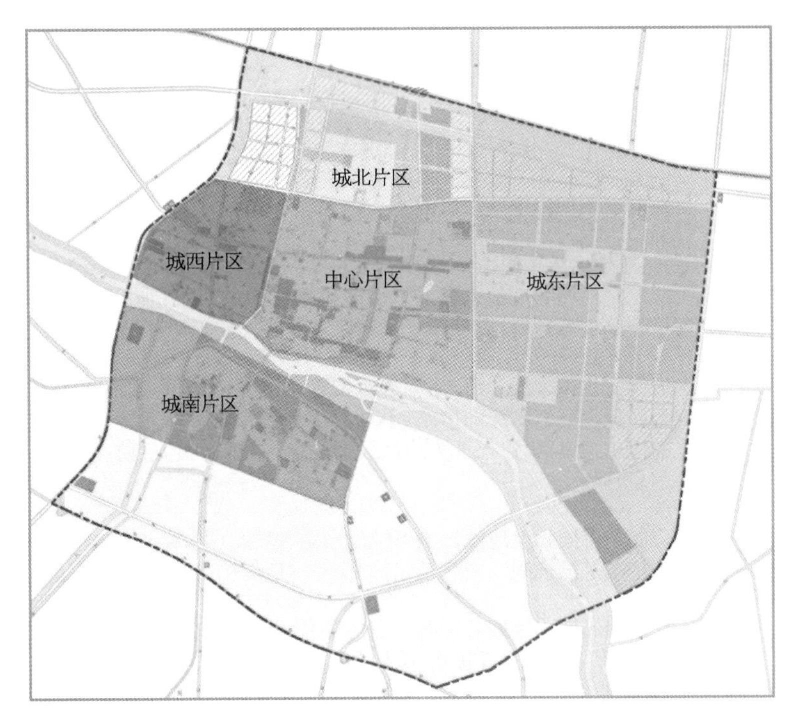

图 2 - 24　抗震防灾空间分区

2.3.3.5　防灾资源布局对策

防灾资源布局对策从三个级别防灾分区的布局出发，结合城市防灾空间及防灾资源的现状，并考虑到城市总体规划的发展方向，对防灾资源进行合理配置，具体对策见表 2 - 5。

表 2 - 5　城市防灾资源布局对策

防灾资源	分　级		
	县(市)(一级)	街道(乡、镇)(二级)	社区(三级)
避震场所	中心疏散场所	固定疏散场所	紧急疏散场所
防灾救援	县(市)政府指挥，本地与外埠救援力量和大型救灾机械的调配	街道(乡、镇)级政府指挥，属地与外埠救援力量调配	社区级管理机构指挥，属地救灾力量的调配
交通保障	以救灾干道为主，保障中心疏散场所道路畅通	以救灾干道、疏散主干道形成的交通网络，保障城市固定疏散场所道路畅通	以疏散主、次干道形成的交通网络，保障居民的安全疏散
医疗卫生保障	保障不同程度地震影响下的紧急医疗对策，与中心疏散场所相对应的医疗保障措施	保障不同程度地震影响下的紧急医疗对策，与固定疏散场所相对应的医疗保障措施等	保障地震发生时的紧急医疗措施，以及医疗救援计划

（续表）

防灾资源	分 级		
	县（市）（一级）	街道（乡、镇）（二级）	社区（三级）
供电保障	应制定不同程度地震影响下为救灾指挥机构、医院、医疗救治点，以及其他重要和关键部门供电保障的规划和应急预案		
供水保障	应制定不同程度地震影响下保障供水能力的对策；水源保护、净化、输送的保障措施和应急预案；以保障受灾居民与外援人员能及时获得清洁、卫生的饮用水		
消防保障	应制定包括天然江河、池塘等水源合理分布的对策；消防车辆和消防机具、灭火药品保持良好状况的措施；不同程度地震影响下的救援能力以及外援需求情况的应急预案等，以保证灾后能及时出警、参加救援，并防止火灾和其他次生灾害的蔓延		
粮食供应保障	应制定不同程度地震影响下粮油来源、运输方案、需求量和供给能力以及外援需求情况等的规划和应急预案，以保障灾后居民能及时得到食品供应		
通信保障	应制定不同程度地震影响下保障通信设备正常工作的预案，以及应急通信预案等，以保障救灾指挥机构、重要和关键部门对外联系畅通		
燃气保障	应制定不同程度地震影响下保障门站设备和管路应急抢修预案等，以保障灾后重要和关键部门以及医疗救护点的燃气需求		
救灾用地保障	城市规划部门、住建部门应制定不同程度地震影响下救灾用地方案，包括修建临时救灾指挥所、临时医院、外援人员临时住所、临时仓库用地；救援机械、物资堆放场地等		

2.3.4 城市用地抗震防灾规划

地震造成建筑的破坏，除震动直接引起结构破坏外，还有场地条件的原因，如地震引起的地表错动与地裂，地基土的不均匀沉陷、滑坡和粉、砂土液化等。因此，选择有利于抗震的建筑场地，是减轻地震引起建筑物、构筑物，以及各类生命线工程灾害的关键。抗震设防区的建筑工程宜选择有利地段，应避开不利地段，不在危险地段进行建设。

选择建筑场地时，应根据工程需要和地震活动情况、工程地质和地震地质的有关资料，对抗震有利、不利和危险地段做出综合评价。对不利地段，应提出避开要求，当无法避开时应采取有效的措施；对危险地段，严禁建造甲、乙类建筑，不应建造丙类建筑。

基于对泗阳县地震地质环境、工程地质、地震地质灾害的分析以及用地抗震类型分区等，对泗阳县规划区范围内的场地适宜性进行了分区（图 2－25），分为适宜、较适宜 S1、较适宜 S2 和不适宜四种。具体划分情况如下：

（1）适宜场地是规划区北部部分场地抗震类别为Ⅱ类场地的地段。可以建设各种结构类型的建筑物和构筑物。

（2）较适宜场地 S1 是除另几种场地外的规划区大多数区域，场地抗震防灾类别为Ⅲ

图2-25 场地适宜性分区

类。原则上适宜建设各类建筑物，对于四层及以下的低矮建筑可采用条形基础，对地面沉降敏感的重要建筑物谨慎采用，且基础形式宜采用筏基或桩基。

(3) 较适宜场地S2是规划区西北部和京杭大运河南部的部分地段，7度地震时可能发生轻微和中等液化。中软土场地，场地抗震防灾类别为Ⅲ类。工程建设时应考虑砂土液化危害，须考虑地基处理方法消除砂土液化的不利影响。建筑的平面布置宜规则、对称且具有良好的整体性，立面与竖向剖面宜规则、侧向刚度宜均匀变化；多层建筑宜采用整体性较好的结构体系，不宜采用底部框架、内框架结构；砌体结构宜适当增设圈梁和构造柱增强上部结构整体性，基础形式宜采用桩基或满堂基础；高层建筑宜采用整体性较好和刚度较大的钢筋混凝土框剪、框筒等结构体系，基础形式宜采用桩基、箱基或满堂基础；重要建筑物不宜采用外形复杂、平立面特别不规则的结构形式。当基础设施管线穿过时，应采用柔性接头等措施防止场地破坏影响。

(4) 不适宜场地是地震时可能发生严重液化的地段以及运河两岸可能发生滑坡、崩塌的地段。这些地段不适宜进行工程建设，应优先用作园林、绿地广场等。确须在河岸和边坡边缘进行建设时，应做到：

① 进行岸坡失稳和崩塌灾害评估。

② 考虑边坡对地震动作用的增大效应，按照有关要求提高地震作用的取值。

③ 需要考虑地震次生水灾的影响，必须满足河道行洪安全及河道两岸、上下游防洪安全的要求。

④ 对于严重液化地段，按照抗震规范的要求采取消除砂土液化的措施。

2.3.5 生命线系统抗震防灾规划

2.3.5.1 供电系统

1）建筑抗震防灾要求

（1）供电系统中新建建筑和已有建筑的抗震设防应符合 2.3.2 小节介绍的抗震防灾基本要求。

（2）对下列新建建筑应按重点设防类（乙类）进行抗震设防：

① 地震时必须维持正常供电的重要电力设施的主厂房、电气综合楼、网控楼、调度通信楼、配电装置楼、烟囱、烟道、碎煤机室、输煤转运站和输煤栈桥、燃油和燃气机组电厂的燃料供应设施。

② 220 kV 及以下枢纽变电所的主控通信楼、配电装置楼、就地继电器室。

（3）对《建筑工程抗震设防分类标准》中特殊设防类、重点设防类的新建供电建筑，建设单位应在初步设计阶段组织专家进行抗震专项论证。

2）户内设备抗震措施与要求

（1）新建发、变电站中的开关柜、配电屏、控制屏、保护屏、动力配电箱、电容器、载波机、微波通信机、交换机、通信电源屏等应使用螺栓或电焊锚固于基础上；采用电焊锚固时，不应采用点焊，当采用分段焊接时，应对焊缝长度进行抗震验算。

（2）基础台上的蓄电池组应设有防止倾倒或掉落的钢护栏，架柜中的蓄电池组应设有防止掉落的挡板等措施，对柜中的蓄电池组应在大于 1/2 蓄电池高度的柜门处设置栏护板；钢栏护架、柜应锚固在地板或楼板上。

（3）泗阳县辖区内所有已建发、变电站中，应对上述设备的抗震措施进行全面检查鉴定，对不符合要求的，应及时采取增设（或加强）锚固、挡板保护等措施。

3）户外设备抗震措施与要求

（1）新建发、变电站中的主变压器、电抗器、消弧线圈等应设置地脚螺栓与基础锚固，或采取其他防止地震时产生位移的措施；户外的隔离开关、断路器、避雷器等细高电瓷设备应选用具有抗震性能好的产品；变压器瓷套与母线桥之间、穿墙套管与母线桥之间应采用软导线过渡；其他电瓷设备之间的连接导线应有比温度垂度大的抗震垂度。

城市配电系统中杆架或基台上的配电变压器应采用螺栓与杆架或基座锚固。

（2）已建供电系统发、变电站中，应对上述设备的抗震措施进行全面检查鉴定，对不符合要求的，应结合设备的维修改造，并根据设备的重要性和加固的难易程度，分期分批采取相应的抗震加固措施，以达到上述新建供电系统中户外设备的抗震要求。

（3）已建供电系统发、变电站中，需要进行检查或采取抗震措施的电气设备如下：

① 主变压器锚固措施，应全面检查发、变电站的主变压器机座与基础预埋件之间的锚固连接情况，对未采用螺栓锚固或焊接锚固的，应及时采取可靠的锚固措施。必要时应进行验算，确保满足抗震要求。

② 变压器瓷套与母线桥之间、穿墙套管与母线桥之间的连接，全面检查发、变电站的母线桥与穿墙套管、母线桥与主变压器瓷套管之间是否有软连接过渡，没有的应及时设置，同时应注意除软导线外，不能在两者之间再增设相互关联的支撑。

③ 电瓷设备之间的抗震垂度，全面检查发、变电站电瓷设备之间的连接导线现状，对不满足抗震垂度要求、连接过紧的应在近期内更换成具有一定抗震垂度的连接导线。

④ 城区配电变压器的锚固措施，泗阳县城区路旁杆架上或基础台上的配电变压器有少数为浮搁在杆架上或基础台上，没有采取螺栓等锚固措施，应在近期内全面检查城市道路两侧杆架上、基础台上的配电变压器的锚固情况，对没有螺栓锚固或锚固不牢固的配电变压器，应及时采取螺栓或焊接的抗震锚固措施，以免地震时发生位移、掉落或倾倒拉断瓷套或掉落摔坏。

4）制定电力系统抗震防灾规划和应急、抢修预案

5）恢复供电优先原则

震后供电系统恢复的优先次序原则宜为：抗震救灾指挥机构→生命线系统→党政军领导机关和政府职能部门→避震疏散场所→食品加工厂、粮库等救灾资源供应部门→民居。优先次序可根据震害状况、用电需求和恢复的难易程度灵活调整。

6）避震疏散场所供电要求

根据避震疏散规划安排，为避震疏散场所配备必要的供电设施，如配电变压器等，并应在中心避震疏散场所和固定疏散场所设置能够独立发电的应急供电设备。

2.3.5.2　交通系统

1）建筑抗震防灾要求

（1）交通系统中新建建筑和已有建筑的抗震设防应符合2.3.2小节介绍的抗震防灾基本要求。

（2）对下列新建建筑应按重点设防类（乙类）进行抗震设防：

① 公路建筑包括高速公路、一级公路、一级汽车客运站、公路监控室、一级长途汽车站客运候车楼。

② 铁路建筑包括高速铁路，客运专线（含城际铁路），客货共线Ⅰ、Ⅱ级干线和货运专线铁路枢纽的行车调度、运转、通信、信号、供电、供水建筑。

（3）对《建筑工程抗震设防分类标准》中特殊设防类、重点设防类的新建交通建筑工程，建设单位应在初步设计阶段组织专家进行抗震专项论证。

2）城市道路宽度要求

城市救灾干道和疏散主干道的有效宽度应符合2.3.2小节所述的要求，对不满足要求的，应结合城市总体规划的旧城改造建设，逐步提高避震疏散道路的宽度和标准。

3）桥梁抗震防灾要求

桥梁的抗震设防应符合 2.3.2 小节所述的要求；其他新建桥梁应按《公路工程抗震规范》或《城市桥梁抗震设计规范》进行抗震设防；对已建桥梁，应进行抗震鉴定，对不满足抗震鉴定要求的，应采取抗震加固措施。

4）设备抗震措施

交通系统中的设备，除了应符合 2.3.2 小节所述配电设备的抗震要求，还应满足下列要求。

（1）新建交通系统中的下列设备应采取锚固措施：

① 城市交通中的行车调度、通信、信号等固定机械设备和电气设备。

② 公路系统中的公路监控设备。

③ 铁路系统中的行车调度、运转、供电、供水等固定机械设备和电气设备。

④ 水运系统中的通信、信号等固定机械设备和电气设备。

（2）已建交通系统中的固定机械设备与电气设备，凡是没有锚固措施的，应结合维修改造，并根据轻重缓急和难易程度，在近期内分期分批完成锚固措施。

5）制定抗震防灾规划和应急、抢修预案

公路、铁路、水运等交通系统管理部门应按照 2.3.2 小节所述的要求，制定本系统的抗震防灾规划和地震应急、抢修预案。

2.3.5.3 供水系统

1）建筑抗震防灾要求

（1）供水系统中新建建筑和已有建筑的抗震设防应符合 2.3.2 小节所述的抗震防灾基本要求。

（2）应按重点设防类（乙类）进行抗震设防的新建建筑有：主要取水站泵房、水质净化处理厂的主要水处理建（构）筑物、水泵房、中控室、化验室。

（3）对《建筑工程抗震设防分类标准》中特殊设防类、重点设防类的新建供水建筑工程和超出现行工程建设标准适用范围的供水工程设施，建设单位应在初步设计阶段组织专家进行抗震专项论证。

2）设备抗震措施

供水系统中的设备，除了应符合 2.3.2 小节所述配电设备的抗震要求外，还应符合下列要求：

（1）新建供水系统设施、电气设备应选用抗震性能好的产品。

（2）水厂地面上的配电变压器应采用螺栓与地面基座锚固。

（3）杆架上的配电变压器应采用螺栓与杆架基座锚固。

（4）备用发电机组、开关柜、配电屏等应设置地脚螺栓并与基础锚固。

（5）蓄电池组应采用钢护栏防止掉落、倒塌的防护措施。

（6）已建供水系统中的上述各类设备，凡是没有采取锚固措施的，应在近期内采用膨胀螺栓完成锚固。

(7) 进行改造的电气设备应选用抗震性能好的产品。

近期内应对已建水厂、取水泵站进行检查,对不符合以上锚固要求的,完善锚固措施;对已建水厂、取水泵站中的固定机械设备和底座也应及时采取螺栓锚固措施,避免地震中位移或倾倒。

3) 供水管网的抗震要求

(1) 供水主干管网应形成环状网络,以适应抗震抢险救灾的需要。

(2) 新建供水系统中的输配水管线应采用抗震性能好的管材(如钢管、球墨铸铁管、PE管等)和接口形式(如柔性接口)。

(3) 已建供水系统的管线,应结合改造更新和日常维修,逐步淘汰抗震性能差的灰口铸铁管,在规划期内达到抗震要求。

(4) 对穿越河道、故河道和易滑坡等抗震不利地段管线,应结合城市建设,逐步采取避让或采取消除抗震不利影响等改造措施。

4) 制定供水系统抗震防灾规划和应急、抢修预案

5) 为避震疏散场所设置供水设施

根据避震疏散规划要求,为避震疏散场所配备供水设施,在中心疏散场所修建应急给水点。

2.3.5.4　燃气系统

1) 建筑抗震防灾要求

(1) 燃气系统中新建建筑和已有建筑的抗震设防应符合2.3.2小节所述抗震防灾基本要求。

(2) 应按重点设防类(乙类)进行抗震设防的新建建筑有:天然气门站中的加压泵房和压缩间、调度楼及相应的超高压和高压调压间等主要建筑。

(3) 对《建筑工程抗震设防分类标准》中特殊设防类、重点设防类的新建燃气系统建筑和超出现行工程建设标准适用范围的燃气工程设施,建设单位应在初步设计阶段组织专家进行抗震专项论证。

2) 设备抗震措施

燃气系统中的设备,除了应符合2.3.2小节所述配电设备的抗震要求外,还应符合下列要求:

(1) 新建燃气门站中的机电设备和其他固定机械设备与底座应设置螺栓锚固措施,避免地震中位移或倾倒。

(2) 已建燃气门站中的机电设备和其他固定机械设备的底座与基础应设置螺栓锚固措施,对不满足要求的,应结合设备的维修改造,两年内采用膨胀螺栓完成锚固。

(3) 已建天然气门站中的储气罐、高压和次高压输配气管道等主要设施,应按重点设防类(乙类)建筑进行抗震鉴定,对不满足抗震鉴定要求的,应采取加固措施。

(4) 燃气系统配电设备三年内应完成的抗震措施包括:

① 检查配电变压器的锚固情况,对杆架上没有锚固或连接不牢固的应采取螺栓锚固。对浮搁在基础台上的应采取螺栓锚固或焊接锚固措施,以免地震时变压器产生位移拉断瓷套管或拉断连接导线。

② 检查配电变压器瓷套与穿墙套管之间是否有可伸缩的软连接,对没有设置的应设置软导线过渡,以免地震时拉断变压器瓷套管或拉断穿墙套管。

③ 检查室内开关柜、控制屏以及其他设备柜与基础(楼板)的锚固情况,应为地脚螺栓锚固。对没有锚固的应采用螺栓锚固;对仅有点焊连接的应采用全焊或分段焊接锚固,当采用分段焊接时应进行地震抗倾覆验算,避免震时设备柜倾覆。

④ 对柜中的蓄电池组应在大于蓄电池高度 1/2 的柜门处设置栏护板。

⑤ 当有自备电源时,检查自备发电设备机座与基础是否有螺栓锚固,检查蓄电池组是否放在钢架护栏中。对没有锚固的发电机组可采取膨胀螺栓锚固措施,对没有护栏的蓄电池组应采用钢架护栏防护措施,且钢架护栏应与地面或楼板锚固。

3) 制定燃气部门抗震防灾规划和应急、抢修预案

4) 建立供气安全监测系统

逐步建立和完善供气安全监测系统,以便地震时能够进行自动紧急处置,提高储配气站和管线系统的可靠度。

2.3.6 城区建筑抗震防灾规划

2.3.6.1 新建建筑抗震设防要求与管理

1) 新建建筑抗震防灾要求

新建建筑除应符合 2.3.2 小节所述的抗震要求外,还应符合下列要求:

(1) 避难建筑的抗震设防,应符合《防灾避难场所设计规范》的规定。

(2) 采用新结构、新技术和新材料的建筑应符合抗震性能要求,建设行政主管部门应按有关规定对其进行抗震性能鉴定和专项审查,并且应经过建设行政主管部门认可后方可使用。

(3) 城区内重要建筑的抗震设防类别,应按照《建筑工程抗震设防分类标准》确定。

2) 新建建筑的抗震设防审查与管理

新建建筑的抗震设防审查与管理除应符合 2.3.2 小节所述的抗震要求外,还应符合下列要求:

(1) 所有新建建筑都必须进行抗震设防。

(2) 所有建筑工程项目的设计文件(包括文字说明和图件)应明确抗震设防内容,包括设计依据、设防标准。

(3) 泗阳县建设行政主管部门负责重要工程的审查与管理;各级建设行政主管部门应加强对工程建设抗震问题的监督、检查;有关建筑工程抗震设防、抗震设计方案审查、论证会等,工程项目主管部门应通知建设行政主管部门参加。

(4) 施工单位应严格保证建设项目的抗震施工质量，各级质量监督部门对所在地和所属建设工程抗震构造的施工质量进行监督、检查，对不符合抗震要求的工程应令其修补、返工、停工，直至追究责任及经济赔偿。

(5) 建设项目主管部门对重要工程组织竣工验收时，应邀请抗震管理部门参加。

(6) 新建工程如不符合抗震要求，应追究建设、设计、施工、监理等有关单位和个人的责任。

(7) 进行工程技术人员培训，以提高抗震知识水平和执行有关抗震设计、施工规定的自觉性；本规划实施期间，由县建设行政主管部门与有关部门定期举行培训班，参加对象为各设计、施工与监理部门的技术人员和有关单位的工程管理人员。

2.3.6.2　现有建筑抗震鉴定与加固

1) 需要进行抗震鉴定的现有建筑

(1) 抗震设计采用的设防烈度符合现行地震动参数区划图要求，但抗震设防类别提高的建筑。

(2) 抗震设防类别不变，但采用《建筑抗震设计规范》(GB 50011—2001)及以前版本进行抗震设计的重要建筑。

(3) 抗震设防类别和设防烈度在原设计基础上同时需要提高的建筑。

(4) 接近或超过设计使用年限，但仍需要继续使用的建筑。

(5) 需要改变用途和使用环境，改建、扩建或加建的建筑。

(6) 规划区造价低、年代久的居民自建低层建筑。

以上6项所涉及的建筑，可根据建造年代、结构类型等归纳后抽样进行抗震鉴定。

2) 现有建筑抗震鉴定与加固的优先顺序原则

建筑抗震鉴定与加固应本着先重点、后一般，先震后破坏影响大、后破坏影响小的原则，按照《建筑工程抗震设防分类标准》确定的设防类别，采取下列优先顺序进行加固。

(1) 特殊设防类建筑，即甲类建筑。

(2) 重点设防类建筑，即乙类建筑。

(3) 未按照规范进行抗震设计和建造且规划期内未列入拆除计划的标准设防类建筑，即丙类建筑。

(4) 其他丙类建筑。

3) 现有建筑抗震加固的技术要求

现有建筑的抗震鉴定与加固，应按照现行国家标准《建筑抗震鉴定标准》和行业标准《建筑抗震加固技术规程》(JGJ116—2009)进行。

根据城市规划与发展要求，并结合业主需求，合理选择建筑的后续使用年限，以确定抗震鉴定与加固的设防目标。

综合考虑现有建筑的重要性和使用要求，按照现行国家标准《建筑工程抗震设防分类标准》确定其设防类别，作为抗震鉴定时抗震措施核查和抗震验算的分类依据：

(1) 甲类建筑，应经专门研究按不低于乙类的要求核查其抗震措施，抗震验算应按8

度(比本地区设防烈度提高1度)的要求采用。

(2) 乙类建筑,应按8度(比本地区设防烈度提高1度)核查其抗震措施;抗震验算应按不低于7度(0.10 g)(本地区设防烈度)第三组的要求采用。

(3) 丙类建筑,应按7度(0.10 g)(本地区设防烈度)第三组的要求核查其抗震措施并进行抗震验算。

文物保护建筑和行业有特殊要求的建筑,其抗震鉴定与加固应按相关专业规定进行。

4) 村镇建筑抗震防灾建设导引

(1) 执行村镇建设抗震相关标准,并逐步将村镇建筑抗震设防管理纳入建设系统的管理工作范围。加强抗震防灾宣传工作,普及防震知识,提高村镇居民对地震危害和工程建设抗震防灾必要性的认识。

(2) 村镇中的村委会、卫生室、幼儿园、中小学、养老院、服务站等公共建筑、集中安置住房、乡镇企业建筑、生命线工程建筑等,应按《建筑抗震设防分类标准》和《建筑抗震设计规范》进行抗震设防。

(3) 做好村镇房屋建造、加固的技术服务工作。编制适合本地区的村镇住宅抗震设计图集和施工技术指南,提供给有建房需求的农户;在村镇住宅建设中推广具有良好抗震性能的结构形式,鼓励、引导居民建设符合抗震要求的住宅,推广使用现行行业标准《镇(乡)村建筑抗震技术规程》。

(4) 通过示范工程建设,稳步推进泗阳县村镇抗震安居工作,全面提升村镇建筑抗震防灾水平。

(5) 适时开展既有村镇房屋的抗震性能普查工作,全面了解村镇房屋建设和抗震设防情况,对不符合抗震要求的房屋提出加固改造建议,并制订计划,配合地震易发区房屋设施抗震加固工程的开展,逐步实施加固改造,提升既有村镇房屋的抗震防灾能力。

2.3.7 地震次生灾害防御规划

1) 次生灾害源点的抗震设防

除了山体崩塌、滑坡等地质灾害外,制造、加工、储存易燃、易爆、毒品、细菌、放射性原料等次生灾害源点大多有建筑、配电设备以及盛装危险物品的容器等。因此,本规划除了要求不满足抗震要求的建筑须进行抗震加固外,还要求对次生灾害源点中的配电设备、非移动的机电与加工设备也应采取抗震锚固措施。对倾倒、碎裂后易产生燃烧、爆炸、溢毒、放射性污染、生物污染、化学污染等盛装危险物品的容器应设置防止倾倒护栏,对放置容器的架柜应有防倾倒的锚固措施,对碰撞易碎的脆性容器应设置防碰撞措施。

2) 次生灾害源点的防御规划

地震次生灾害源点种类繁多,危险品制造工艺、加工方法、储存方式等都有各自的要求,且成灾机制也各不相同,因此,要求次生灾害源点的隶属部门和单位制定自己的抗震防灾规划和应急、抢险预案。防御规划中应特别注意在大震(8度)、超大震(9度)情况下实现防御目标的对策措施，当所采取的对策措施不能或难以达到防御目标要求时，建议外迁。

3）次生灾害防御的管理对策

次生灾害防御管理主要包括制度管理规定、管理体制、管理制度以及管理方案中的对策和行之有效的措施等。这里就这几方面以及加强减轻地震次生灾害知识的宣传和普及教育工作提出了次生灾害防御的管理对策。

减轻地震次生灾害知识的宣传和普及教育是提高广大人民群众应对地震次生灾害能力的重要对策。应采取各种方式进行地震次生灾害种类、产生原因、破坏性及预防、扑救方法的宣传，做到家喻户晓。对专业、企业及群众性的消防组织成员和消防重点单位、要害部门的职工要重点教育，开班设课，进行必要的训练、演习。通过宣传教育，使各级组织，特别是大厂、大库的群众知道平时和地震时应该做什么和如何做。

4）次生灾害防御的技术对策

次生灾害防御的管理对策强调的是次生灾害防御的宏观控制、总体把握所需要的管理规定、管理制度、管理方案等，不考虑具体次生灾害种类的某个具体措施。次生灾害防御的技术对策则是对某种有可能产生次生灾害情况的具体防御措施或方法。技术对策与管理对策两者相辅相成，互为补充，形成次生灾害防御的完整对策。本小节仅列举一些常见的、大多是地震实践中出现过的震害现象的防御措施，并不能涵盖泗阳县所有可能引起次生灾害因素的防御措施，各次生灾害源点应针对本身危险源的地震成灾特点，制定相应的技术防御对策与措施。

2.3.8 避震疏散规划

2.3.8.1 避震疏散场所

1）避震疏散场所设置要求

（1）避震疏散场所应根据城市人口现状与发展规模设置，场地的数量和容量须满足震时规划区内人员疏散的需要，合理分布，使人员总出行用时最短或总出行路程最短。通常按紧急避震疏散场所、固定避震疏散场所和中心避震疏散场所三个层次进行规划安排和建设。

（2）当人口密度大、疏散人口数量超过固定疏散场所的容纳量或疏散距离过远时，应结合城市改造增加已有疏散场所的面积，或规划新建符合疏散要求的场地。

（3）根据人口分布情况，在城区选择大型体育场馆、影剧院、会展馆等公共建筑和幼儿园、中小学教室等作为避难建筑。

（4）避震疏散场所应有明显标志。

2）避震疏散场所安全要求

规划区内新建避震疏散场所时，应保证避震疏散场所及其周边疏散道路的安全，并符合下列要求：

（1）避震疏散场所应避开发震断裂区、易滑坡地区，以及地震次生灾害（特别是火灾）

源点附近地区。当无法避开时，应采取有效的保障和防护措施。

(2) 避震疏散场所宜选择地势平坦、开阔且不会被地震次生水灾(河岸溃堤)淹没的地段；还应避开低洼地以及沟渠和水塘较多的地带。

(3) 避震疏散场所应远离易燃易爆物品生产工厂与仓库、高压输电线路及抗震能力差的建筑物；有便利的交通环境、较好的生命线供应保证能力以及必需的配套设施；配备必要的消防设施、消防通道；安排应对突发次生灾害的应急撤退路线，筹划安排一定数量的救助设施，具备及时治疗与转移伤病人员的能力；与次生火灾危险源点之间应设置防火隔离带。

(4) 应保障避震疏散场所各种工程设施的抗震安全。

3) 紧急避难场所

紧急避震疏散场所是指在居民区、商业区等人员聚集区附近设置的避震疏散场所，可用于震时就近紧急疏散。

在城市建成区，可选择能满足抗震要求或经过简单改造就能满足要求的场所作为紧急避震疏散场所，具体可由相关主管部门统一安排，指导各区、街道完成。对于新建城区，应在分区规划、控制性规划或详细规划中按照本规划要求做出安排。各区、街道办事处及社区共同确定本区各居民点的疏散方向和疏散道路，原则上要求快捷、安全、不堵塞路段，能顺利达到疏散地点。

(1) 居住区：紧急避难可利用的资源主要包括中小学、公共绿地、体育活动场地等公共设施。

(2) 工业区：紧急避难可利用的资源主要包括公共绿地、停车场、综合车场及职业教育学校等。

(3) 商业区、办公区：紧急避难可利用的资源主要包括公共绿地、停车场、广场等。此外，商业、办公区一般面积不大，且多为商住混合区域，周边为居住功能配置的学校(操场)、体育活动场地也可以作为紧急避难场地。

4) 固定避难场所

固定避震疏散场所可由政府统一管理，是震灾时灾民较长时间避难和进行集中性救援的重要场所。应优先采用防灾公园、避难建筑、学校、广场等作为固定避震疏散场所。

通过对泗阳县规划区内公园、广场和上述空旷场地的调查，并与绿地规划相协调，按照防灾分区划分情况对泗阳县疏散场所需求进行分析，并提出设置要求，见表 2-6。

表 2-6　固定避震疏散场地的设置要求

项　目	技术评价指标	备　　注
类型	面积较大、人员容置较多的公园、广场、操场、体育场、停车场、空地、绿化隔离带等，其内可搭建临时建筑或帐篷，供灾民较长时间避震和进行集中性救援的重要场所	大多数是地震灾害发生后用作中长期避灾的场所

（续表）

项　目	技术评价指标	备　　注
交通设施	救灾道路宽度≥15 m；在不同方向应至少有两个进口与两个出口，便于人员与车辆进出，且人员进出口与车辆进出口宜分开；进出口应方便残疾人、老年人和车辆的进出	应保证救灾道路宽度，合理设置出入口，以便运输、消防等救灾车辆的顺畅进出和人员转移
服务范围	服务半径 2～3 km，步行 1 h 之内可以到达	考虑避灾人员的转移能力和人员的流动需要
规模	不小于 1 万 m^2，宜选择短边 300 m 以上、面积 10 万 m^2 以上的区域	可以利用部分场地进行物资运送、储存以及满足联络、医疗、救援的需要
避灾面积要求	一般不小于 2 m^2/人	满足避灾人员的避难生活空间需求
防火带	与周围易燃建筑物或其他可能发生的火源之间设置 30～120 m 的防火隔离带	考虑潜在火灾的影响规模；应有水流、水池、湖泊和确保水源供应的消防栓；临时建筑物和帐篷之间留有防火和消防通道；严格控制避震疏散场所内的火源
基础设施要求	提供灾民栖身场所，配置生活用水、排污设施、医疗设施、生活必需品与药品储备库、消防设施、应急通信与广播、临时发电与照明设备等，并具有畅通的交通环境	满足避灾人员的长期生活需求，发挥避灾场所的救援功能，满足各种防灾要求；场所内的栖身场所能够防寒、防风、防雨雪，并具备最基本的生活空间；物资储备库应当确保避震疏散场所内居民 3 天或更长时间的饮用水、食品和其他生活必需品以及适量的衣物、药品等
其他	地形较平坦（坡度不大于 30°）、地势较高、有利于排水、空气流通；附近无具有危险性的次生灾害源点	考虑其他防灾要求

根据规划期末泗阳县规划区人口规模和各防灾分区在大震时的疏散人数需求，对泗阳县避震疏散场所进行规划布局，如图 2－26 所示。

5）中心避难场所

中心避震疏散场所是有效疏散面积达到一定规模要求、人员容置大、交通便利、通信畅通、救灾配套设施完备的固定避震疏散场所，有效避震疏散用地规模不宜小于 20 hm^2（1 hm＝100 m）左右，与场所相连的救灾主干道宽度不宜低于 15 m，这对全县的抗震救灾工作至关重要。本规划将奥林匹克生态公园和泗阳县体育中心设置为中心避震疏散场所。

2.3.8.2　救灾与疏散道路

1）城市救灾干道

城市救灾干道主要是考虑到在大震或超大震影响下，仅靠本地救灾力量不足以应对

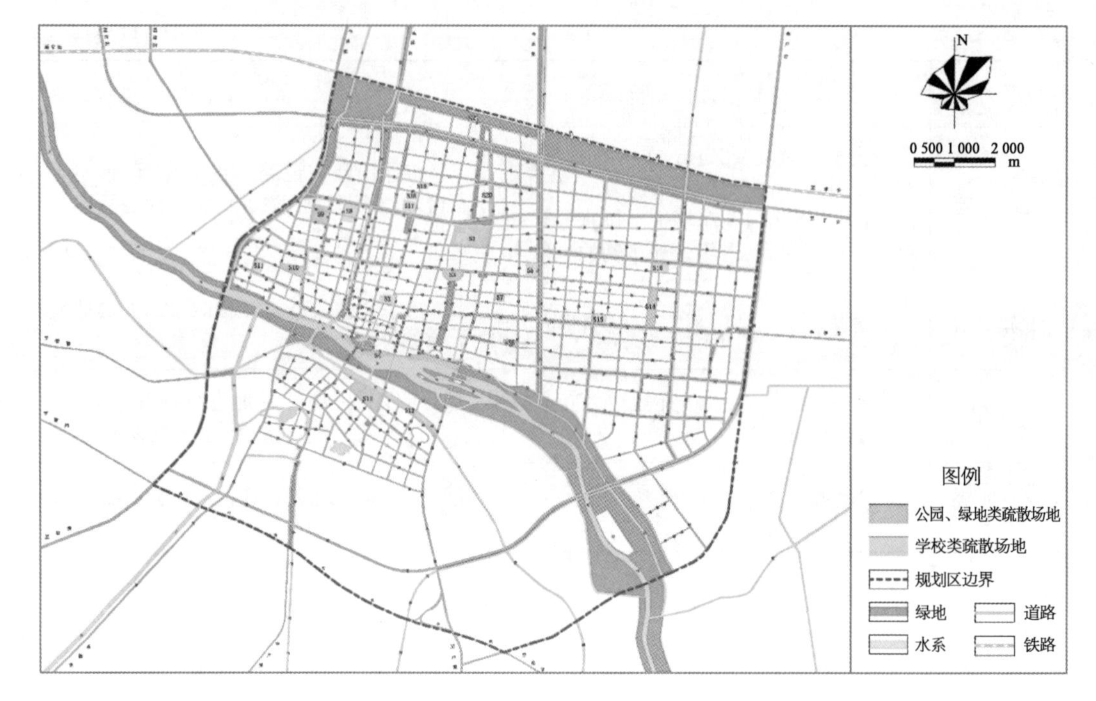

图 2-26 避震疏散场所布局

如此大规模震害，如被压埋人员的搜救、伤员的救治，供电、供水、通信、食物供应等严重不足，需要外部救灾力量的支援，因此保障城市救灾干道通畅是抗震救灾能否顺利进行的关键因素。

2）疏散主次干道

泗阳城区道路主次干路系统整体呈方格网布局，规划形成“十横、十一纵”的路网结构。规划的路网空间分布均匀、合理。主路之间的间隔：横向平均为 1.3 km，纵向平均为 1.0 km。这对震后抗震救灾和人员避难疏散有利。

根据泗阳县路网现状情况和规划路网，对泗阳县救灾与疏散道路进行规划，如图 2-27所示。

2.4 城市洪涝动态模拟分析——广东省佛山市

2.4.1 案例区域概况

2.4.1.1 区域简介

广东省佛山市地处珠江三角洲腹地，西、北两江汇合之处，其中心城区具有典型的珠江三角洲地区城市的特点，区内河流纵横，约 80 km^2 的范围内分布的内河涌超过 60 条（图 2-28），有潭洲水道、平洲水道、顺德水道、吉利河、佛山水道等河网流经。该区域气候属亚热带季风性湿润气候，雨量充足。多年平均降雨量 1 614.2 mm，24 h 最大降雨量

图 2－27　救灾与疏散道路规划

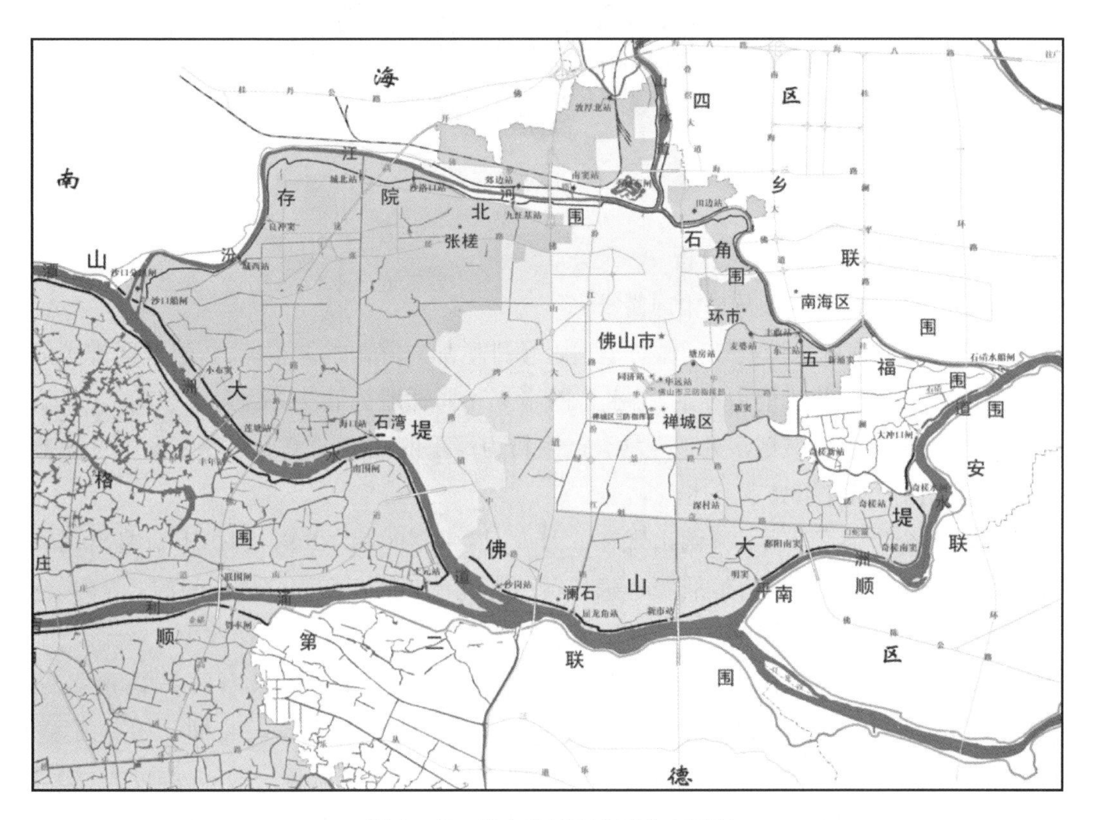

图 2－28　佛山市城区水系分布示意

279.8 mm(1999 年 8 月 23 日),雨量集中在汛期(4—10 月),占年降雨量的 80%以上。其中,前汛期(4—6 月)多为锋面暴雨,持续时间长,影响范围广;后汛期(7—10 月)主要是台风带来的暴雨,容易发生当年最大的超均值洪峰或出现台风暴雨形成的洪涝灾害。据佛山气象台从 1961—2009 年共 49 年的气象资料记录,对禅城区造成影响的台风达 94 次,其中最早一次影响的初台出现在 4 月,末台一般为 11 月的中下旬。

佛山市城区目前已形成了由地下排水管网、内河涌、调蓄湖、水闸和泵站等组成的排涝系统。地下排水系统分 5 个片区(图 2-29):城西片、城南片、沙岗片、石角片和石肯片。按照 2007 年的《佛山市排涝规划》,该区域在 2015 年达到二十年一遇 24 h 暴雨一天排完的标准。

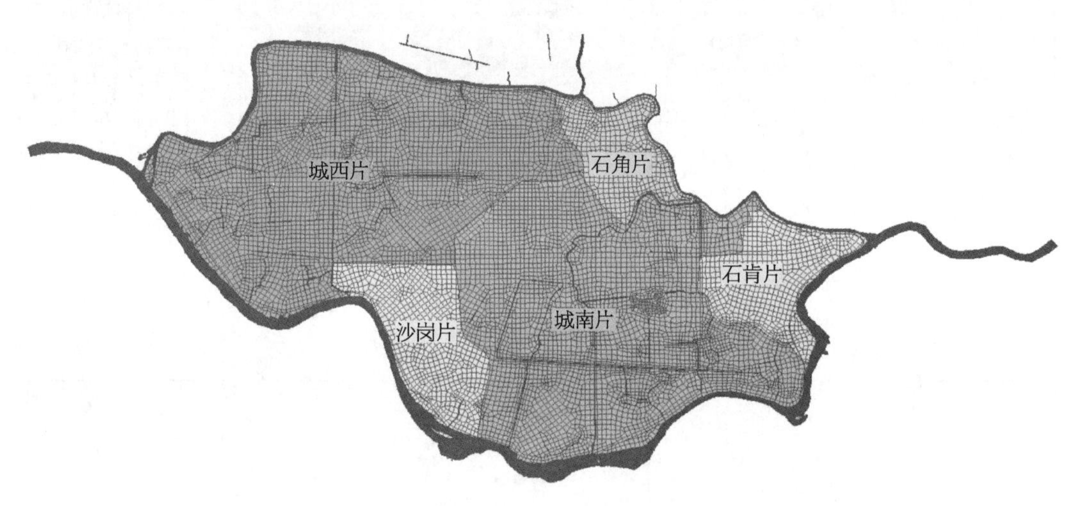

图 2-29　排水分区分布

2.4.1.2　暴雨内涝成因分析

1) 已发生的比较典型的暴雨内涝灾害

虽然密布的河网水域使该区域可以通过预排增加对降雨的调蓄能力,但城区排涝仍受到河涌淤塞、泵站排涝能力不足、排水管网堵塞和局部地势低洼等因素的影响,尤其是在局地强降雨发生时,城区多处地点均会产生较为严重的水浸。2005 年以来发生过的比较典型的暴雨内涝灾害如下所述。

2005 年全年强度最大的降雨出现在 6 月 5 日,由零时起 4 h 内,佛山市普遍出现暴雨,局部大暴雨。据气象自动站记录,悬挂黄色—红色—黑色暴雨信号期间的 3 h 内,全市 51 个雨量站自动站中,20 个站记录均大于 50 mm,其中有 9 个站降雨在 100 mm 以上。禅城区的自动站 24 h 内的降雨量均在 114 mm 以上,最大记录石湾镇街道办达 176.7 mm。此次强降雨主要集中在禅城区和南海区,两地在 6 月 4 日夜间开始降雨,两区的排水泵站均在 6 月 4 日入夜前已开泵预排。然而,这场强降雨历时短、强度大、雨量集中,其降雨量超过城市现有排涝能力,致使两区的局部地点出现严重受浸的情况。根据佛山市三防指挥部统计，受此次特大暴雨影响，全市受灾人口 1.4 万人，农作物受浸 5.03 万亩（1 亩＝666.67 m^2），鱼塘受浸 1.1 万亩，厂房受浸 24.5 万 m^2，民房受浸 3 270 间，商铺受浸 44.5 万 m^2，造成经济损失 1.79 亿元。

2006 年 8 月 3—4 日，受台风“派比安”影响，南庄镇降水 180 mm，市区 8 个雨量监测站降水量超过 106 mm，造成 568 户居民房屋、278 个车库受浸，900 亩农田、15 000 亩鱼塘受灾，直接经济损失 5 800 万元，汾江路、季华路、同济路、建新路、燎原路等一片老城区受浸。

2007 年 9 月 2 日 2 时至 8 时总降雨量超 50 mm，其中总降雨量最大是张槎街道和祖庙街道，分别为 133.2 mm 和 90 mm。由于降雨强度大、时间集中，造成全区多处位置受浸。其中，石湾镇街道华艺装饰市场、潘村潘一村北工业区、雾岗路、镇中路一带，水深达 0.4～0.6 m；张槎街道莲塘、上朗、下郎、大江、张槎、大沙、弼唐、青柯、海口村委会工业区厂房受到不同程度水浸。人民西路下沉隧道因排水系统故障受浸，路面平均水深达 0.2～0.3 m，造成交通一度受阻；南庄镇罗格围溶洲村委会、上元村委会的部分位置亦受到不同程度水浸。据统计，全区共受浸鱼塘约 220 亩，受浸菜地 225 亩，受浸厂房约 112 206 m^2，受浸房屋 183 间，直接经济损失共约 782 万元。

2008 年 6 月 25 日 8 时至 26 日 8 时总降雨量超 120 mm，其中总降雨量最大是张槎街道，为 179.2 mm。石湾镇街道鄱阳村委工业区厂房，沙岗镇中路、置地市场、永利坚市场，潘村工业区，奇槎、红星、新基工业区厂房受到不同程度水浸，水深达 0.4～1.1 m；祖庙街道东升格沙村、市东居委会部分房屋受到不同程度水浸，水深达 0.2～0.6 m；张槎街道青柯工业区厂房受到不同程度水浸，水深达 0.1 m；南庄镇溶洲、桥头村委会的部分菜地亦受到不同程度水浸。据统计，全区共受浸鱼塘约 20 亩，受浸厂房约 12.5 万 m^2，受浸房屋 40 间，直接经济损失共约 66 万元。

2009 年 5 月 23 日 23 时至 24 日 23 时，区内有 4 个自动站录得总降雨量超 100 mm，其中总降雨量最大是张槎街道，为 113.2 mm，但受浸地点的内涝情况均在暴雨后 1～2 h 消失。石湾镇街道的深村平东村受浸房屋 6 户；张槎街道的莲塘、大富、海口村委会部分厂房、房屋受到不同程度水浸；祖庙街道东升村（旧村）受浸房屋 50 户，敦厚村东区、北区受浸房屋 13 户，受浸仓库 1 000 m^2，朝东大豆村受浸房屋 2 户。

2014 年 3 月 29 日 8 时到 31 日 8 时，受强雷雨云团影响，佛山市持续出现强降雨，累积雨量普遍在 100～274 mm，最大累积雨量是三水芦苞 274 mm。3 月 31 日 5 时 50 分到 7 时 50 分三水大塘、芦苞出现 10 级阵风，其余各区出现 9 级阵风。受雷雨大风影响，部分镇（街道）出现树木折断、厂房倒塌、广告牌受损等情况。截至 3 月 31 日 10 时，各区出现水浸街 25 处。全区树木折断倒伏近 400 棵，房间受损 20 间，简易厂房不同程度受损约 63 000 m^2，车辆受损 10 台，累计发生 10 kV 线路停电 47 回，共投入 270 人、55 辆车辆抢修线路。

2）内涝成因的突出表现

根据近年来佛山市城区的典型暴雨内涝灾害调查资料分析，其内涝成因除气候变化大背景下我国城市水患频发外，还突出表现在以下几方面：

(1) 河涌淤塞。随着经济的发展，土地开发利用的加大，原有的内河涌网遭受部分破坏；部分由明渠变为暗涵，且发生河涌淤塞；村民建房侵占，工程遗留淤泥什物没有得到清挖，使河涌河床底逐渐抬高而严重影响排涝畅顺。

(2) 排水系统不完善。部分区域的排水系统存在进水口偏小或与主干管网未接通的现象，同时还存在排水系统被树根或淤泥堵塞的情况，致使排水不畅。

(3) 设备故障或老化。区域内有相当一部分排涝站运行数十年，原有设备老化而没能得到更新，致使运行标准比设计标准低。当暴雨期间遭遇故障无法运行时，会进一步加重内涝，如 2011 年 7 月 11 日，雷击变压器跳闸，使九江基泵站没有电，设备停止运行，故青柯涌的水位升高，沿线均受到影响，无法排水。

(4) 路面下沉或地势低洼。如南善里、大江沙步新村、历田工业区、荔枝基新村等均为地势低洼区域，又无排水管线或排涝泵站分布，每逢暴雨极易发生内涝。部分区域因路面下沉，致使原有进水口高出路面，难以正常排水，从而形成积水。

2.4.1.3 暴雨洪水实时监测预报现状

为提升防御暴雨内涝的能力，佛山市在暴雨内涝监测预警方面做了很多有益的尝试。截至 2018 年，佛山水文分局在中心城区 80 km^2 内建立了 10 个位于外围河道、内河涌、闸门、泵站等处的实时水位站，18 个降雨监测站和 23 个内涝积水监测站(图 2-30、图 2-31)。同时，还接入了广东省气象局研发的雷达测雨定量降水预报数据，每隔 6 min 预报一次区域 1 km×1 km 格网在未来 3 h 内的每小时雨量。通过先进的实测和预报技术全面感知和掌握城市内涝有关信息。

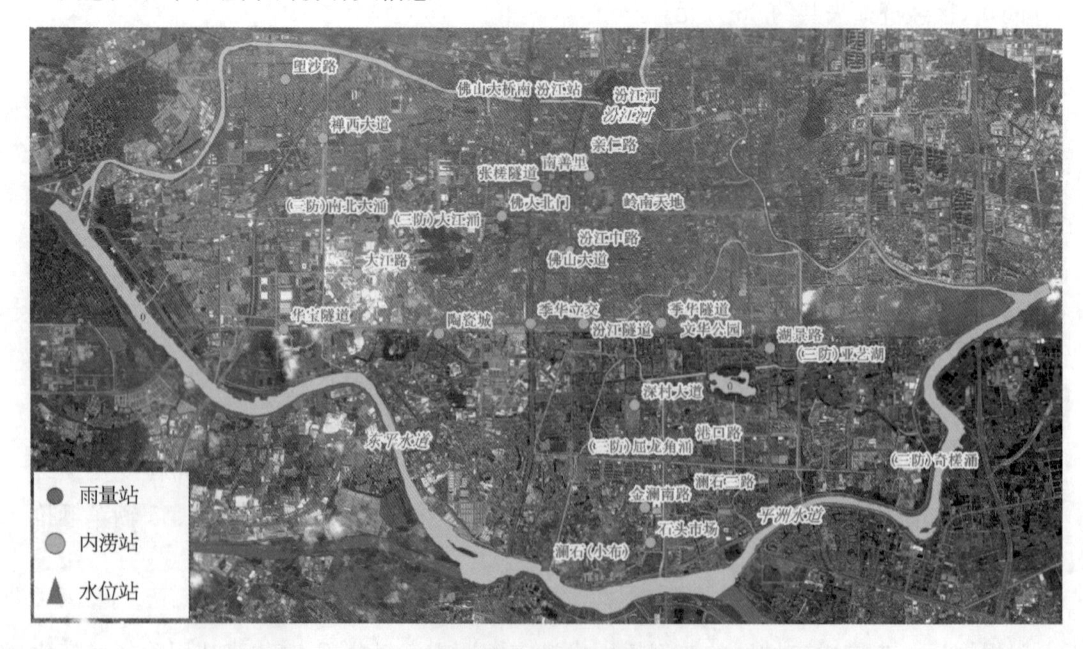

图 2-30 佛山市城区监测站点分布(数据源自佛山水文分局)

图 2－31　佛山市城区水文监测站实例(源自佛山水文分局)

2.4.2　佛山市城区内涝模型

2.4.2.1　模型的建立

佛山市城区内涝模型的建模范围以城区外围的潭洲水道、平洲水道和汾江河为界，潭洲水道上游至紫洞水文站，平洲水道下游至五斗水文站，总面积 80.7 km^2，模型的建立过程如下所述。

1）模型数据前处理

（1）网格划分。

利用 GIS 软件工具，基于水系、主干道路、堤防等图层，将整个研究区域划分为不规则网格 10 366 个(图 2－32)。其中，外江河道型网格 923 个，网格平均面积 7 782.8 m^2(约为

图 2－32　模型网格分布

88 m×88 m)，并为每个网格赋高程、面积修正率、糙率等属性。网格高程值由数字高程模型(digital elevation model, DEM)数据提取，网格面积修正率根据分析区域内的居民地分布提取，糙率按规范和经验值赋初值。

(2) 特殊通道处理。

城区内道路和宽度较小的内河河道作为特殊型通道进行模拟，堤防作为阻水通道处理，模型的通道分布如图 2－33 所示，特殊型道路通道共 1 995 条，特殊型河道通道 1 132 条。道路通道的路面高程由 DEM 数据提取，宽度属性根据路网双线矢量图层获得。特殊河道的底高程、左右堤高和宽度以及外江堤防高程根据收集的断面资料提取。

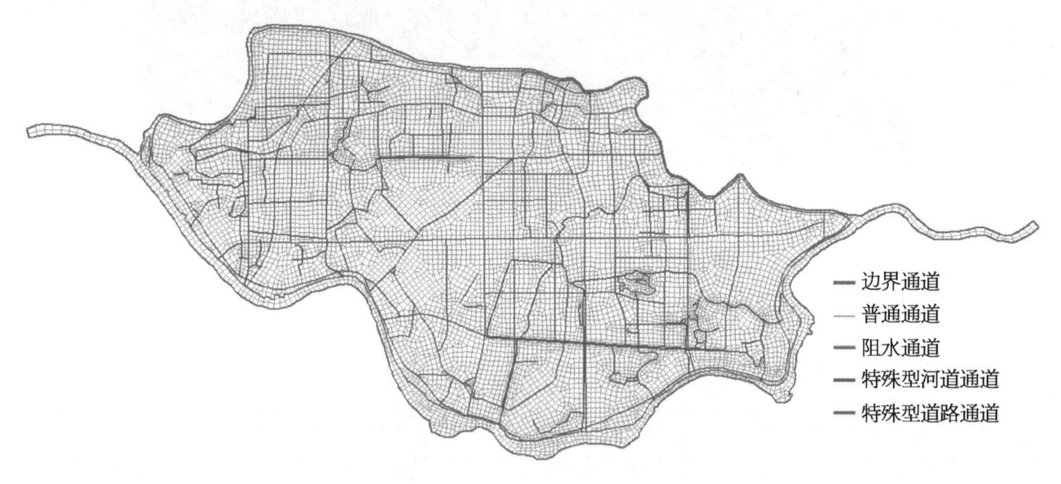

图 2－33 模型的通道分布

(3) 排水系统处理。

排水系统处理包括排水分区处理和排水管网参数提取两部分。研究区域内共有 5 个排水分区(图 2－29)，根据排水分区位置分布图和收集到的设计排水能力资料，可确定每个排水分区的径流系数、排水能力、所包含的网格和特殊道路通道。

根据排水管网的分布图和详细设计资料可提取网格的管道相关参数，包括排水类型(有 3 类：① 含管道型网格，含入水口；② 含管道型网格，不含入水口；③ 不含管道型网格)、总体积、总长度、平均管径、平均底高、平均底坡、是否含出水口、相邻的网格编号、排入网格号和排入通道号。

(4) 防洪排涝工程。

模型中考虑的防洪排涝工程包括堤防、闸门和排水泵站。外江堤防高程根据收集的河道断面资料赋值，内河涌由于两岸基本与地面持平，因此基本按两岸网格高程取值。

计算范围内考虑的闸门共计 18 座，闸门分布如图 2－34 所示。根据收集到的资料可以确定各座闸门的设计最大排水流量、闸孔宽、闸底高及其在模型中的通道号、闸下游节点号等。

计算范围内考虑的排涝泵站共计 22 座，泵站分布如图 2－35 所示，根据收集的资料可以确定各泵站的开泵水位、现状排水能力、类型、起排和止排水位及其在模型中的节点号等信息。

图 2－34　闸门分布

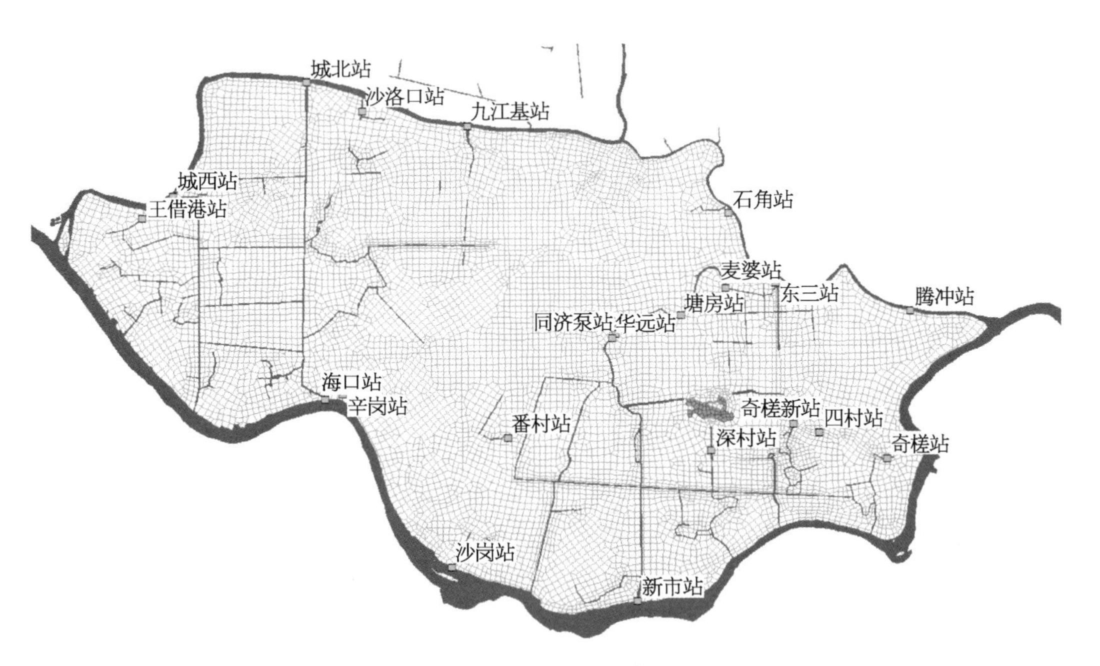

图 2－35　泵站分布

2）模型边界条件

模型的边界条件包括上游入口边界条件和下游出口边界条件。由于本次研究区域中的外江河道属于感潮河段，水文测站均为水位或潮位站，无实测和设计流量资料，因此模型入口和出口边界均采用水位过程。模型上游入口选择紫洞水文站所在断面，下游出口选择五斗水文站所在断面，如图 2-36 所示。

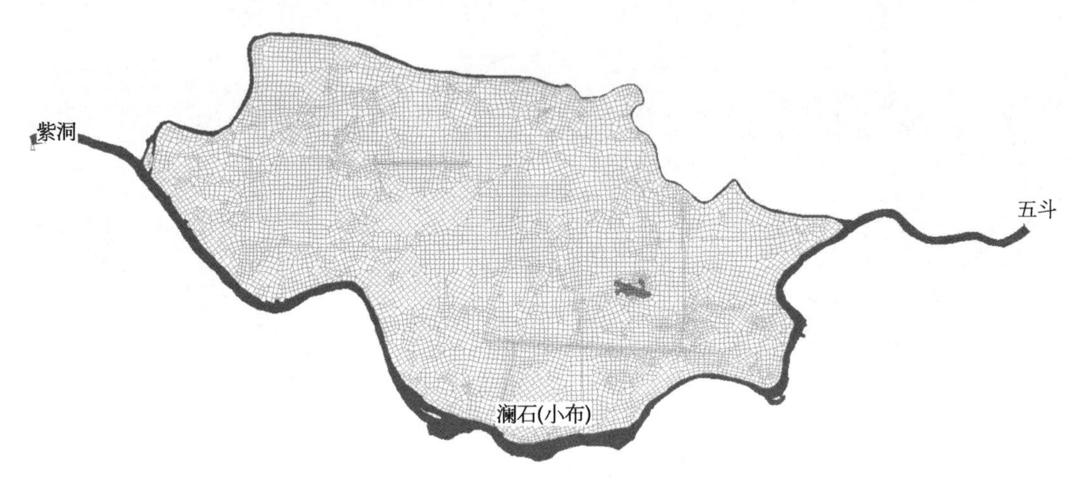

图 2-36　模型外江入口和出口边界

模型中各时刻外江网格水位根据紫洞站和五斗站的已知水位自动地按河道沿程距离线性插值。采用历史典型暴雨期间澜石(小布)水文站实测水位过程与插值计算的水位过程对比，结果表明，插值计算的方法基本可以反映一场暴雨过程中外江水位的变化(图 2-37～图 2-39)。

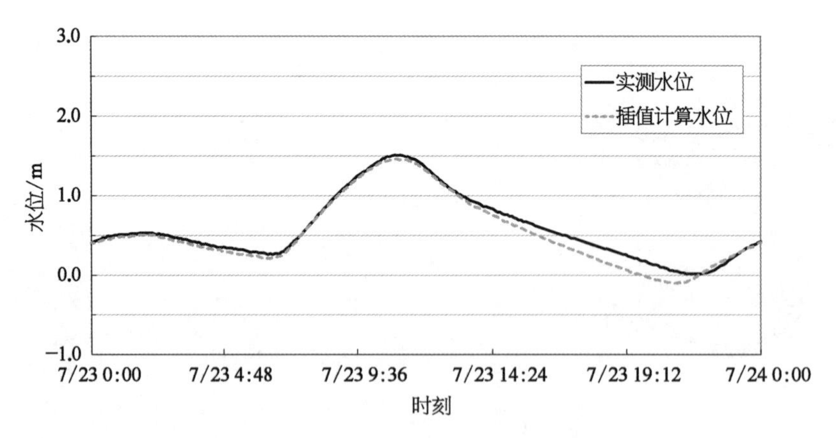

图 2-37　“2010-07-23”暴雨澜石站水位过程

3）模型计算的初始条件

模型计算的初始条件包括外江、内河涌和湖泊初始水位以及排水管网中的初始水深。处理方法分别如下：

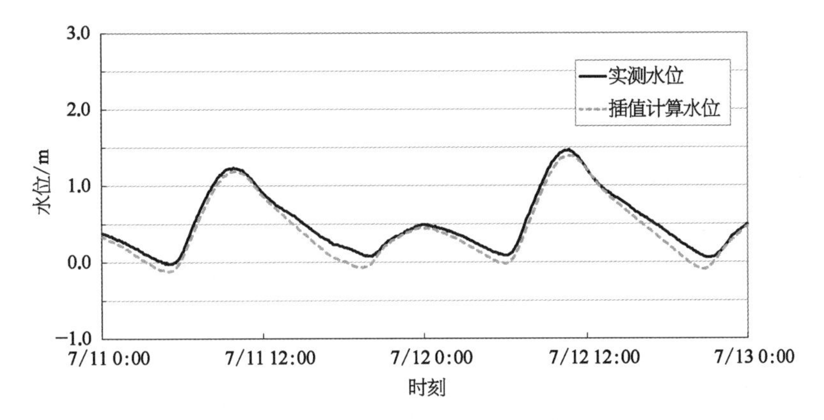

图 2-38　“2011-07-11”暴雨澜石站水位过程

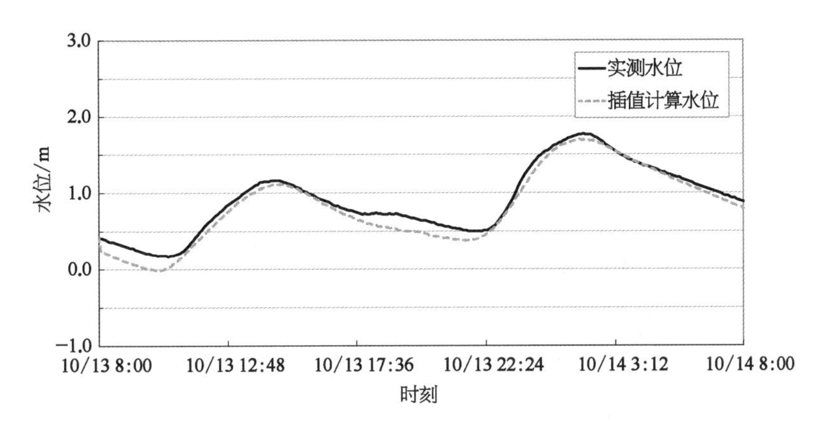

图 2-39　“2011-10-13”暴雨澜石站水位过程

(1) 外江初始水位。

根据紫洞、澜石、五斗等水位站在计算初始时刻的已知水位沿河道线性插值，如图 2-40 所示。

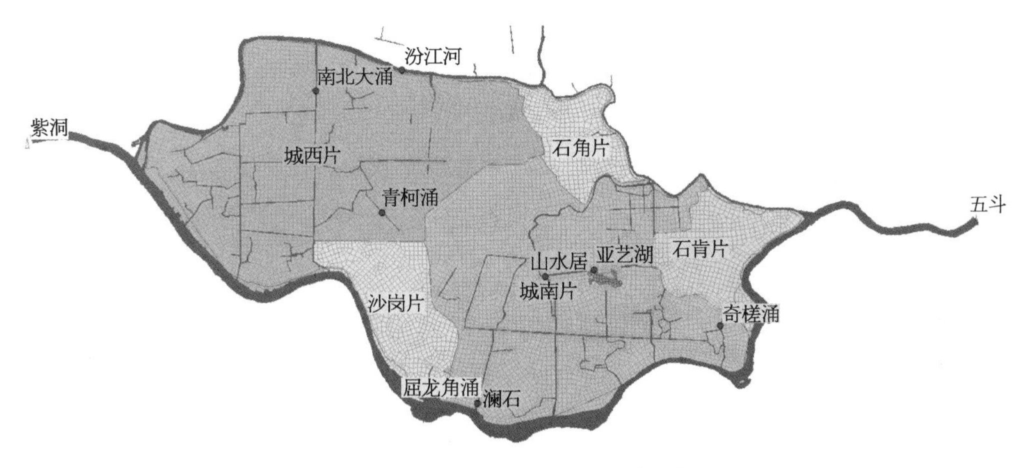

图 2-40　佛山市城区水位站分布

(2) 内河涌初始水位。

当分析区域内具有内河涌水位站点的实测水位数据时，以所有水位站在初始时刻的已知水位按排水分区求平均值作为该分区内所有内河涌的初始水位(图 2-40)；当无实测水位数据时，取佛山市城区内河涌的常水位，即 0.5～0.8 m。

(3) 亚艺湖初始水位。

当分析区域内具有亚艺湖水位站的实测水位数据时，以该站在初始时刻的已知水位作为初始水位；当无实测水位数据时，取亚艺湖的常水位，即 0.5～0.8 m。

(4) 排水管网初始水深。

在汛期，雨水排水管网中一般会积存一定的水量，该水量对应的水深即为初始水深。根据经验，模型中各网格下的排水管道初始水深取其管道体积 1/4 对应的水深，并在模型率定和验证过程中根据实际积水分布进行适当的调整。

4) 模型主体计算模块

主体计算模块是利用 Compaq Visual Fortran 语言开发的带有图形界面的程序(图 2-41)。该程序将整个界面分割为 4 个主要区域：中间部分是研究区域的网格图，每计算 1 h，该图形刷新一次，通过不同的颜色，可以展示时刻末的网格淹没水深；左上角是参数展示区域，可以展示每小时末研究区域内总淹没水量、计算的时刻、淹没面积、水量平衡系数等；左下角展示的是中间部分网格内的地面高程图例和淹没水深图例，以及图形的比例尺；右下角是模型边界条件展示框，包括典型站降雨过程线、边界入流和出流水位过程线。该界面主要用于模型调试使用，在与佛山市内涝预警系统结合后，模型将自动在后台运行。

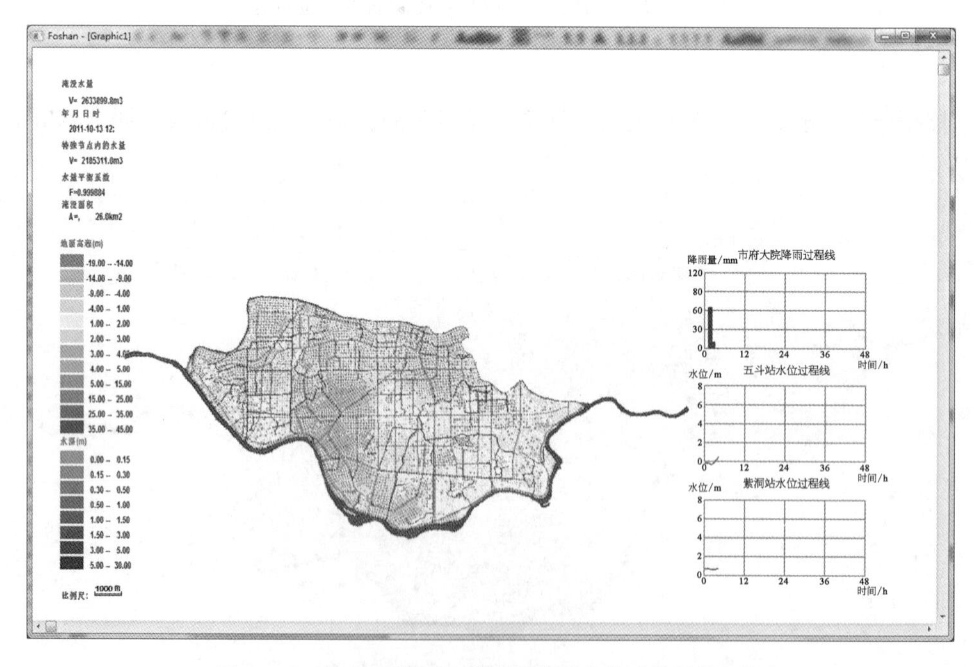

图 2-41 佛山市城区内涝模拟模型主体计算模块界面

5）模型结果输出

（1）模型计算结果的具体信息。

模型计算结果以文本格式（TXT）输出，包括每个网格的水深过程，每个特殊道路通道的水深（水位）、流量和流速过程，以及在整个计算过程中每个网格和每条特殊道路通道的最大水深（水位）值、最大水深出现的时刻、淹没历时、通道最大流速等信息。具体如下：

① 网格最大淹没信息包括每个网格的最高水位、最大水深、最大水深对应的时刻、淹没历时、洪水到达时间。

② 网格淹没过程信息包括每个网格在预先设定的结果文件输出时刻的水深值。

③ 道路最大淹没信息包括每条道路通道的最大水深、最大水深对应的时刻、最大流速、最大流速对应的时刻、淹没历时、洪水到达时间。

④ 道路淹没过程信息包括每条路段在预先设定的结果文件输出时刻的水深、流速和流量及每个道路节点处的水深过程。

⑤ 地下空间进水信息包括每个地下空间的最大水深和进水总量。

（2）常用的统计指标或参数。

基于模型输出的结果文件，结合道路、铁路、重要单位和居民地等基础地理数据，通过空间位置叠加分析，可以进一步获得更具针对性的暴雨内涝受灾程度的评估结果，常用的统计指标或参数有：

① 淹没总面积是指最大水深超过某一临界起算值的网格面积之和。

② 平均淹没水深是指最大水深超过临界起算值的所有网格的最大水深按面积加权平均值。

③ 最大淹没水深是指所有陆地网格的最大淹没水深中的最大值。

④ 淹没道路总长度是指最大水深超过某一临界起算值的特殊道路通道的总长度。

⑤ 淹没铁路总长度是指两侧网格的最大水深超过某一临界起算值的铁路的总长度。

⑥ 不同水深范围内的淹没面积是指不同水深分级范围内的淹没网格总面积，城市一般按<0.05 m、0.05～0.15 m、0.15～0.3 m、0.3～0.5 m、0.5～1.0 m 和>1.0 m 进行分级。

⑦ 不同水深范围内的道路（或铁路）总长是指不同水深分级范围内的淹没道路（或铁路）总长。

⑧ 受影响的重要单位及各单位所在位置的最大水深是根据重要单位所在位置的网格淹没信息进行确定。

⑨ 受影响的重要路段及其最大积水深度是根据各路段对应的模型中的道路通道进行确定。

⑩ 受影响的居民区及其最大水深是根据各居民区包含的网格的淹没信息进行确定。

⑪ 受影响的地下空间及其积水信息是根据各地下空间对应的网格、特殊道路通道或特殊道路节点的淹没信息进行统计和分析。

2.4.2.2 模型率定和验证

为了保证模型能够用于城市内涝预警,需要对建立的模型进行参数率定和验证计算,以提高模型的可靠性和模拟精度。选择佛山市城区暴雨积水资料较完备的“2011-07-11”暴雨开展模型参数率定。在率定完成后,选择“2008-06-25”“2010-07-23”“2011-10-13”“2012-04-20”“2012-05-04”“2012-07-18”“2012-08-21”和“2012-08-22”共8场典型暴雨开展验证计算。

1) 模型率定计算

(1) “2011-07-11”暴雨基本情况。

佛山市城区“2011-07-11”暴雨主要集中于7月11日17时至19时和7月12日13时至15时。2日内累积最大降雨量出现在屈龙角站,达125 mm。典型雨量站的雨量分布如图2-42所示。

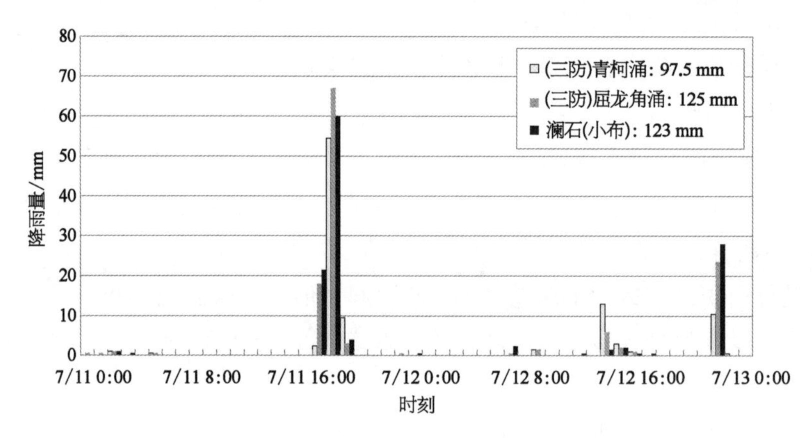

图2-42 佛山市城区典型雨量站“2011-07-11”暴雨过程线

(2) 边界条件和初始条件。

模型上游边界位于紫洞水文站,下游边界是五斗水文站。率定时选用“2011-07-11”暴雨期间紫洞站实测水位过程作为上游边界条件,下游选用五斗站实测水位过程,如图2-43所示。

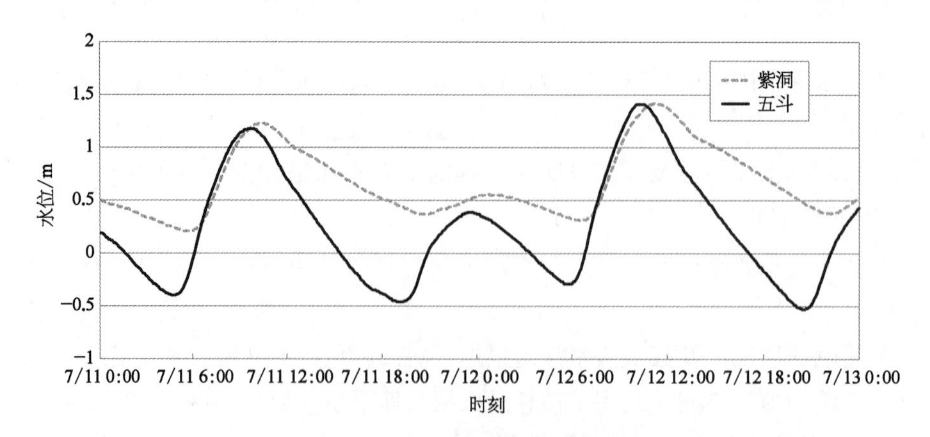

图2-43 “2011-07-11”暴雨期间紫洞站和五斗站的实测水位过程

已知水位站的初始水位见表2-7。

表2-7　"2011-07-11"暴雨已知水位站点初始水位统计

站　名	初始水位/m	站　名	初始水位/m
紫洞	0.50	奇槎涌	0.82
澜石	0.38	屈龙角涌	0.63
五斗	0.19	青柯涌	0.60
汾江河	0.44	南北大涌	0.33
亚艺湖	0.70	山水居	0.67

(3) 模型率定结果。

基于二维非恒定流理论建立的城市内涝模拟模型中的参数众多，主要包括：

① 网格的高程、糙率、面积修正率、产流系数、排水强度和能力。

② 道路通道的高程、糙率、产流系数、排水强度和能力。

③ 河道糙率。

④ 排水管道内初始水深、糙率。

模型率定计算的目的是对这些参数取值的合理性进行检验，并根据城市内涝积水点模拟值与实测值的对比情况对局部区域的参数进行调整，提高模型精度。将模型模拟的"2011-07-11"暴雨造成的内涝点最大水深与三处内涝监测站和水浸黑点调查值进行对比，结果见表2-8。从表中可以看出，在47处对比点中，水深计算的绝对误差值大部分(91%)在0.20 m以下，其中有38处积水点的计算误差在0.10 m以下，占积水点总数的81%，总体精度良好。相对误差不超过40%的有28处，占积水点总数的60%。

2) 模型验证计算

在开展模型验证计算时，选择的8场典型降雨的代表站雨量和水位过程线如图2-44～图2-51所示，初始水位取值见表2-9。各场降雨过程的用于模型验证的积水点主要为三处内涝监测站以及部分现场调查获得的积水资料，共40处，水深验证结果见表2-10。从表2-10可以看出，在40处对比点中，水深计算的绝对误差值大部分(80%)在0.20 m以下，其中有21处积水点的计算误差在0.10 m以下，占积水点总数的53%。相对误差不超过40%的有24处，占积水点总数的60%，总体精度较好。同时，满足《洪水风险图编制技术细则》中提出的"城区70%的内涝积水点的最高水位的误差应控制在20 cm以下"的精度要求。

表 2-8 "2011-07-11"暴雨水深验证表

序号	水浸地点名称	实测或调查最大水深/cm	对应网格编号	对应特殊型道路通道编号	模拟最大水深/cm	绝对误差/cm	相对误差/%	受浸原因
1	石头市场	26	302、303、2437、2438	—	35.2	9.2	35	—
2	深村大道	1	4554、3965	—	23.4	22.4	2 240	—
3	陶瓷城	36	—	16494	37.7	1.7	5	—
4	兆祥公园	20	588、592、593、594	—	14.3	−5.7	−29	方渠未接通，公园无排水口
5	港口路	40	4442、3615	—	5.6	−34.4	−86	方渠淤塞、管道有树根、堵塞，进水口偏小，排水管太小，路面下沉，施工单位施工不规范，建筑工地排放淤泥等
6	江湾路与季华三路交叉口	25	—	16056、16494、16057、16053	36.0	11.0	44	7 月 11 日傍晚下暴雨，由于雷击变压器跳闸，使九江基泵站没有电，设备停止运行，故青柯涌的水位高，排水不了
7	人民西路两侧慢车道	10	—	2665	15.8	5.8	58	树根堵塞进水管，部分进水口被树叶垃圾堵塞
8	金澜南路棉纺厂一带	40	307、308、309	904、907	22.8	−17.2	−43	管道堵塞，进水口堵塞
9	佛山大桥北端桥底	50	—	13926	2.8	−47.2	−94	进水管口太小
10	佛山大道与五峰路口交会处两侧慢车道	30	—	16188、16191	21.4	−8.6	−29	进水口小

（续表）

序号	水浸地点名称	实测或调查最大水深/cm	对应网格编号	对应特殊型道路通道编号	模拟最大水深/cm	绝对误差/cm	相对误差/%	受浸原因
11	佛山大道清水街口两侧慢车道	25	—	3552、3555	19.0	−6.0	−24	进水口小
12	佛山大道番村对出主车道	10	—	3858	8.1	−1.9	−19	进水口小
13	江湾立交桥底	20	—	16252、16261	20.3	0.3	2	进水口小
14	幸福路与江湾路交汇处	20	—	4947	13.3	−6.7	−34	进水口小
15	五峰四路	15	—	16405	7.6	−7.4	−49	横管被树根堵塞
16	汾江中中医院急诊门口	10	—	1613、1792	4.0	−6.0	−60	横管被树根堵塞
17	汾江中佛山宾馆小车出口处	15	467	1335、1350	8.1	−6.9	−46	横管被树根堵塞
18	汾江中伊丹对面慢车道	10	—	242、245	7.7	−2.3	−23	路面下沉后，下水道管损坏
19	汾江南丽日豪庭对出慢车道	10	1983	3833	5.2	−4.8	−48	横管被树根堵塞
20	文华路与兆祥路交会处东南角	15	—	706、707、2040、2041	13.8	−1.2	−8	横管堵塞
21	文华路岭南明珠附近	20	1964	756、759	11.4	−8.6	−43	主渠太小，进水口小
22	文华路与绿景路西北角主车道	10	—	1943、1944	1.8	−8.2	−82	无出水口
23	文华路与季华六路东南角	10	—	17864、17865	11.8	1.8	18	无出水口

（续表）

序号	水浸地点名称	实测或调查最大水深/cm	对应网格编号	对应特殊型道路通道编号	模拟最大水深/cm	绝对误差/cm	相对误差/%	受浸原因
24	普澜二路御海湾对出慢车道	10	—	275	4.8	−5.2	−52	无出水口
25	绿景路与佛山大道加油站对出慢车道	15	—	4136	7.0	−8.0	−53	无出水口
26	绿景路与华远东路东北角	10	—	2337、3167	13.6	3.6	36	无出水口
27	汾江南与澜石二路西南角	20	8264	17342	15.8	−4.2	−21	进水口小
28	汾江中入简村路口处	10	1361	233	11.3	1.3	13	地势低无进水口
29	轻工三路	10	1181	3126	10.0	0.0	0	进水口小，横管塞、路面下沉
30	朝安路恒福楼盘出入口慢车道	15	—	18184、18205	0.0	−15.0	−100	横管不通
31	上沙中街	25	3380、6230	—	28.3	3.3	13	无出水口
32	佛山大道与亲仁西交汇处	10	—	16158、16159、16163、16165	12.1	2.1	21	进水口不通
33	人民中路与建设街处	20	—	1589	19.0	−1.0	−5	主渠小
34	普澜一路与垂虹路交汇处东北角	10	—	2415	4.3	−5.7	−57	无进水口
35	普澜二路与季华五路西南角	10	7765	16565	11.1	1.1	11	无进水口

(续表)

序号	水浸地点名称	实测或调查最大水深/cm	对应网格编号	对应特殊型道路通道编号	模拟最大水深/cm	绝对误差/cm	相对误差/%	受浸原因
36	季华二路佛开高速公路桥底南侧主车道	30	6819、6820	—	31.0	1.0	3	地势低
37	南善里	30	2464、2465	—	37.2	7.2	24	地势低
38	朗宝西路(南北二涌一朗沙路)	20	—	14148	11.1	−8.9	−45	进水管长满树根,进水口偏小
39	东鄱路(五峰路一张槎路)	15	—	3995	8.1	−6.9	−46	进水管长满树根,进水口偏小
40	镇中路和雾岗路交会	30	—	16763	59.5	29.5	98	下水道堵塞
41	上朗西边大街	70	1867、3073	—	75.1	5.1	7	旧村庄地势低洼
42	大江:聚联、聚星	50	7256、7257、7258、1375	—	53.9	3.9	8	车公涌过水断面不足,泄洪速度慢
43	大江沙步新村	100	7282、7283	—	116.4	16.4	16	地势低洼,过水断面不足,泄洪速度慢
44	下朗:历田工业区	50	3091、6369	—	43.8	−6.2	−12	旧工业区地势低洼
45	下朗:荔枝基新村	70	3088、3085	—	69.4	−0.6	−1	旧村庄地势低洼
46	白坭村委会、白坭涌、渭水新村、渭州新村	50	7037、7038、7039	—	30.6	−19.4	−39	旧村庄地势低洼
47	青柯涌、青柯陶瓷市场	60	7342、7343	—	62.0	2.0	3	地势低洼及下游河涌线窄,过水断面不足,泄洪速度慢

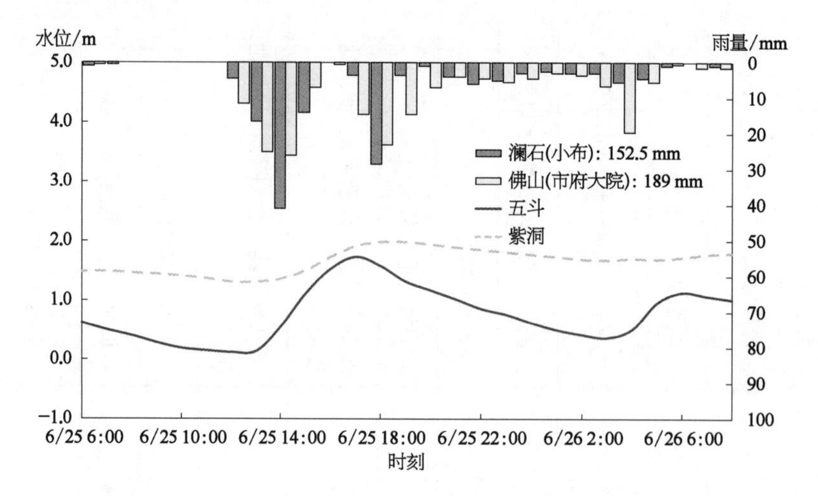

图 2－44　佛山市城区“2008－06－25”暴雨代表站雨量和水位过程线

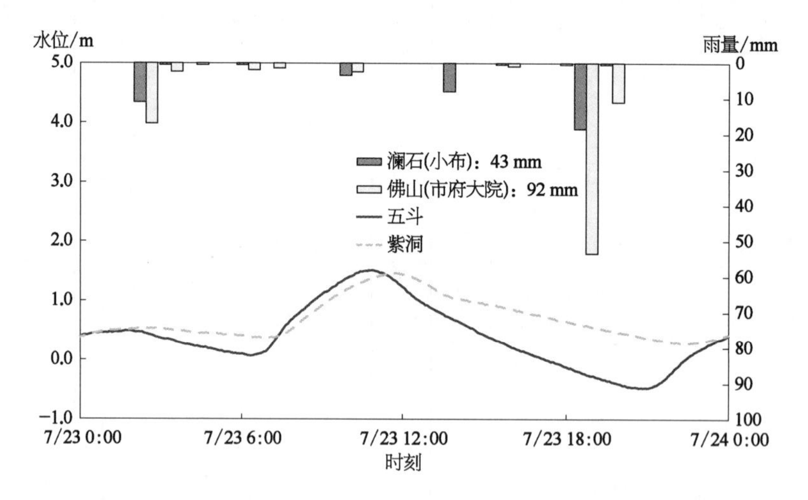

图 2－45　佛山市城区“2010－07－23”暴雨代表站雨量和水位过程线

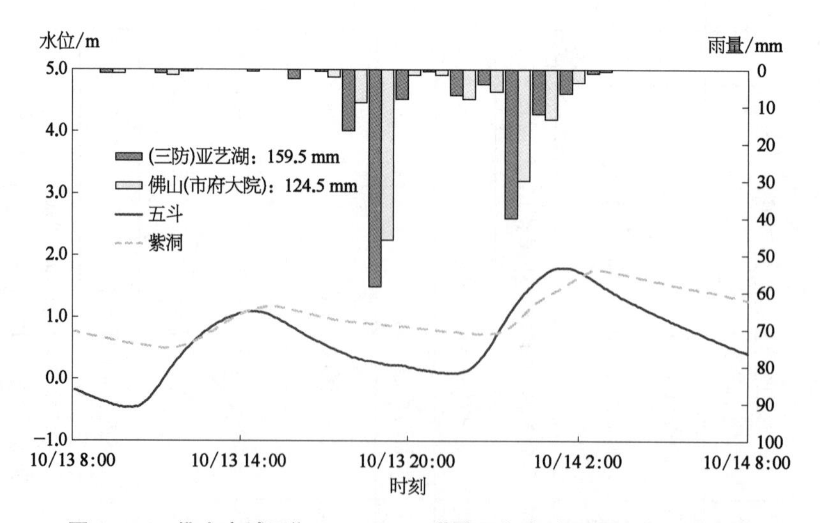

图 2－46　佛山市城区“2011－10－13”暴雨代表站雨量和水位过程线

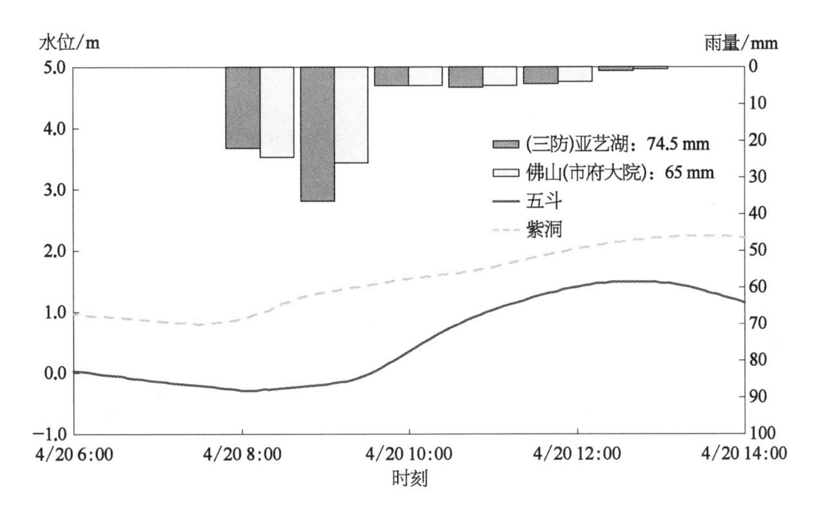

图 2－47 佛山市城区“2012－04－20”暴雨代表站雨量和水位过程线

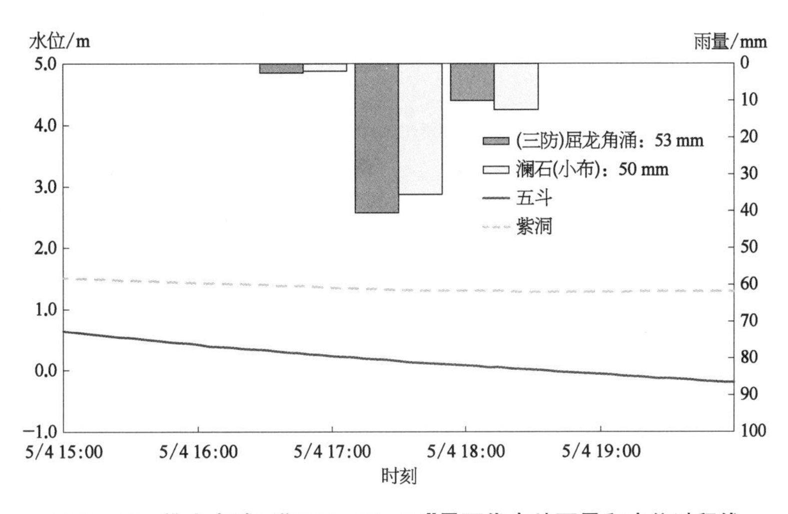

图 2－48 佛山市城区“2012－05－04”暴雨代表站雨量和水位过程线

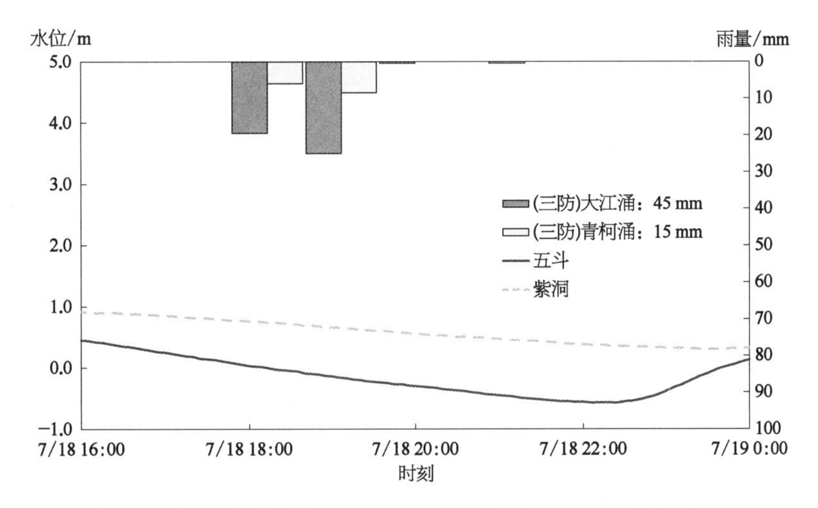

图 2－49 佛山市城区“2012－07－18”暴雨代表站雨量和水位过程线

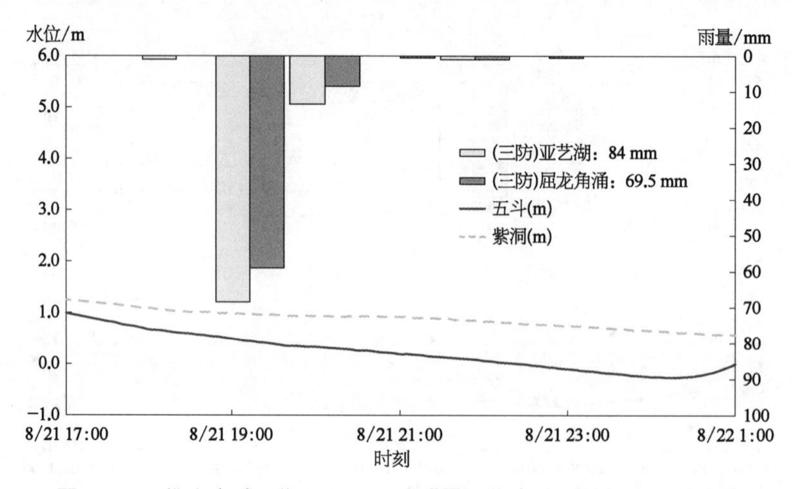

图 2-50　佛山市城区"2012-08-21"暴雨代表站雨量和水位过程线

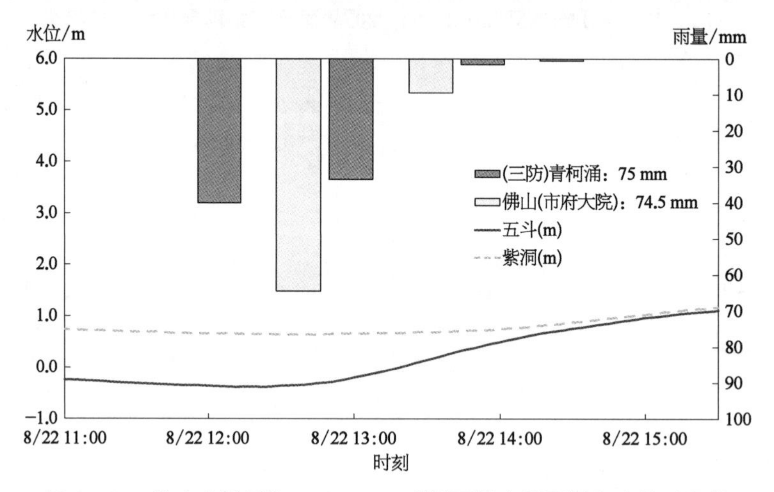

图 2-51　佛山市城区"2012-08-22"暴雨代表站雨量和水位过程线

表 2-9　用于模型验证的各场降雨过程中已知水位站点的初始水位统计表　　单位：m

降雨过程	站名									
	紫洞	澜石	五斗	汾江河	亚艺湖	奇槎涌	屈龙角涌	青柯涌	南北大涌	山水居
2008-06-25	1.48	1.12	0.62	0.50	0.50	0.50	0.50	0.50	0.50	0.50
2010-07-23	0.38	0.41	0.39	0.50	0.50	0.50	0.50	0.50	0.50	0.50
2011-10-13	0.76	0.41	−0.18	0.85	0.88	1.03	0.82	0.73	0.57	0.86
2012-04-20	0.97	0.51	0.03	1.01	0.87	1.01	0.84	0.7	0.42	0.88
2012-05-04	0.51	1.1	0.64	1.06	1	1.13	0.95	0.78	0.67	1.01
2012-07-18	0.92	0.75	0.45	1.21	0.5	1.19	1.07	0.82	0.72	1.13
2012-08-21	1.25	1.14	0.99	1.2	1.09	1.14	1.06	0.82	0.72	1.02
2012-08-22	0.74	0.36	−0.24	1.18	1.04	1.08	1.01	0.83	0.62	0.97

表 2-10 用于模型验证的各场降雨过程水深验证表

暴雨过程	序号	水浸地面名称	实测或调查最大水深/cm	对应网格编号	对应特殊型道路通道编号	模拟最大水深/cm	绝对误差/cm	相对误差/%	备注
2008-06-25	1	沙岗镇中路	110	—	16767、16762、16766 等	93	−17.0	−15	调查水深范围 40～110 cm
	2	置地市场	110	36、2265	—	103.5	−6.5	−6	
	3	永利坚市场	110	3255、3254、3253、4206	—	100	−10.0	−9	
	4	奇槎工业区厂房	110	3727、3728、3729、3656、262	—	105.8	−4.2	−4	
	5	红星工业区厂房	110	9074、9077、9079、9080、9086、9087、9088、9099	—	85.8	−24.2	−22	
	6	新基工业区厂房	110	265、2391	—	99.2	−10.8	−10	
	7	东升格沙村	60	6036、6033、6034、3529	—	62.5	2.5	4	调查水深范围 20～60 cm
	8	市东居委会	60	4154、4155、3192、3191	—	60.7	0.7	1	
	9	青柯工业区厂房	10	3036	—	22.2	12.2	122	—
2010-07-23	10	钻石居委会：西厅、杉街、全安里通心巷、麒麟社	50	1246、1247、1284、2695	—	38.1	−11.9	−24	—
	11	深村工业大道	40	4554、3965、8868、8863、8870	—	8.9～45.5	5.5	14	—
	12	沙岗村委会大地塘	70	7907	—	49.4	−20.6	−29	—

（续表）

暴雨过程	序号	水浸地面名称	实测或调查最大水深/cm	对应网格编号	对应特殊型道路通道编号	模拟最大水深/cm	绝对误差/cm	相对误差/%	备　注
2011-10-13	13	石头市场	37	302、303、2437、2438	—	46.7	9.7	26	—
	14	深村大道	33	4554、3965	—	31.1	−1.9	−6	—
	15	陶瓷城	15	—	16494	44.3	29.3	195	—
2012-04-20	16	石头市场	31	302、303、2437、2438	—	24.7	−6.3	−20	—
	17	深村大道	34	4554、3965	—	25.1	−9.0	−26	—
	18	陶瓷城	38	—	16494	36.7	−1.3	−3	—
2012-05-04	19	石头市场	36	302、303、2437、2438	—	17.1	−18.9	−52	—
	20	深村大道	3	4554、3965	—	12.8	9.8	327	—
	21	陶瓷城	1	—	16494	9.8	8.8	880	—
2012-07-18	22	石头市场	1	302、303、2437、2438	—	1.1	0.1	8	—
	23	深村大道	1	4554、3965	—	1.8	0.8	80	—
	24	陶瓷城	1	—	16494	5.7	4.7	470	—
20120-08-21	25	石头市场	31	302、303、2437、2438	—	24.8	−6.3	−20	—
	26	深村大道	40	4554、3965	—	28.4	−11.7	−29	—
	27	陶瓷城	2	—	16494	18.9	16.9	845	—
	28	罗联股份经济合作社	20	1652	—	16.4	−3.6	−18	调查水深范围10～20 cm

（续表）

暴雨过程	序号	水浸地面名称	实测或调查最大水深/cm	对应网格编号	对应特殊型道路通道编号	模拟最大水深/cm	绝对误差/cm	相对误差/%	备　注
20120-08-21	29	沙岗村民委员会	30	7907	—	39.6	9.6	32	调查水深范围 20～30 cm
	30	佛山人民政府行政中心	25	8810	—	47.3	22.3	89	调查水深范围 20～25 cm
	31	港口路	40	4442、3616	—	3.0	−37.0	−93	调查水深范围 30～40 cm
	32	祖庙街道沙唐村委会仁安里	40	673	—	8.7	−31.3	−78	—
	33	湾华村委会	40	9545、9544	—	42.8	2.8	7	—
2012-08-22	34	石头市场	21	302、303、2437、2438	—	15.3	−5.7	−27	—
	35	深村大道	11	4554、3965	—	23.6	12.6	115	—
	36	陶瓷城	57	—	16494	32.8	−24.2	−42	—
	37	罗联股份经济合作社	20	1652	—	37.9	17.9	90	调查水深范围 10～20 cm
	38	沙岗村民委员会	30	7907	—	35.3	5.3	18	调查水深范围 20～30 cm
	39	燎原社区警务社	30	2580、2581	—	45.8	15.8	53	
	40	祖庙街道沙唐村委会仁安里	70	673	—	10.1	−59.9	−86	调查水深范围 50～70 cm

3）模型误差分析

模型误差产生的原因有以下几方面：

（1）城市降雨具有空间分布不均匀的特点。从本次模型率定和验证采用的 9 场降雨数据也可以看出，同一降雨过程中不同雨量站的降雨量相差较大，但本次模拟使用的佛山市城区实测降雨数据仅来自 8 个雨量站［南北大涌、青柯涌、大江涌、屈龙角涌、亚艺湖、佛山（市府大院）、澜石（小布）、奇槎涌］，部分场次降雨仅 2 个雨量站，难以反映整个区域的降雨空间分布，可能会导致局部区域的误差。

（2）模型网格尺寸和概化带来的误差。虽然模型前处理中在布置网格时已尽量考虑地形和地物分布，但考虑到模型运行效率和城市内涝预警对时效性的要求，网格尺寸不能过小。本模型的网格平均尺寸为 88 m×88 m，网格高程取网格内所有已知高程点的平均值，对于小于该尺度范围内的局部低洼点处的积水，模型无法充分反映，导致计算值比实际值偏小，本次模型率定和验证过程中采用的共 87 处积水对比点中，计算值比实测值偏小的占 55%。减小该误差的方法之一是将各网格的最高水位值与高精度的 DEM 数据叠加求差值，可反映各网格内的水深分布差异。

（3）排水管网概化误差。城市排水管网是由支、干管道组成的非常复杂的树枝状系统，管道的分布间距远小于网格的尺寸。由于仿真模型中每个网格都包含数条支管或干管，管道的参数取所有位于该网格下管道的综合概化值，从而在一定程度上会影响计算精度。

（4）防洪排涝工程实际运行资料缺乏引起的误差。由于缺乏典型暴雨期间各水闸和泵站的实际运行资料，模型在开展率定和验证计算时取有利于排涝的运行状况，即泵站全开，水闸全关，但这与实际情况有一定差距。

（5）积水调查数据本身的误差。积水调查数据不同于实测数据，是暴雨事件过后或暴雨发生时对积水现象的描述，数据本身可能存在一定误差。

（6）其他难以在模型中反映的自然或人为因素。佛山市禅城区水浸黑点登记造册表中显示，部分积水点是由于排水管道被树根、垃圾或建筑工地排放的淤泥堵塞，或路面下沉引起下水道管损坏，泵站由于停电而停止运行，城市建设土地开发引起地势局部变高等因素引起的。这些均难以在模型概化中考虑，从而可能导致对应位置计算的误差。

模型能够较为合理地模拟佛山市城区由于暴雨引起的低洼区域和道路积水等现象，并提供详细的积水范围、水深空间分布、淹没历时和最大流速分布等水力学要素特征。由于模型运行时间很短（一般模拟 24 h 的暴雨洪水过程仅需 4～5 min），因此可以为佛山市城区内涝预警提供及时的模拟信息。

2.4.3 内涝预警系统设计

2.4.3.1 设计原则

系统设计原则对系统的开发和建设具有指导作用，佛山市城区内涝预警系统主要遵循以下六个原则进行。

1）标准化原则

本系统采用国际上成熟的模式，借鉴国内外信息系统建设的成功经验，依据国家和水利部信息化建设的相关规范进行设计和开发，支持国内外主流网络体系结构和网络运行系统。

2）实用性原则

实用性是系统的生命，在设计系统时要求采用各种技术方法和措施来保证系统的实用性。它体现在系统规划的合理性、系统的可靠性、功能的完善性、使用的方便性和人机界面的友好性等。总之，系统要能够以简单、方便、快捷、实用为原则，全方位、深层次地满足用户的业务要求。在进行系统的建设时，始终坚持实用性原则，以满足城市内涝预警的需要为目标，针对佛山市城市内涝预警的特点具体分析，建立相应的系统，使计算机技术、信息技术有机地融入城市内涝预警和决策中。

3）可靠性原则

系统运行在可靠的软件和硬件平台上，这是系统可靠运行的前提；在此基础上，操作系统与应用软件应有比较明确的接口规范。由于系统需要 7×24 h 连续运行，以保证相关技术人员和决策人员随时调用和查询，必须从系统结构、设计方案、技术保障等方面综合考虑，并经过严格的测试，有较强的容错能力，尽量减少故障的可能性和影响范围，确保可靠运行。

4）先进性原则

先进性具有两方面的含义，一是指构成系统的软硬件配置，二是指系统的设计思想、软件开发技术和系统运行管理必须具有先进性。整个应用系统的设计，立足于采用先进、成熟可靠、代表未来发展方向的主流技术，既减小了系统建设过程中的技术风险，又增加了系统的生命周期。

5）可扩展性原则

可扩展性是指软件扩展新功能的容易程度。城市内涝预警系统建设是一个长期的过程，数据积累、用户需求增加、功能逐步完善以及技术进步都要求系统必须具有扩展的余地。系统设计保证对系统以后的发展留有适当的扩展空间，能够以最小的成本最大限度地满足今后技术发展变化和功能扩充的需要，使系统规模在扩展时亦不需要重新进行颠覆性的系统规划和设计。

6）开放性原则

系统在客观上要求必须具有良好的开放性，必须符合相关的工业标准，以充分保障系统与其他应用系统的无缝集成。开放性是指系统能够方便地进行功能扩充和修改，以及能方便地同其他系统（甚至基于不同软硬件体系结构）进行连接、数据交换、增加子系统。系统的开放性是系统设计时要重点遵循的主要原则之一，是系统具有可维护性的基础。

2.4.3.2 系统结构

系统采用3层技术架构(用户层、应用逻辑层、数据库),各层均有相应的接口和构建,系统配置采用XML技术,提高了系统的扩展性、稳定性和维护性。系统体系结构见图2-52。

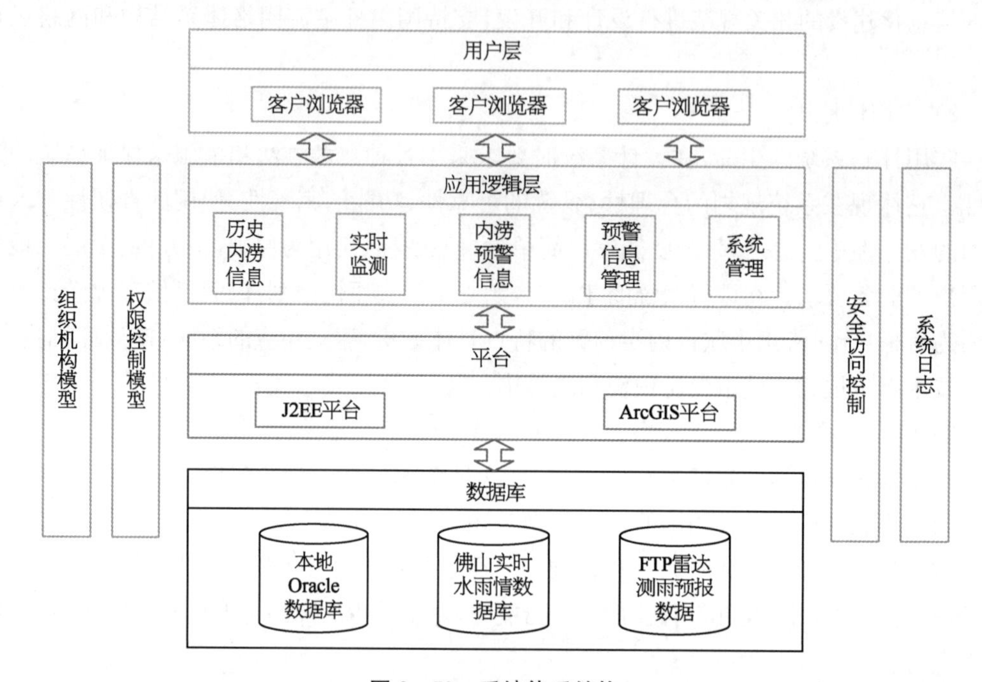

图2-52 系统体系结构

2.4.3.3 与雷达测雨预报数据的耦合技术

为了将雷达测雨预报数据与佛山市城区内涝模拟模型进行耦合,开发了专门的程序和模块对雷达测雨预报数据进行处理,包括文件传输协议(file transfer protocol, FTP)数据同步获取程序、数据预处理模块和数据整合模块三部分。

1) FTP数据同步获取程序

佛山市城区雷达测雨预报数据为定时上传于FTP服务器上的文本文件,为了满足城市内涝预警的需求,开发了FTP数据同步获取程序,定期轮巡FTP服务器上的雷达测雨预报数据,将最新的数据及时同步到系统服务器。

2) 数据预处理模块

佛山市禅城区雷达测雨预报数据为短历时精细化降雨预报数据,其更新时间为6 min,即每隔6 min产生一组新的禅城区209个雷达测雨预报格网(图2-53)的未来第1个、第2个和第3个小时的预报降雨量[定量降水预报(quantitative precipitation forecast, QPF)]。同时,还生成一组采用雨量站实测降雨数据校核过的过去1 h的定量降水估计(quantitative precipitation estimation, QPE)数据。

由于气象预报模型运行和输出结果上传至服务器需要一定的时间,其预报数据被本系统获得时较预报基准时间点会滞后十几到几十分钟不等,且最新实测降雨数据入雨情

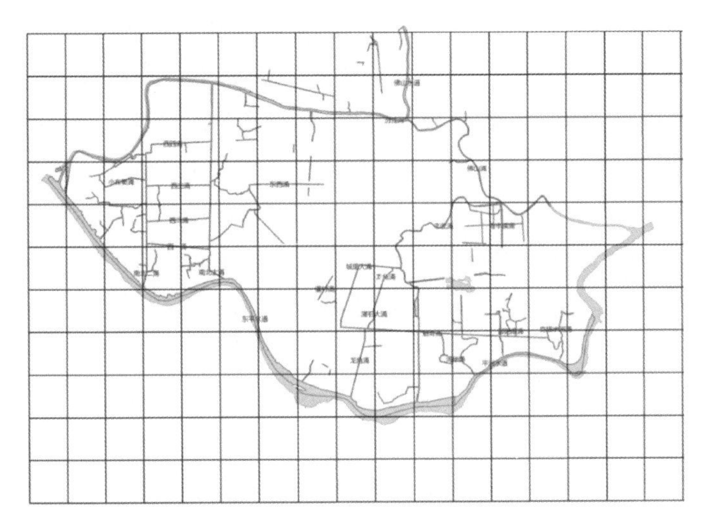

图 2－53　佛山市城区雷达测雨预报格网分布

库也存在一定的滞后时间。为了确保系统自动预警方案或实时预报方案充分利用最新的预报降雨数据和定量降水估计数据，开发了雷达测雨预报数据的预处理模块，使实测降雨与雷达测雨数据可灵活耦合。该模块的设计流程如图 2－54 所示。

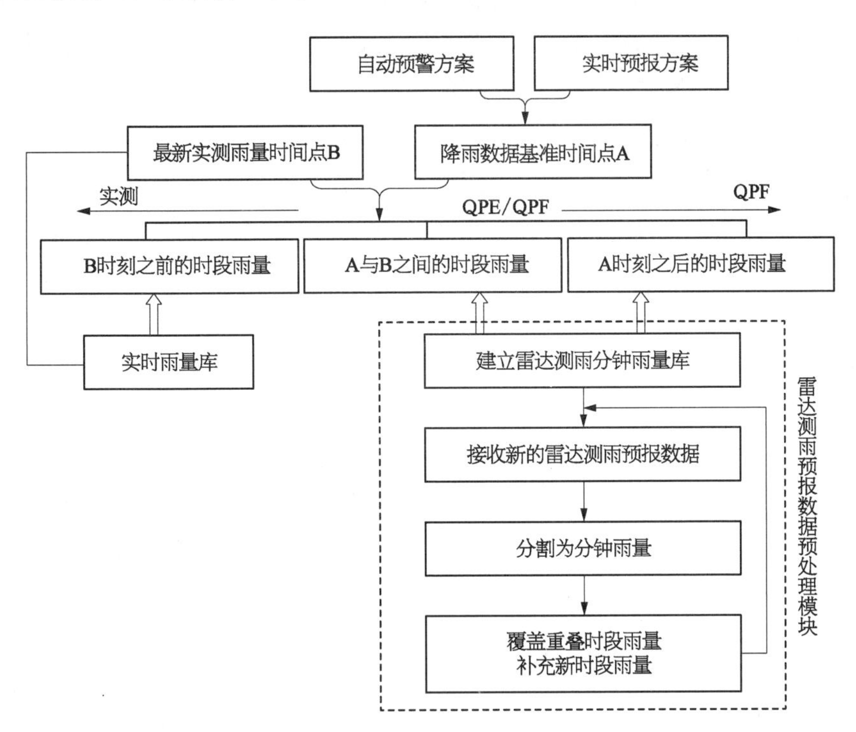

图 2－54　雷达测雨预报数据的预处理模块的设计流程

通过建立雷达测雨定量降水预报的分钟雨量数据库表，将每次接收的雷达测雨预报的小时雨量分割为每分钟雨量(包括 QPF 和 QPE 数据)，根据时刻覆盖重叠时段的旧数据,并补充新数据。当进行自动预警方案或实时预报方案计算时,系统自动根据方案设定的降雨数据的基准时间点,从实时雨情库和雷达测雨预报分钟雨量库中提取所需数据。在基准时间点后的时段雨量,由雷达测雨预报分钟雨量库(即指 QPF)中提取;在基准时间点之前的时段雨量,须首先判断实时雨情库中最新接收的雨量值对应的时刻,在该时刻之前的所有数据由实时雨情库读取,该时刻之后至降雨数据基准时间点之间的雨量仍由雷达测雨预报数据获得,且优先采用 QPE 数据,QPE 数据缺乏的时段则采用 QPF 数据补充。如某自动预警方案启动预警计算的时刻为 15:12,系统默认的降雨过程为该时刻之前 5 h 雨量+之后 3 h 雨量(即 10:12 至 18:12),则如果实时雨情库中当前已接收 15:00 的实测雨量,10:12 至 15:00 的时段雨量由实时雨情库提取,15:00 至 18:12 由雷达测雨数据提取;如当前实时雨情库中最新仅接收 14:00 的实测雨量,则 10:12 至 14:00 时段雨量由实时雨情库提取,剩余时段由雷达测雨预报数据获得。

3) 数据整合模块

佛山市内涝预警系统在进行自动预警计算或实时预报计算时,需要将雨量站的实测降雨数据和格网化的雷达测雨预报数据同时作为模型的降雨边界条件,但雨量站数量和雷达测雨预报格网数相差较大,为了形成格式统一、规范的降雨输入数据,须对两部分数据进行整合。本系统开发了相应的数据整合模块,在每次调用模型计算前,先将自动雨量站的实测数据按反距离插值生成各预报格网形心点处的降雨序列,再与雷达测雨预报数据根据时间顺序合并,形成统一的降雨序列。

2.4.3.4 数据流程设计

系统的数据流程设计遵循为城市内涝预警提供洪水风险信息及便于预警信息管理和发布的原则,通过与外部的雷达测雨定量降水预报数据相耦合,与自动雨量站实时监测数据库、河道实时水情数据库及防洪排涝工程数据库相关联,获得内涝分析需要的实时监测和预报数据,方案计算的其他条件(包括泵站、水闸、排水管网参数,计算开始时间、结束时间和输出时间间隔等)在系统提供的界面中设置,或按系统默认值赋值。系统将这些数据按指定的格式生成佛山市城区内涝模拟模型运行所需的输入文件。模型运行结束后的输出文件是城市暴雨内涝的有关特征数据,如网格和道路的积水范围、水深分布和淹没历时等,系统读取这些结果文件后,经过一定的处理写入数据库中,以供系统查询、分析、预警以及积水分布图绘制和管理所用。系统详细的数据流程设计如图 2-55 所示。

2.4.3.5 功能设计

佛山市城市内涝预警系统的逻辑结构见图 2-56,系统以佛山城区内涝模拟模型为核心,接入了气象监测信息、雷达测雨预报雨量、自动站监测雨量、河道实时水情和防洪排涝工程数据库,实现了对历史方案、设计方案、自动预警方案和实时预报方案的分析计算,并可以快速制作内涝积水分布图、查询洪水风险信息,以及对城市内涝预警等级进行判别和发布。系统具有历史内涝信息、实时监测、内涝预警分析、预警信息管理和系统管理等功能。

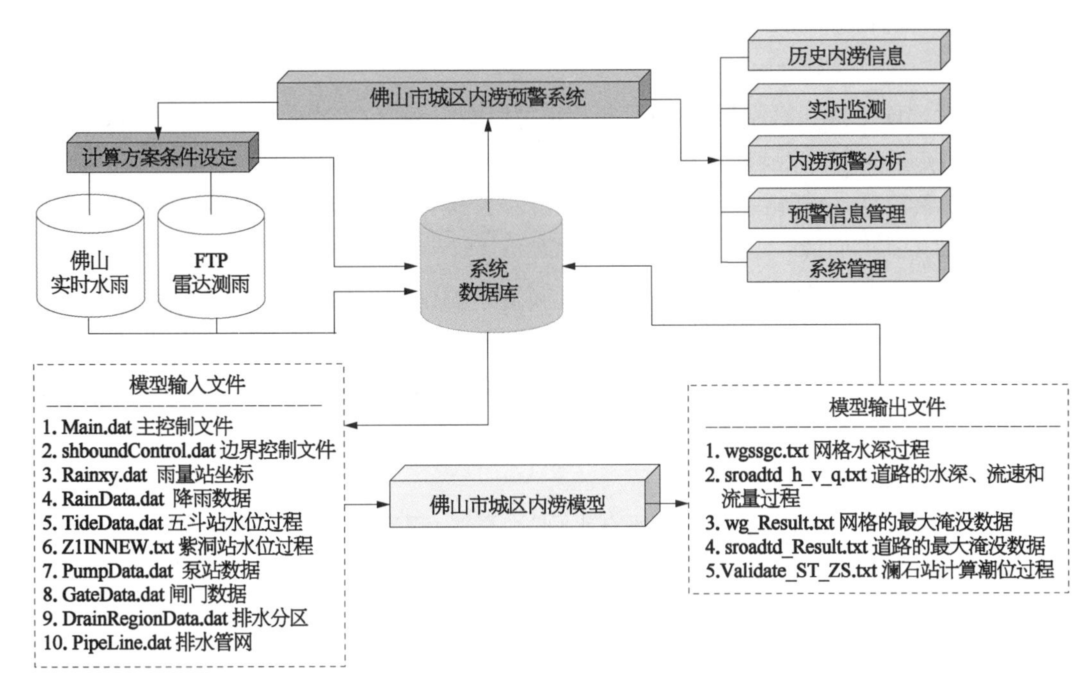

图 2-55 系统的数据流程设计

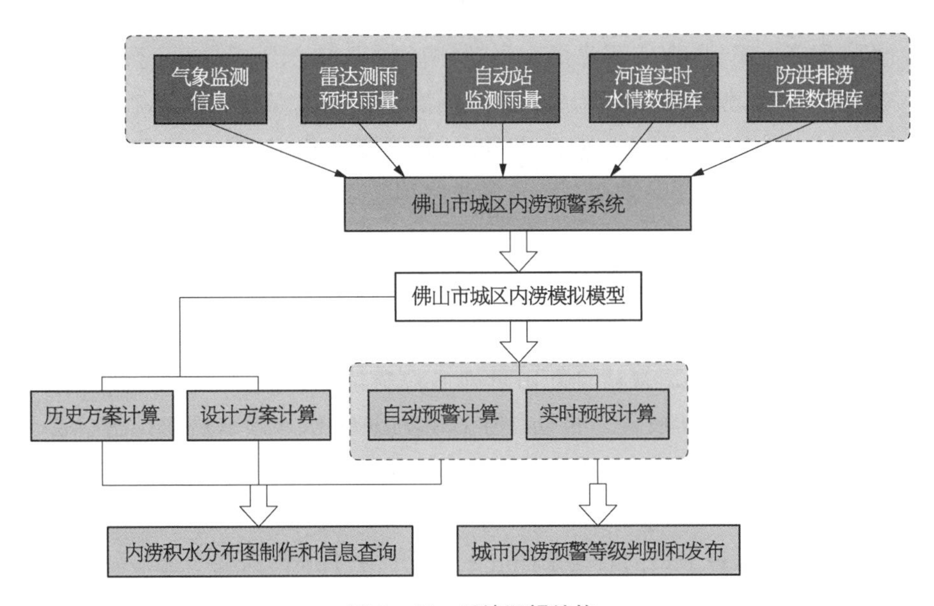

图 2-56 系统逻辑结构

1）历史内涝信息功能设计

该功能设计是用于显示佛山市禅城区历年来登记造册的水浸黑点位置和详细信息，包括水浸地点名称、水浸范围、最大受浸水深、受浸原因和整治情况或拟处理措施等。水浸黑点的相关数据通过与水利专题地图服务及水利工程数据库相连接自动获取，以保证系统内历史内涝信息的及时和自动更新。

2）实时监测功能设计

该功能设计包括气象监测、雨情监测和水情监测三部分，主要展示实时的气象、水情、雨情信息，同时提供直观展现历史信息的功能，具体如下：

（1）气象信息，包括雷达回波图和卫星云图，系统可显示数据库中接收的最新图片，并对历史图片动态回放。

（2）雨情信息，包括自动雨量站、面雨量和雷达测雨预报格网雨量，各自动雨量站的实时雨量根据实时雨情库中的数据进行更新，还可查询各站点任意时段的降雨过程；面雨量通过各雨量站点的实测雨量自动插值生成；雷达测雨预报格网雨量按设定的雨量等级按 1 km×1 km 的格网进行渲染，可动态显示不同时间点预报的未来第 1 个、第 2 个和第 3 个小时的降雨分布。

（3）水情信息，显示分析范围内所有水位站、泵站（泵前和泵后）、内河涌内涝监测站和陆地内涝监测站的实时水位和历史任意时段水位过程。

3）内涝预警分析功能设计

（1）设计方案。

根据计算的方式和所采用降雨数据的不同，将内涝预警分析方案分为四类：自动预警方案、实时预报方案、历史和设计方案。各类方案的具体情况如下：

① 自动预警方案，根据实测降雨和雷达测雨数据综合判断，判断条件为：a. 当所有雨量站过去 3 h 实测降雨量均为 0 mm，且所有雷达测雨点的未来第 1 个、第 2 个、第 3 个小时预报值也均为 0 mm 时，模型不运行，无预警信息；b. 任一雨量站过去 3 h 实测降雨量超过 5 mm 时，或任一雷达测雨点的未来第 1 个、第 2 个或第 3 个小时预报值超过 5 mm 时，模型开始运行，且每隔 1 h 运行一次，并展示预警结果，直到满足条件 a 时，停止运行；c. 当任一雨量站过去 3 h 实测降雨量超过 20 mm，或任一雷达测雨点的未来第 1 个、第 2 个或第 3 个小时预报值超过 20 mm 时，模型运行时间间隔加密为 0.5 h。以上启动自动预警计算的雨量阈值为系统默认值，用户还可通过系统管理中的模块进行修改和重新设置。自动预警计算时系统默认读取启动预警计算时刻之前 5 h 的实测降雨量加之后 3 h 的预报降雨量，模拟总时长为 14 h，即在降雨过程结束后延长 6 h。

此外，以上自动预警方案的启动条件可在系统管理中进行调整。

② 实时预报方案，通过设定预报基准时间、预热期和预见期使系统快速读取当前时段最新的实测数据和预报数据开展方案计算。

③ 历史方案，以任意历史时段的暴雨过程作为降雨计算条件。

④ 设计方案，以任一设计暴雨过程作为降雨计算条件。

（2）功能设计。

内涝预警分析模块的功能包括方案条件设定与计算、各方案的模拟结果查询及数据输出、积水分布图绘制功能。

① 方案条件设定包括对降雨过程、边界水位过程、初始水位条件、泵站、闸门和排水系统参数的设定，即对方案计算总时长和计算结果输出时间间隔的设置。自动预警方案完全由系统在后台进行方案条件设定和读取，不需要任何干预；实时预报方案除设定读取降雨数据的基准时间、预热期和预见期外，其余条件均由系统自动读取或按默认值给定；历史和设计方案需要对所有计算条件进行设定。在方案条件给定后，系统可调用佛山市城区内涝模拟模型开展模拟计算。

② 模拟结果查询是基于GIS技术，可直观展示不同方案的暴雨内涝分布结果，包括重要单位积水信息、网格最大水深分布、网格积水过程动态展示、道路最大水深分布、道路积水过程动态展示等。利用该模块，水文和防汛相关部门可快速查询不同暴雨条件、不同防洪排涝工程调度情况下佛山市城区的积水分布，对内涝程度形成定性和定量的认识。各方案的洪水风险图层还可从系统中输出，以利于本系统与其他系统或外部GIS软件之间的数据共享。

③ 积水分布图绘制以某一计算完毕的方案为基础，通过风险图配图、添加辅助信息和说明信息，最后生成较为规范的区域积水分布图（包括网格和等值面渲染两种方式）和道路积水分布图。制作完成的积水分布图可以图片形式输出。

4）预警信息管理功能设计

该功能设计包括预警信息发布和预案管理两部分。其中，预警信息发布分为降雨、水位和积水预警发布。降雨和水位预警信息根据《佛山市禅城区防御暴雨工作预案》中的规定进行判别和发布。积水预警与计算完毕的各方案对应，根据该方案模拟结果，以系统默认的水深范围与预警级别之间的对应关系，进行重要单位及重要路段的预警等级判别和发布，并自动生成该方案的内涝预警简报。简报中包含水雨情概况、内涝分析结果、暴雨积水分布图和内涝预警建议等内容，并可输出为word文件，为防汛决策者全面、快捷地了解某一场降雨引起的内涝分布提供了参考。同时，系统还允许用户对预警等级进行修改，将模型模拟结果与专家经验判断相结合，最大限度地提高预警结果的准确性和合理性。预案管理主要针对佛山市城区现有防汛相关预案进行编辑和管理。

5）系统管理功能设计

该功能设计包括系统参数管理和用户管理。系统参数管理涉及实测降雨显示等级设置、设计暴雨过程管理、设计水位过程管理、设计雨型管理、初始水位站点信息维护、模拟分析管理、预警参数管理和自动预警方案的泵站参数设定等，实现对各业务模块中涉及参数、规则的修改和设定。用户管理主要对用户的信息和权限进行设定。

2.4.4 系统主要功能模块

佛山市城区内涝预警系统的功能包括历史内涝信息查询、实时监测、内涝预警分析、预警信息管理和系统管理共五大模块。接下来将分别介绍各模块的详细信息,如图 2-57 所示。

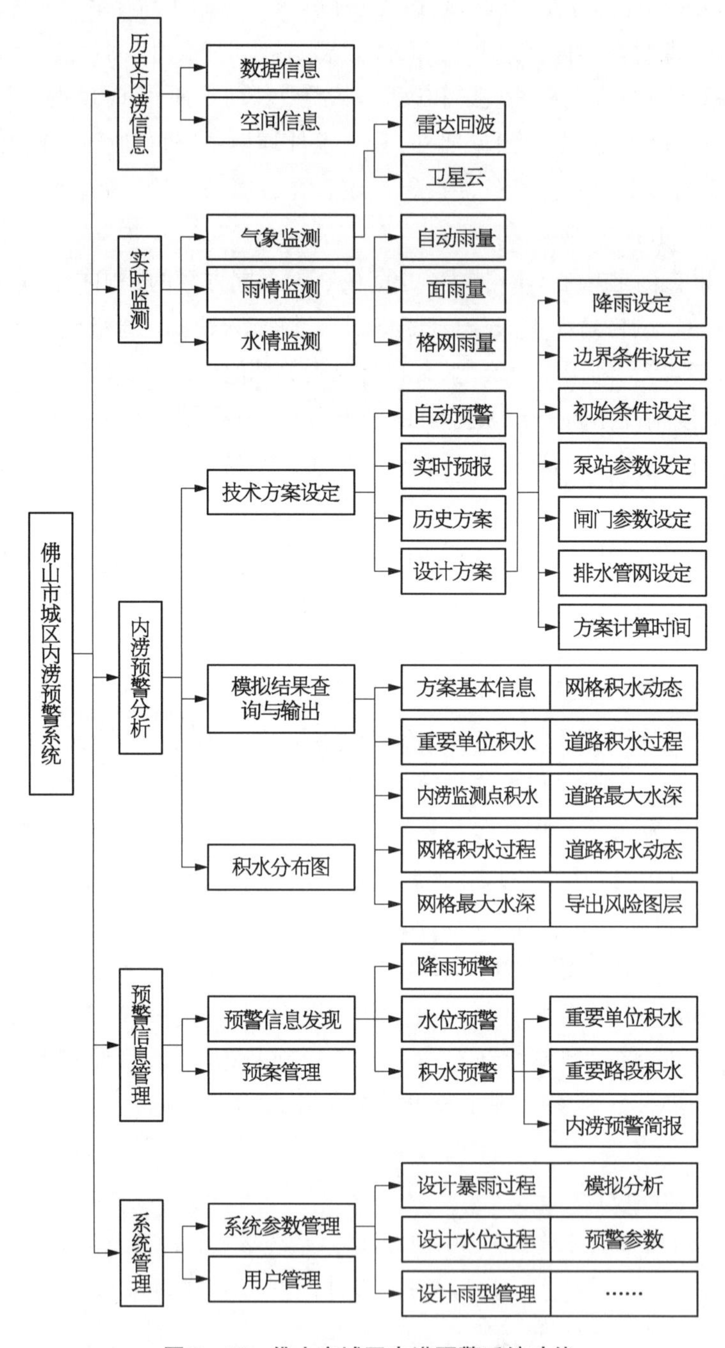

图 2-57 佛山市城区内涝预警系统功能

2.4.4.1 历史内涝信息

历史内涝信息查询模块主要通过读取佛山市城区水浸黑点专题地图服务和存放各水浸黑点详细属性的水利工程数据库,实现对历年来登记造册并入库的水浸黑点位置和详细信息的查询。这些详细信息包括水浸地点名称、水浸范围、最大受浸水深、受浸原因和整治情况或拟处理措施等，以列表方式展现，并可通过单击水浸黑点名称在左侧地图上定位，如图 2－58 所示。当水浸黑点地图数据和相关数据库更新后，本系统内可及时自动更新。

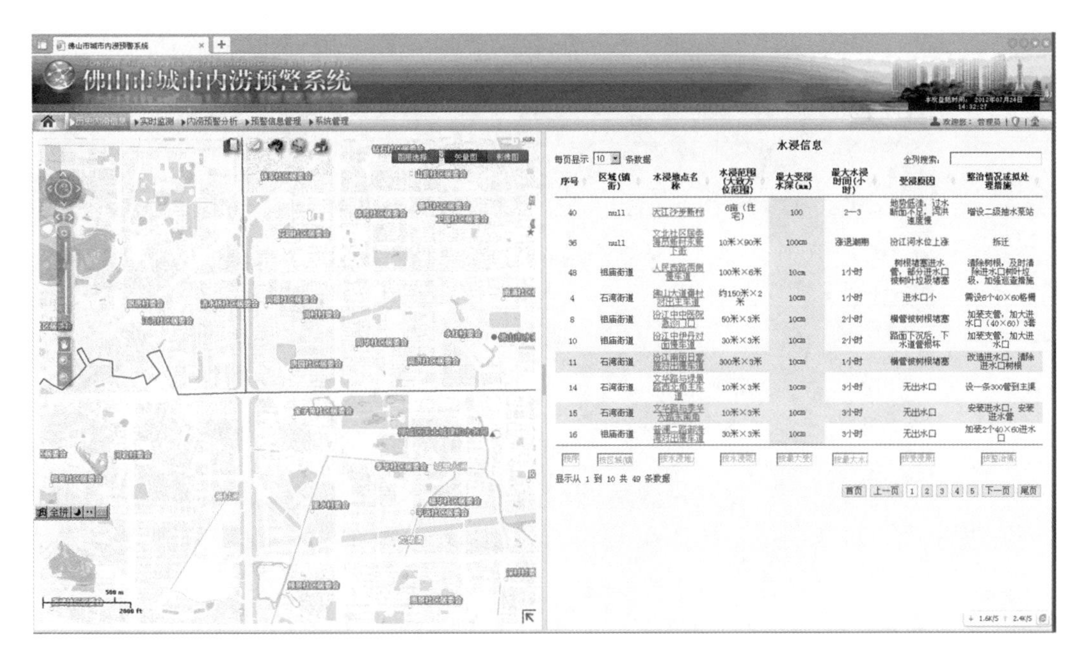

图 2－58　历史内涝信息查询

2.4.4.2　实时监测

实时监测功能模块包括气象监测、雨情监测和水情监测三部分(图 2－59)，主要展示实时和历史的气象、水情和雨情信息。

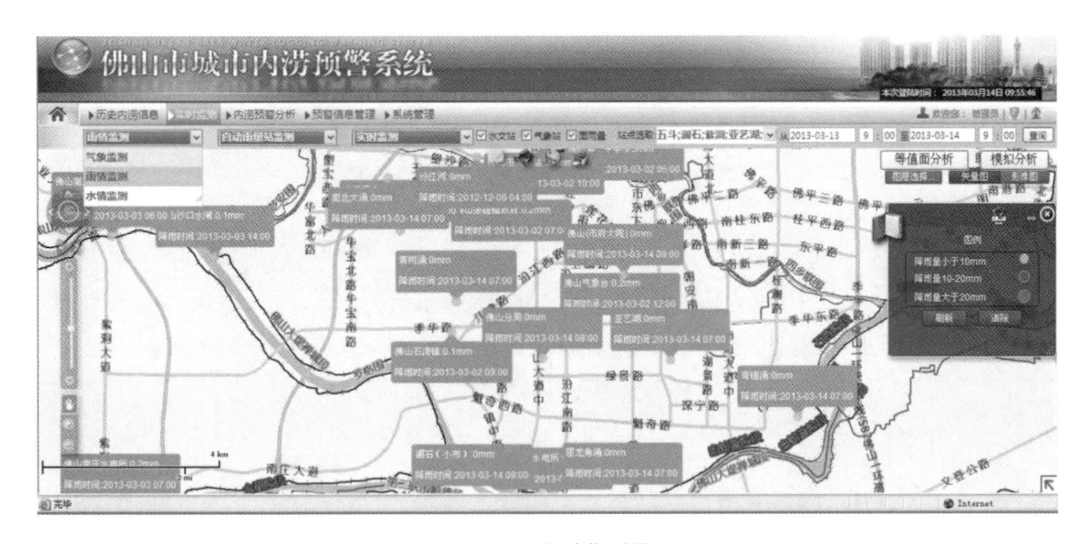

图 2－59　实时监测界面

1）气象监测

图 2－60 和图 2－61 分别为气象监测中的雷达回波图和卫星云图查询界面。在界面左侧选择任意时段可对该时段内的图片进行动态播放。

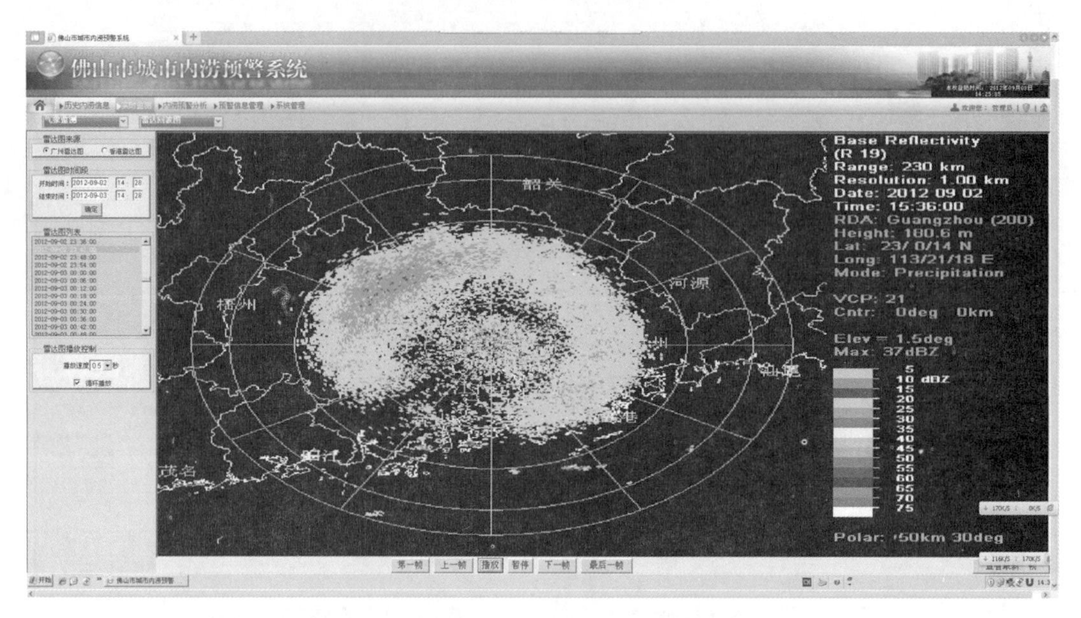

图 2－60　气象监测——雷达回波图查询界面

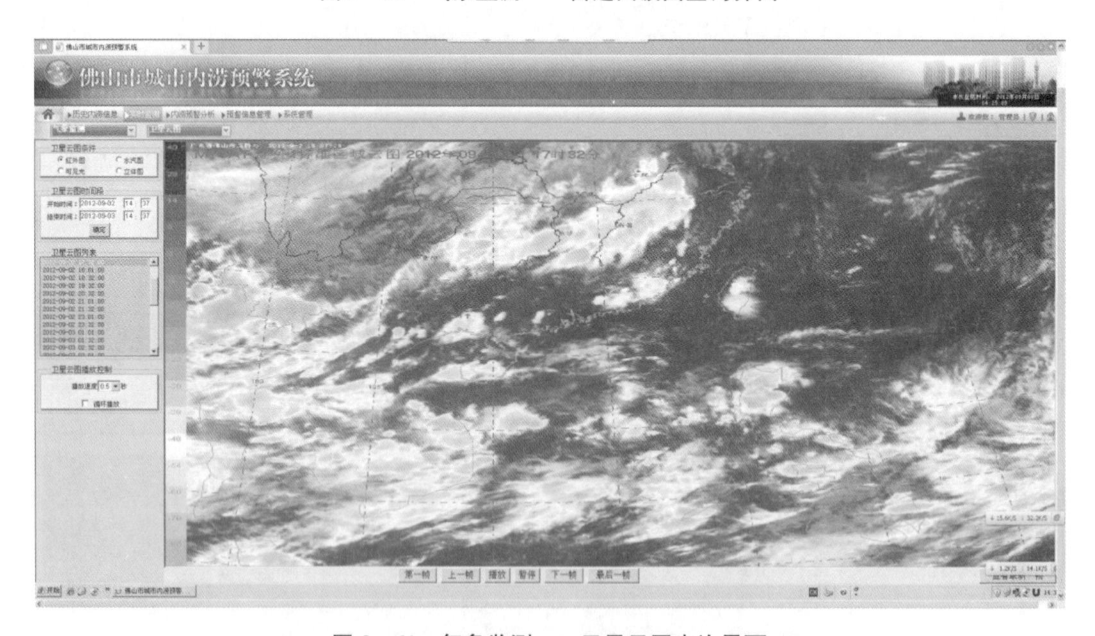

图 2－61　气象监测——卫星云图查询界面

2）雨情监测

图 2－62 中显示的是各雨量站的最新小时降雨量数据，在界面右上方选择任意时段和站点可查询相应的历史降雨过程线，如图 2－63 所示。

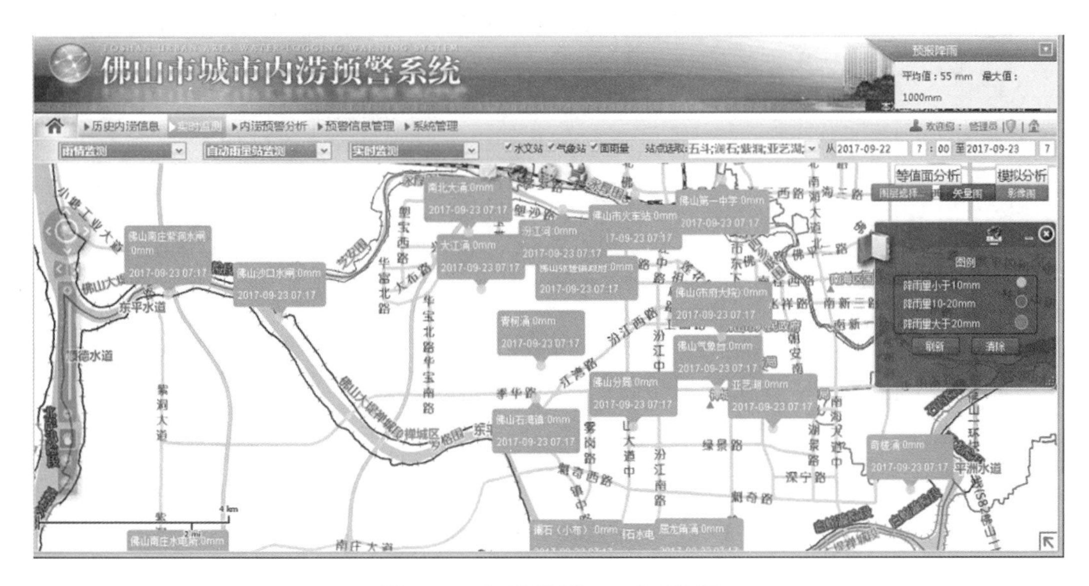

图 2－62　雨情监测——实时雨情

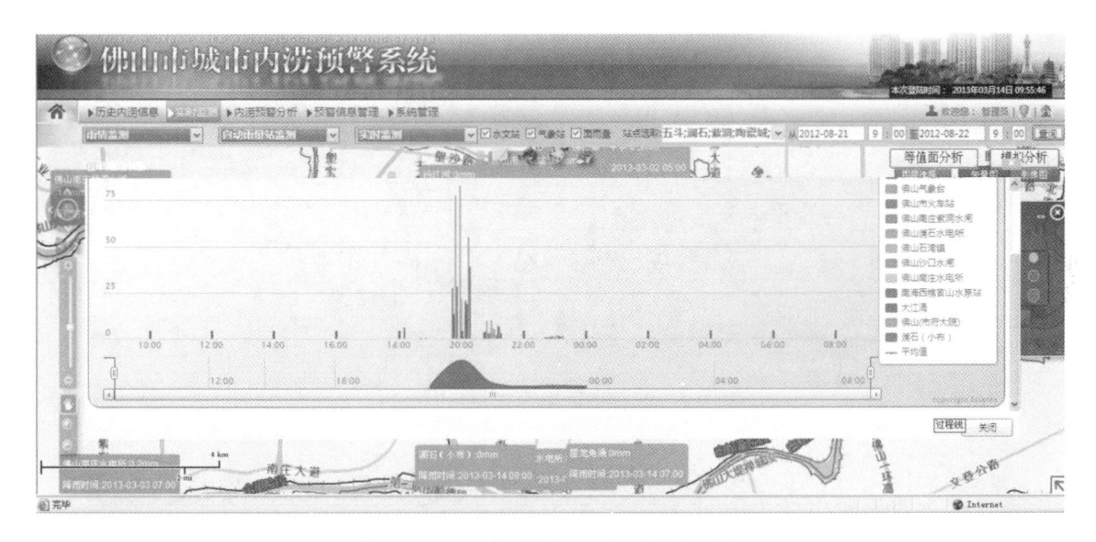

图 2－63　雨情监测——历史降雨过程

在雨情监测界面还提供了雷达测雨 QPF 数据的查询功能，按格网进行渲染，如图 2－64所示。

3）水情监测

与雨情监测界面类似，水情监测界面默认显示所有水位站最新的实时水位（图 2－65），在界面右上方选择任意时段和站点可查询相应的历史水位过程线，如图 2－66 所示。

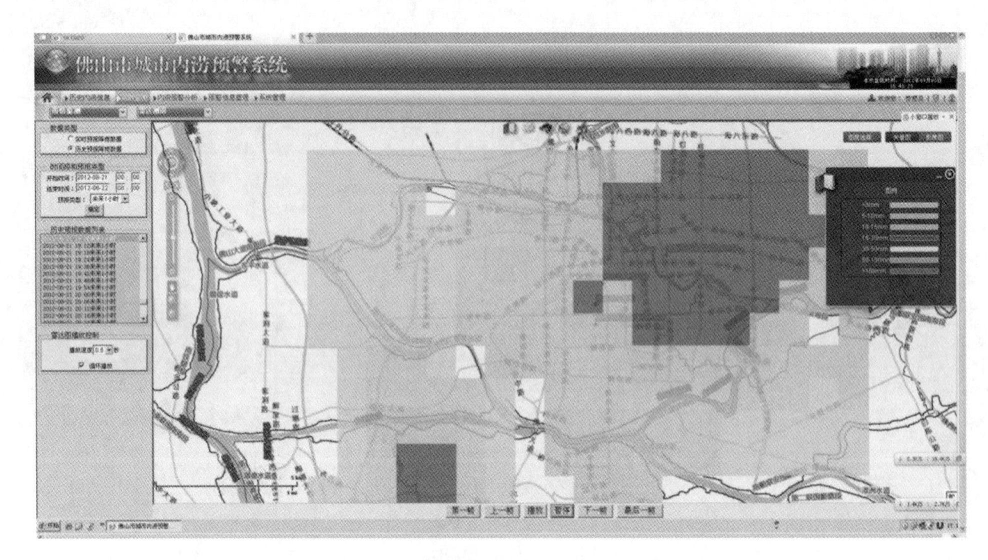

图 2-64　雨情监测——雷达测雨预报数据

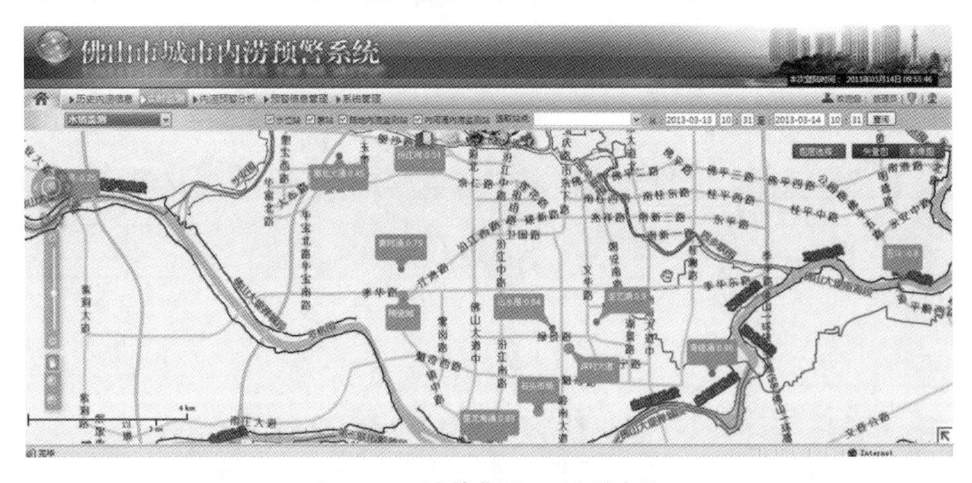

图 2-65　水情监测——实时水位

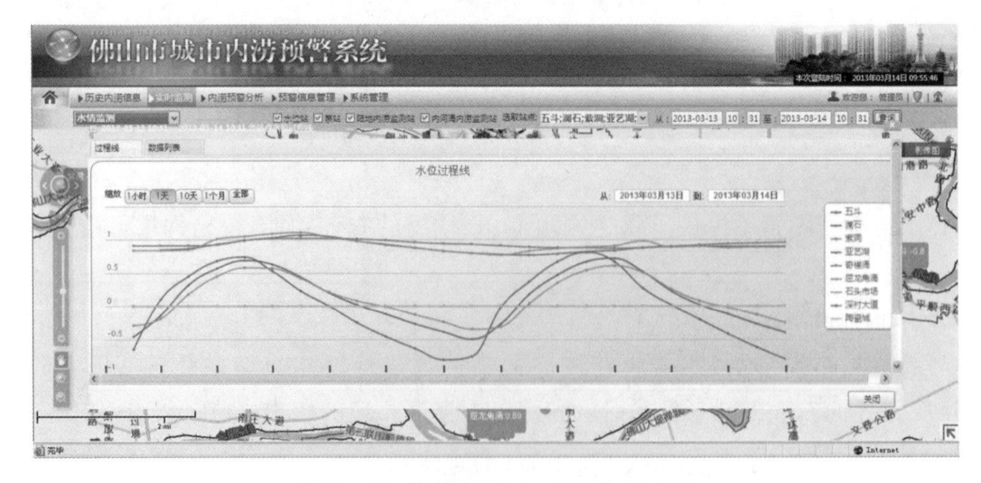

图 2-66　水情监测——历史水位过程

2.4.4.3　内涝预警分析

内涝预警分析模块主要根据系统后台自动设定或用户设定的方案，自动调用佛山市城区内涝模型进行模拟，对模拟结果进行展示，并提供积水分布图绘制界面对各方案的风险图进行绘制，以及对已有方案的所有信息进行管理。根据计算方式和所采用的降雨数据的不同，内涝分析方案可分为四类：自动预警方案、实时预报方案、历史方案和设计方案。

基于上述分类，考虑到方便系统用户使用，将内涝预警分析模块的功能分为三个子页面切换，即自动预警、计算方案设定和结果查询及数据输出，如图 2－67 所示。各页面的主要功能是：① 自动预警是内涝预警分析模块的默认界面，自动加载系统最新的自动预警方案的模拟结果，并可在页面中对所有已计算完毕的自动预警方案的模拟结果进行查询。② 计算方案设定用于实时预报方案、历史方案和设计方案的计算条件设定和模拟计算，各方案在计算完毕后会自动显示模拟结果页面。③ 结果查询及数据输出是以列表方式显示所有已完成的不同类型方案，并提供了重新计算、模拟结果查询、风险图的绘制与查看，以及方案管理的功能。

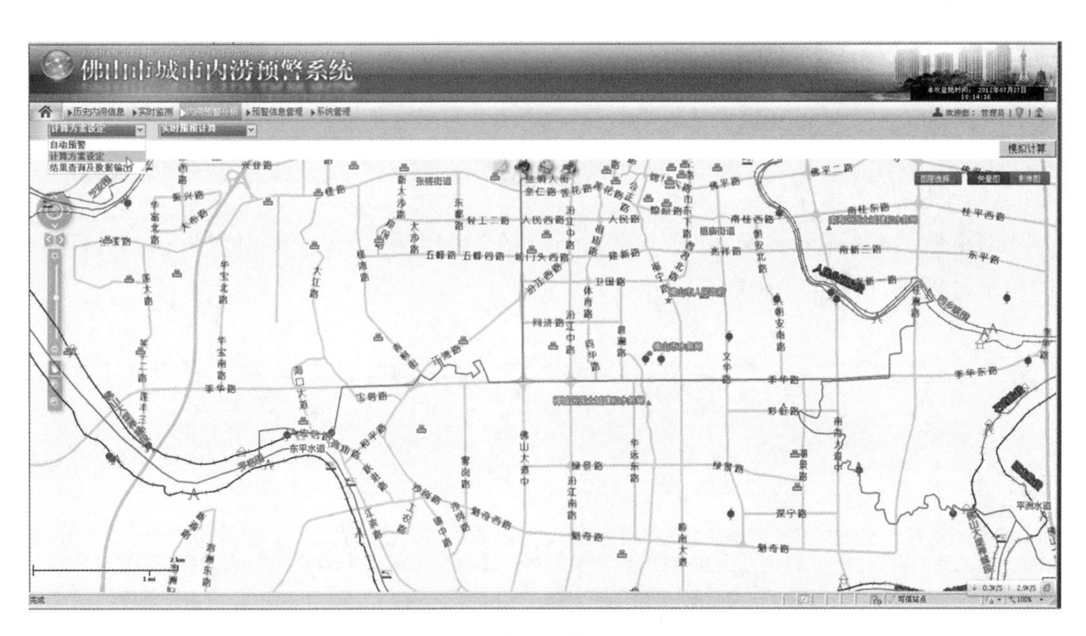

图 2－67　内涝预警分析子页面

接下来对内涝预警分析模块的这三个子页面的功能进行详细介绍。

1）自动预警

自动预警页面如图 2－68 所示。默认显示最新的自动预警方案下的积水信息。包括重要单位积水信息、网格最大水深、网格积水过程展示、道路最大水深和道路积水过程展示。此外，在自动预警页面右上方还可查询任意历史时段内的自动预警方案信息。

(1) 重要单位积水信息。

重要单位积水信息主要针对研究区域内的320个重要单位的最大积水深度和淹没历时进行显示,如图2-68所示。在页面右侧的列表中单击任一单位名称可将该单位在左侧地图中定位。

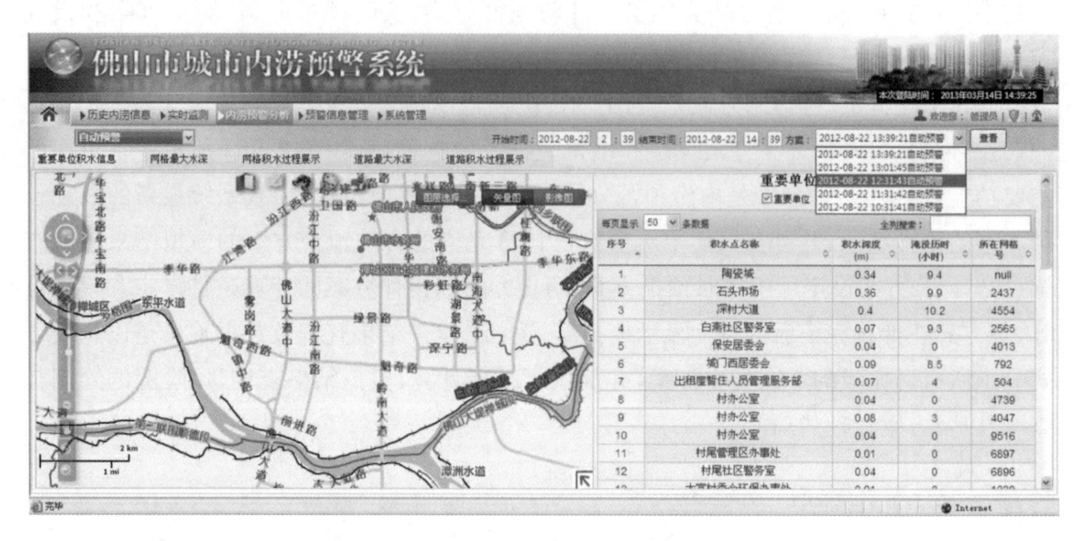

图 2-68 内涝预警分析——自动预警页面

(2) 网格最大水深。

网格最大水深显示界面如图2-69所示。在左侧地图中单击任一网格可查询该网格的积水过程线,并进行动画展示,如图2-70、图2-71所示。

图 2-69 网格最大水深

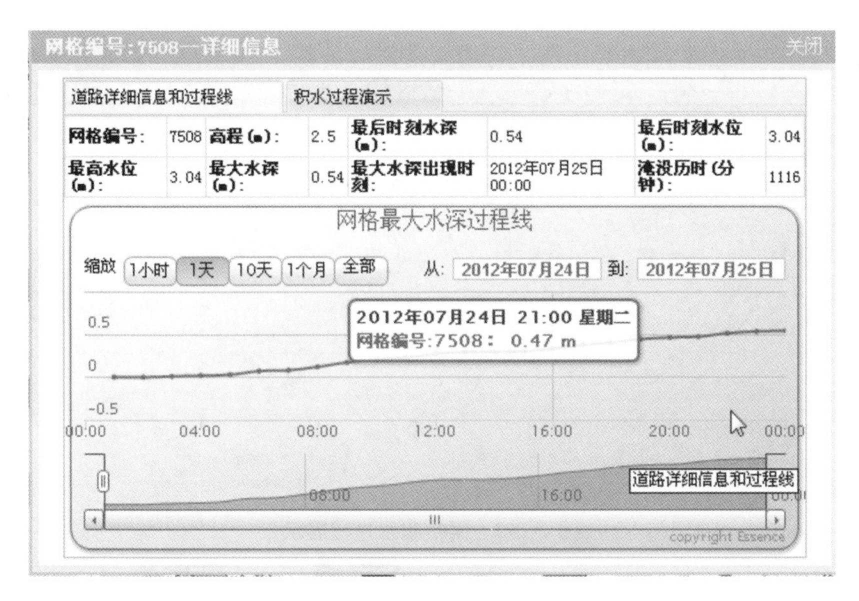

图 2-70　任一网格积水过程线

图 2-71　任一网格积水过程动画展示

(3) 网格积水过程展示。

网格积水过程展示是以顺序播放的方式直观展示整个区域的积水过程,如图 2-72 所示。

(4) 道路最大水深。

道路最大水深显示界面如图 2-73 所示。与网格最大水深界面类似,在左侧地图中单击任一路段可查询该路段的积水过程线,并进行动画展示。

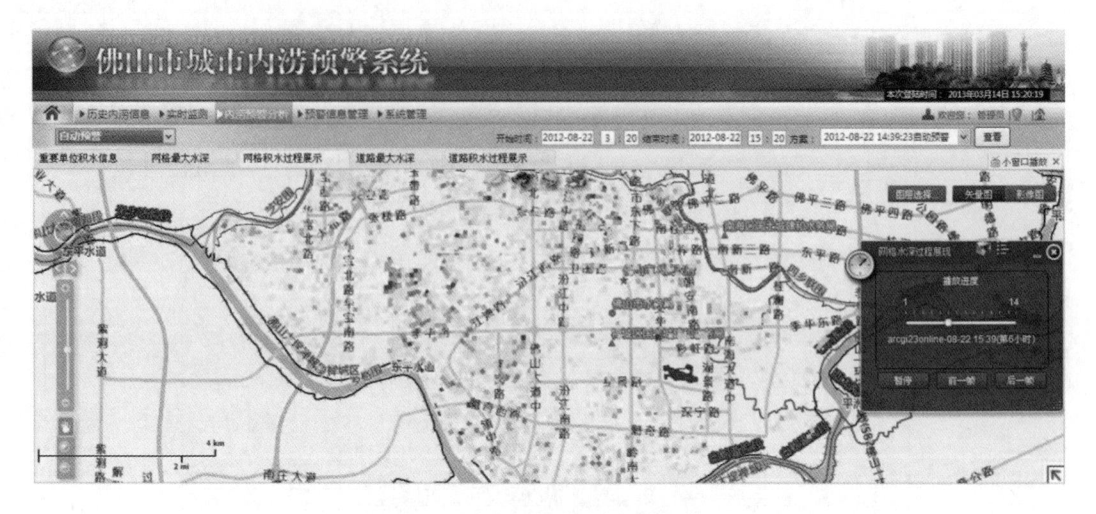

图 2-72　网格积水过程展示

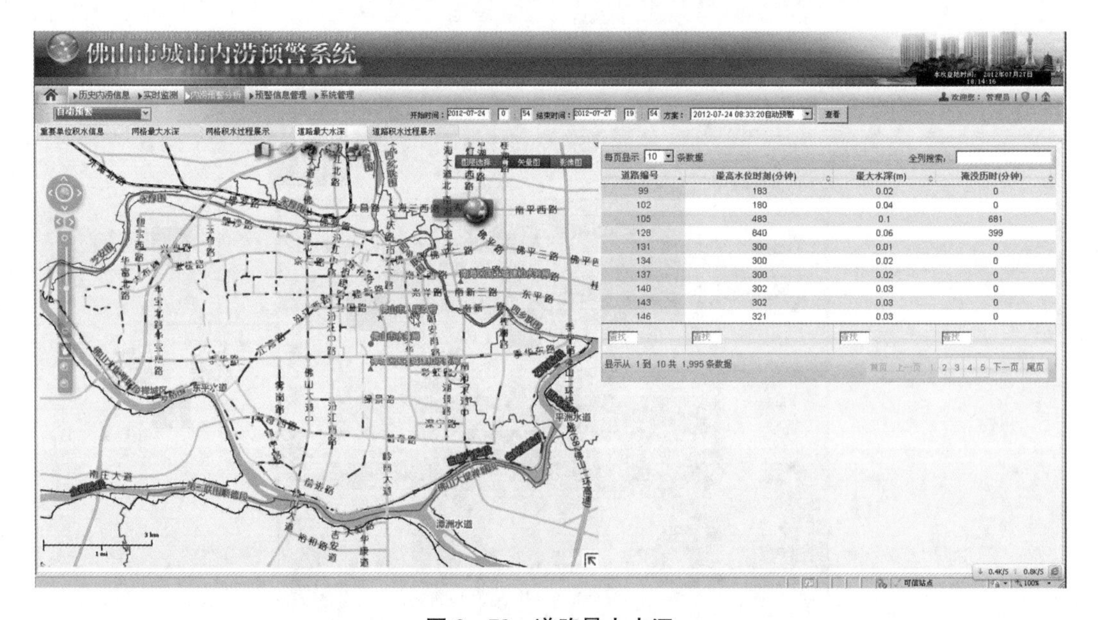

图 2-73　道路最大水深

(5) 道路积水过程展示。

道路积水过程展示是以顺序播放的方式直观展示整个区域内道路的积水过程，如图 2-74 所示。

2) 计算方案设定

在进行内涝模拟之前，需要首先对模型所需的计算条件进行设定，包括降雨条件、水位条件、泵站、水闸、排水管网和方案计算时间共 6 类。实时预报方案旨在快速对当前和(或)预报的暴雨可能引起的内涝积水开展模拟，因此仅须设定预报基准时间、预热期和预见期等条件(图 2-75)，然后系统会按默认的设置自动加载所需的 6 类条件，如图 2-76 所示，直接点击计算按钮即可调用模型开始计算。

图 2-74 道路积水过程展示

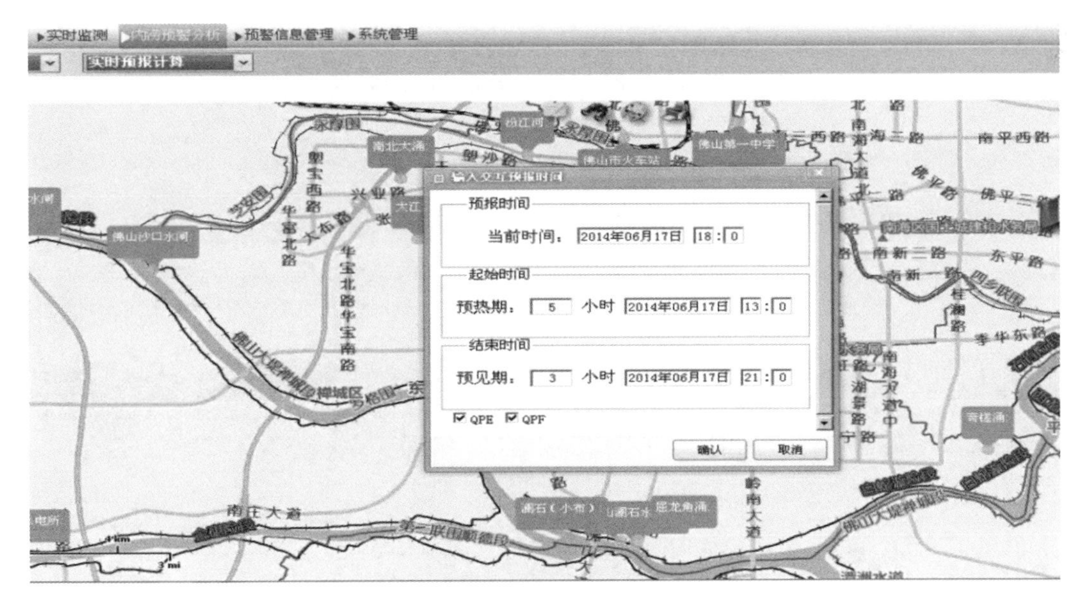

图 2-75 实时预报——数据时段设定

历史方案和设计方案需要在计算条件设定主页面中手动设定各类条件，如下所述。

(1) 降雨设定。

降雨设定包括雨量站的选择和降雨过程的导入两部分。针对雨量站，系统提供了选择任意数量雨量站的功能。当选择历史方案模拟计算时，系统可直接从实测水雨情数据库读取实测数据或从外部导入 excel 文件，如图 2-77 所示；当选择设计方案计算时，降雨设定与历史方案的设定方式类似，不同之处在于其降雨为设计降雨(图 2-78)。

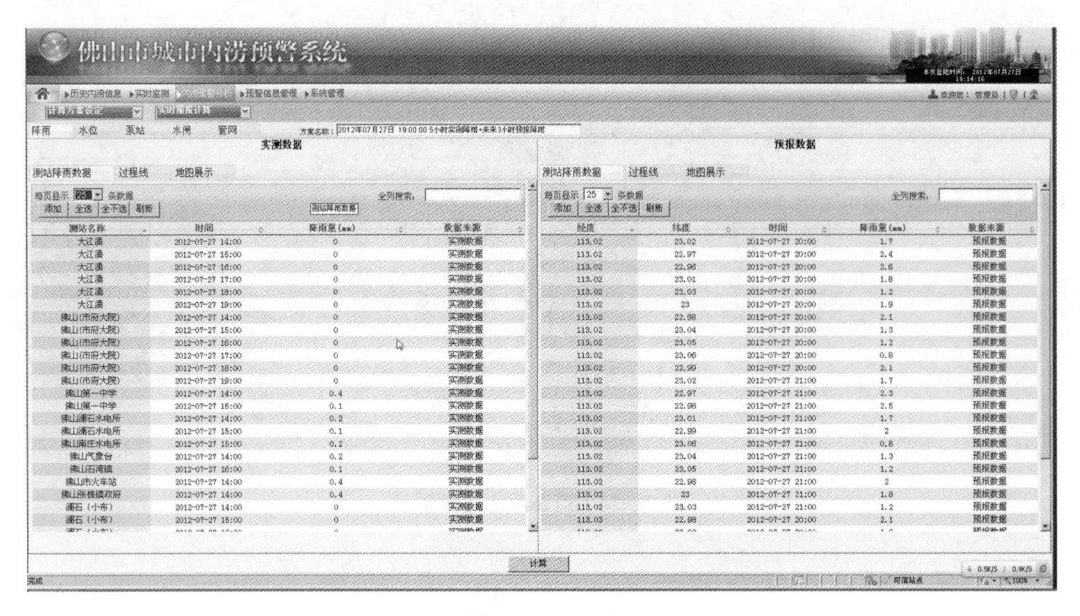

图 2 - 76　实时预报——计算条件自动加载

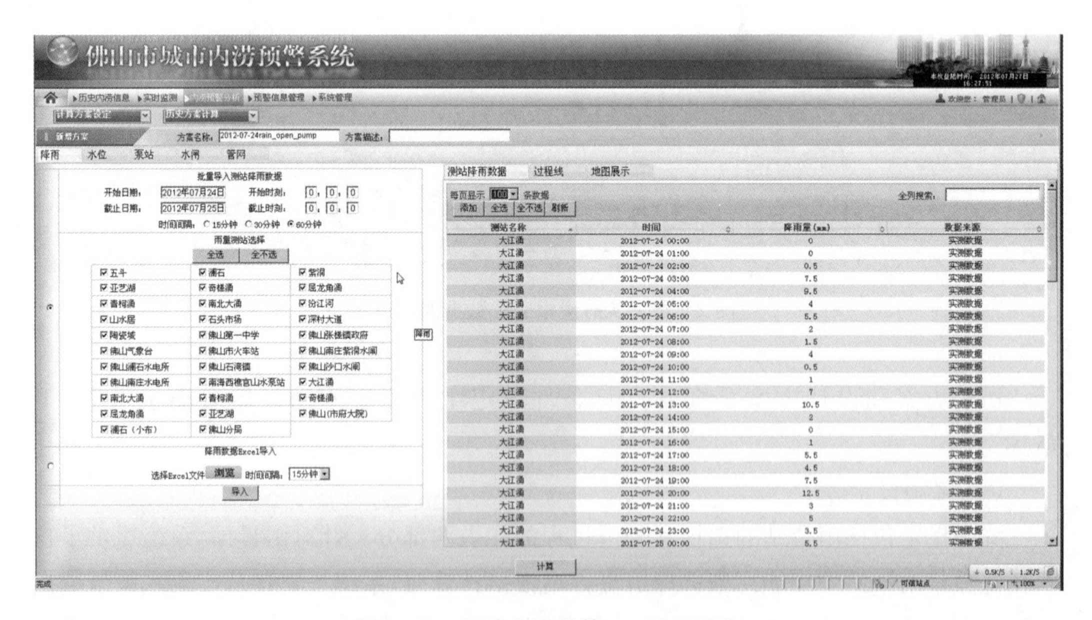

图 2 - 77　历史方案计算——降雨设定

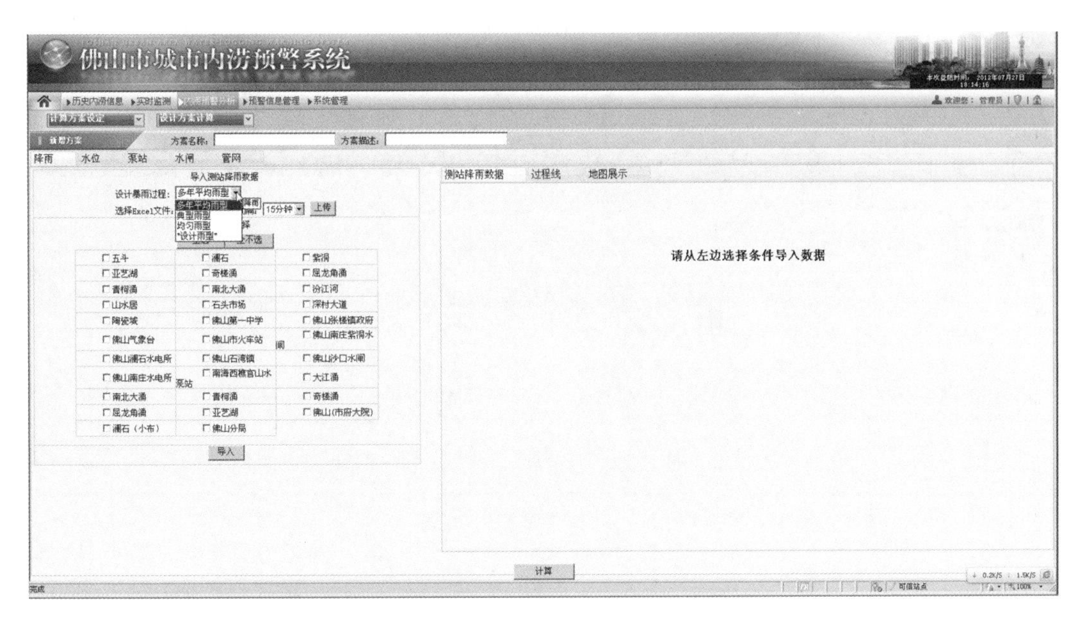

图 2－78　设计方案计算——降雨设定

(2) 水位设定。

水位数据的设定同样分为实时数据库导入和 Excel 导入两种方式(图 2－79)，设计方案计算时需要导入设计水位过程。

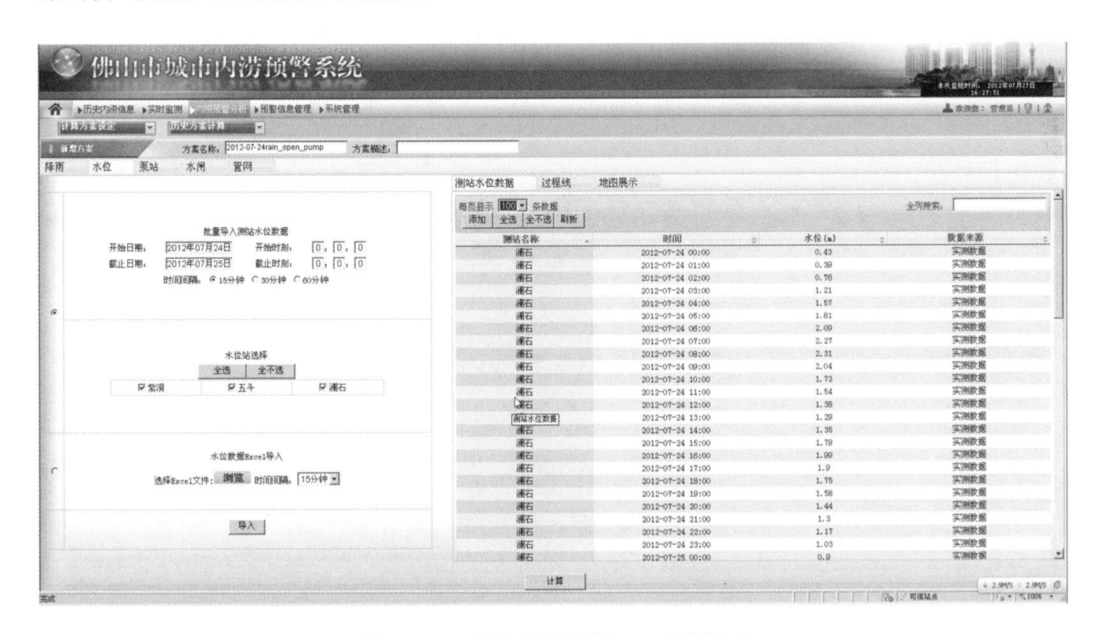

图 2－79　历史方案计算——水位设定

(3) 泵站设定。

泵站设定主要用于设定泵站的相关参数，包括泵站类型、开泵水位、设计起排水位、设计止排水位、设计排水能力、所在节点号、泵站状态、所在排水分区、排入网格号和节点号等，如图 2－80 所示。

佛山市城市内涝预警系统
历史内涝信息　实时监测　预警信息管理　系统管理
计算方案设定　历史方案计算
新增方案　方案名称：2012-07-24rain_open_pump　方案描述：
降雨　水位　泵站　水闸　管网
泵站参数　地图展示
每页显示 25 条数据　添加　全选　全不选　刷新　全列搜索：

编号	名称	类型	开泵水位(m)	泵前初始水位(m)	泵后初始水位(m)	设计起排水位(m)	设计止排水位(m)	泵站排水能力(m^3/s)	所在节点号	泵站状态	所属排水分区号	排入网格号	排入节点号
1	城北泵站	1	99			0.8	0.5	36	7620	开	4	6146	0
2	城西泵站	1	99			1	0.5	12	7853	开	4	6987	0
3	王借滘泵站	1	99			1	0.5	0	7929	开	4	6434	0
4	海口泵站	1	99			1	0.5	4	6296	开	4	5048	0
5	沙岗泵站	1	99			1	0.5	12	6442	开	5	5195	0
6	新市泵站	1	99			1	0.5	16.6	6701	开	2	5414	0
7	奇槎泵站	1	99			1	0.5	45	9729	开	2	5704	0
8	东三泵站	1	99			0.8	0.5	9.8	9472	开	2	5902	0
9	丰收泵站	1	99			1	0.5	37.04	7306	开	2	5902	0
10	石角泵站	4	99			0.95	0.5	18.2	10765	开	3	5922	0
11	九江基泵站	1	99			1	0.5	30	7562	开	4	6117	0
12	沙滘口泵站	1	99			1	0.5	6.45	7750	开	4	6135	0
13	华远泵站	2	99			0.5	-0.5	22	9604	开	2	0	0
14	同济泵站	2	99			1	0.5	14	9599	开	2	0	0
15	番村泵站	3	99			1	0.5	4	8819	开	2	0	8931
16	四村泵站	2	99			1	0.5	3.5	10816	开	1	0	0
17	腾冲泵站	4	99			1	0.5	20	7215	开	1	5826	0
18	辛岗泵站	4	99			1	0.5	1.1	2716	开	5	5060	0
19	奇槎新泵站	3	99			1	0.5	6.2	10649	开	2	0	10836
20	深村泵站	2	99			1	0.5	5.2	224	开	2	0	0
21	麦溇泵站	3	99			0.8	0.5	3.4	9482	开	2	0	9483
22	塘房泵站	2	99			0.9	0.5	1.2	9566	开	2	0	0

计算
完成　可信站点

图 2－80　历史方案计算——泵站设定

（4）水闸设定。

水闸设定主要用于设定水闸的相关参数，包括水闸类型、开闸时间、所在通道号、闸下游节点号、闸孔宽、闸底高、最大排水流量、排入或引水的网格号等，如图 2－81 所示。

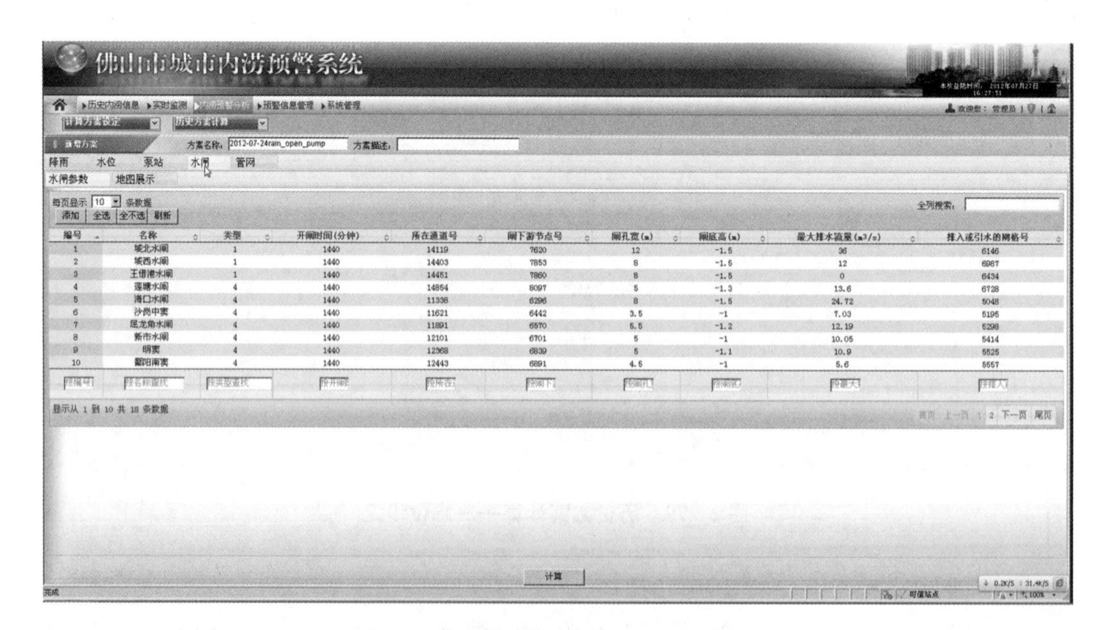

编号	名称	类型	开闸时间(分钟)	所在通道号	闸下游节点号	闸孔宽(m)	闸底高(m)	最大排水流量(m^3/s)	排入或引水的网格号
1	城北水闸	1	1440	14119	7620	12	-1.5	36	6146
2	城西水闸	1	1440	14403	7853	8	-1.5	12	6987
3	王借滘水闸	1	1440	14451	7860	8	-1.5	0	6434
4	莲塘水闸	4	1440	14854	8097	5	-1.3	13.6	6728
5	海口水闸	4	1440	11338	6296	8	-1.5	24.72	5048
6	沙岗中窦	4	1440	11621	6442	3.5	-1	7.03	5195
7	屈龙角水闸	4	1440	11891	6570	5.5	-1.2	12.19	5298
8	新市水闸	4	1440	12101	6701	5	-1	10.05	5414
9	明窦	4	1440	12368	6839	5	-1.1	10.9	5525
10	鄱阳南窦	4	1440	12443	6891	4.5	-1	5.6	5557

图 2－81　历史方案计算——水闸设定

（5）管网设定。

管网设定主要用于设定排水管网的相关参数，包括排水类型、总体积、总长度、平均管径、平均底高、平均底坡、是否为出水口、排入网格号和排入通道号等，如图 2－82 所示。

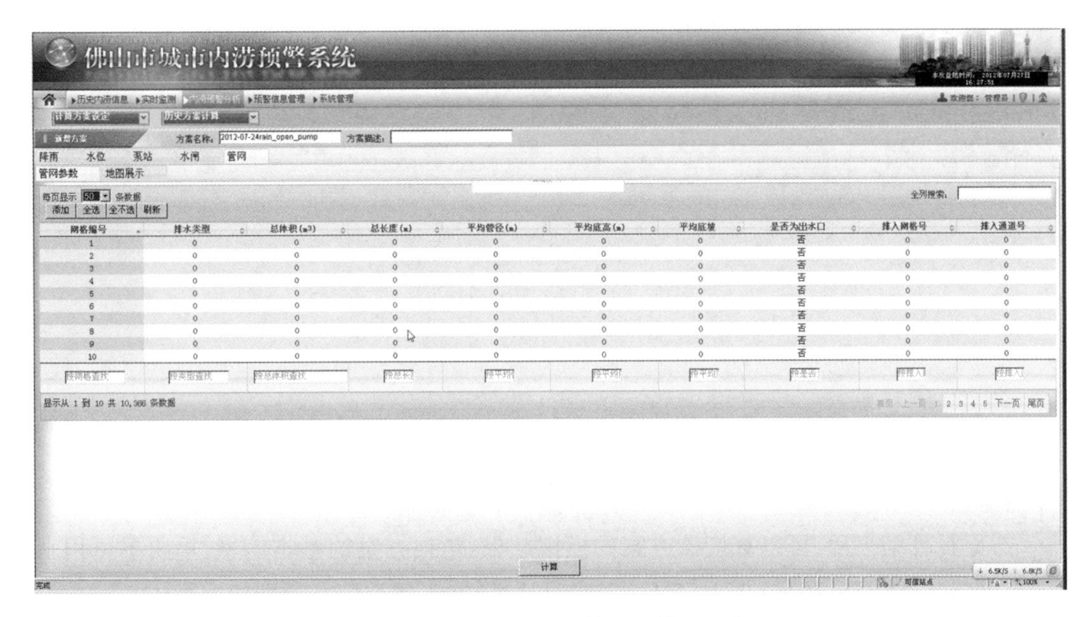

图 2－82　历史方案计算——管网设定

（6）方案计算时间设定。

方案计算时间设定是指设定计算开始时间、结束时间和结果文件的输出时间间隔，如图 2－83 所示，设置完成后，点击“开始计算”，即调用模型进行模拟。模型计算完毕后，会自动跳转至模拟结果查询界面。

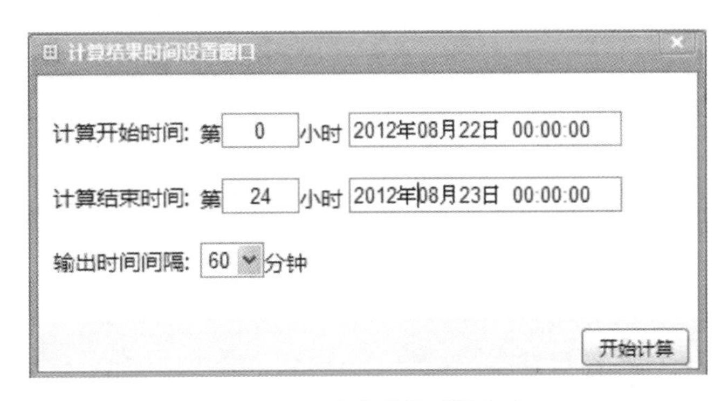

图 2－83　方案计算时间设定

3）结果查询及数据输出

结果查询及数据输出主页面如图 2－84 所示，显示的是系统已有的方案列表。通过各方案右侧的工具按钮可对该方案进行重新计算、模拟结果查询、风险图的绘制与查看，以及方案的删除操作。

佛山市城市内涝预警系统

▸历史内涝信息 ▸实时监测 ▸预警信息管理 ▸系统管理

欢迎您：管理员

每页显示 10 条数据　　全列搜索：

方案名称	作者	创建时间	数据类型	计算开始时间	计算结束时间	计算时间长度	方案计算	操作
2012-07-27 18:32:14自动预警	system	2012-07-27 18:32	自动预警	2012-07-27 13:32	2012-07-28 03:32	14	计算	查询 删除 绘制 编辑 查图
2012-07-24 rain open pump	admin	2012-07-27 18:17	历史方案计算	2012-07-24 00:00	2012-07-25 00:00	24	计算	查询 删除 绘制 编辑 查图
2012-07-27 17:32:12自动预警	system	2012-07-27 17:32	自动预警	2012-07-27 12:32	2012-07-28 02:32	14	计算	查询 删除 绘制 编辑 查图
2012-07-27 16:32:09自动预警	system	2012-07-27 16:32	自动预警	2012-07-27 11:32	2012-07-28 01:32	14	计算	查询 删除 绘制 编辑 查图
2012年07月27日 change name	admin	2012-07-27 16:31	实时预报计算	2012-07-27 11:00	2012-07-28 01:00	14	计算	查询 删除 绘制 编辑 查图
2012-07-27 11:52:38自动预警	system	2012-07-27 11:52	自动预警	2012-07-27 06:52	2012-07-27 20:52	14	计算	查询 删除 绘制 编辑 查图
2012-07-27 10:51:48自动预警	system	2012-07-27 10:51	自动预警	2012-07-27 05:51	2012-07-27 19:51	14	计算	查询 删除 绘制 编辑 查图
2012-07-26 18:51:25自动预警	system	2012-07-26 18:51	自动预警	2012-07-26 13:51	2012-07-27 03:51	14	计算	查询 删除 绘制 编辑 查图
2012-07-26 17:51:23自动预警	system	2012-07-26 17:51	自动预警	2012-07-26 12:51	2012-07-27 02:51	14	计算	查询 删除 绘制 编辑 查图
2012-07-26 16:51:21自动预警	system	2012-07-26 16:51	自动预警	2012-07-26 11:51	2012-07-27 01:51	14	计算	查询 删除 绘制 编辑 查图

显示从 1 到 10 共 220 条数据　　首页 上一页 1 2 3 4 5 下一页 尾页

图 2-84　结果查询及数据输出——方案列表

方案计算结束后，可以查询该方案的模拟结果，包括方案的基本信息、重要单位积水信息、网格积水信息和道路积水信息，并导出风险图层。各类信息分别如下所述。

（1）方案基本信息。

方案基本信息查询功能主要提供此方案在创建时的基础信息和计算条件设置，如图 2-85 所示。点击界面中的各标签可查询详细的计算条件信息，即前述的降雨、水位、泵站、水闸和排水管网设置。

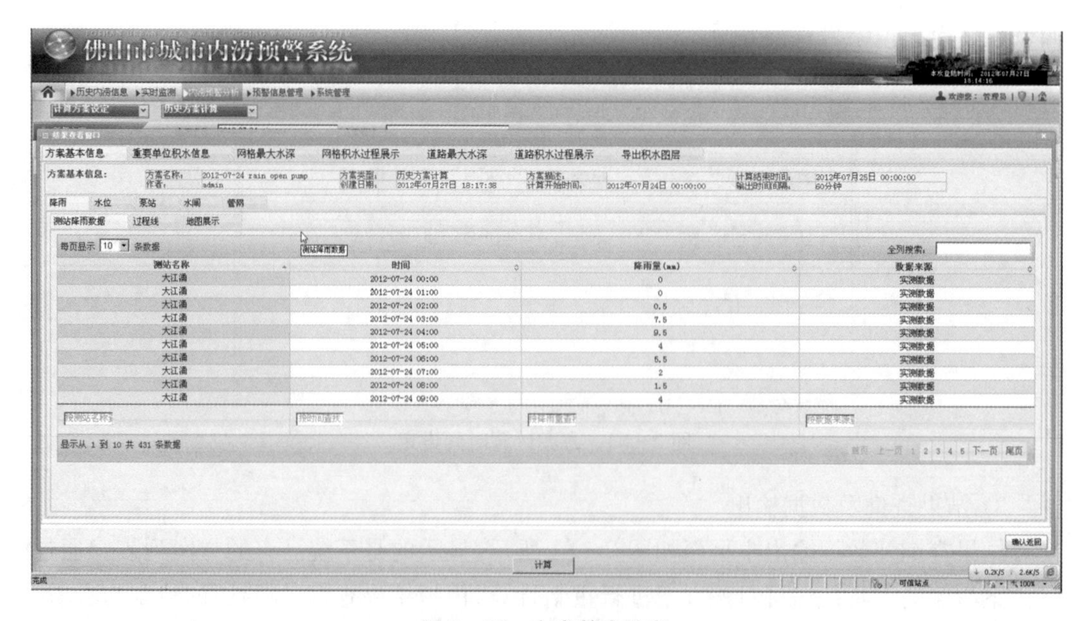

图 2-85　方案基本信息

(2) 重要单位积水信息。

与 2.4.3.3 小节中“自动预警”的介绍类似，主要以列表和地图方式展示重要单位的积水信息。

(3) 网格积水信息。

网格积水信息包括网格最大水深分布、各网格的积水过程线和所有网格积水过程的动态展示，详见 2.4.3.3 节所述。

(4) 道路积水信息。

道路积水信息包括道路最大水深分布、各路段的积水过程线和所有道路积水过程的动态展示，详见 2.4.3.3 节所述。

(5) 导出风险图层。

导出风险图层功能可以将系统生成的网格最大水深分布、道路最大水深分布，以及根据网格最大水深自动生成的水深等值线和等值面以 shape 文件或 GDB 文件格式导出到本地。直接点击地图右侧工具下方的“导出 GDB”和“导出 shp”即可(图 2-86)，方便用户在其他 GIS 平台使用洪水风险图层。

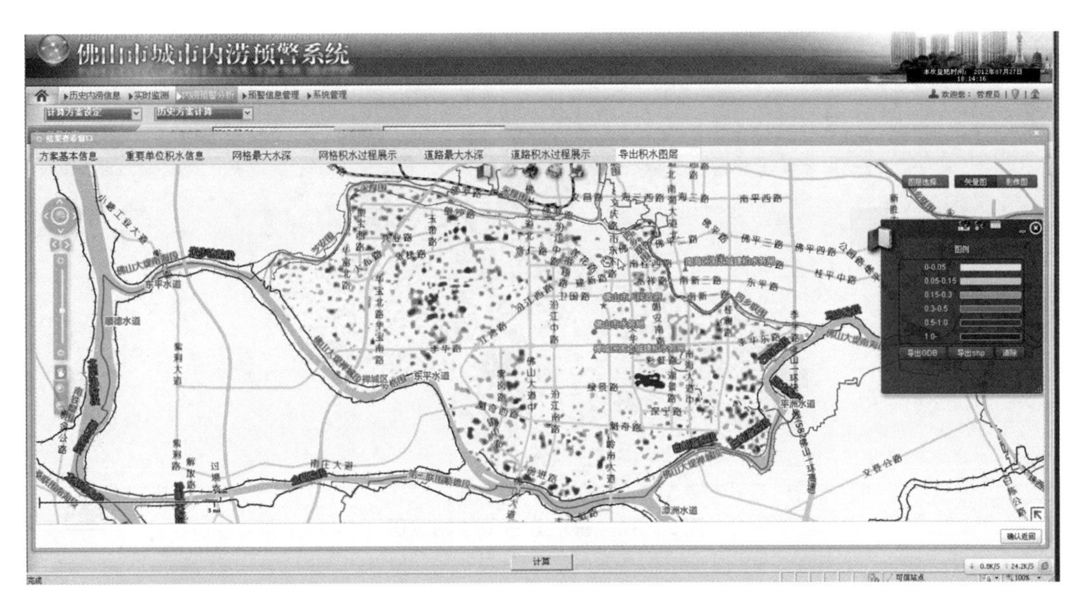

图 2-86　导出风险图层

4) 积水分布图绘制与输出

积水分布图绘制功能可以根据用户的设置，自动生成图片格式的洪水风险图，包括编制信息设定、风险图层叠加、纸张设定、添加辅助信息和风险图成图五个主要步骤。

(1) 编制信息设定。

图 2-87 为系统的风险图绘制界面，界面下方为地图，可以查看各种地图叠加的显示效果，上方为风险图设置信息，各项说明如下：

① 图名,输入风险图的名称。

② 主管单位,输入主管单位。

③ 编制单位,输入编制单位。

④ 编制方法,输入编制方法,默认为水力学法。

⑤ 风险图层类型,分为网格水深分布、道路水深分布和等值面三类,可分别生成相应的风险图。

⑥ 发布单位,输入发布单位。

⑦ 发布时间,输入发布时间,默认为当前时刻。

⑧ 风险图绘制范围,风险图绘制范围分为全部、石湾镇街道、祖庙街道和张槎街道,可根据要绘制的风险图区域进行选择。

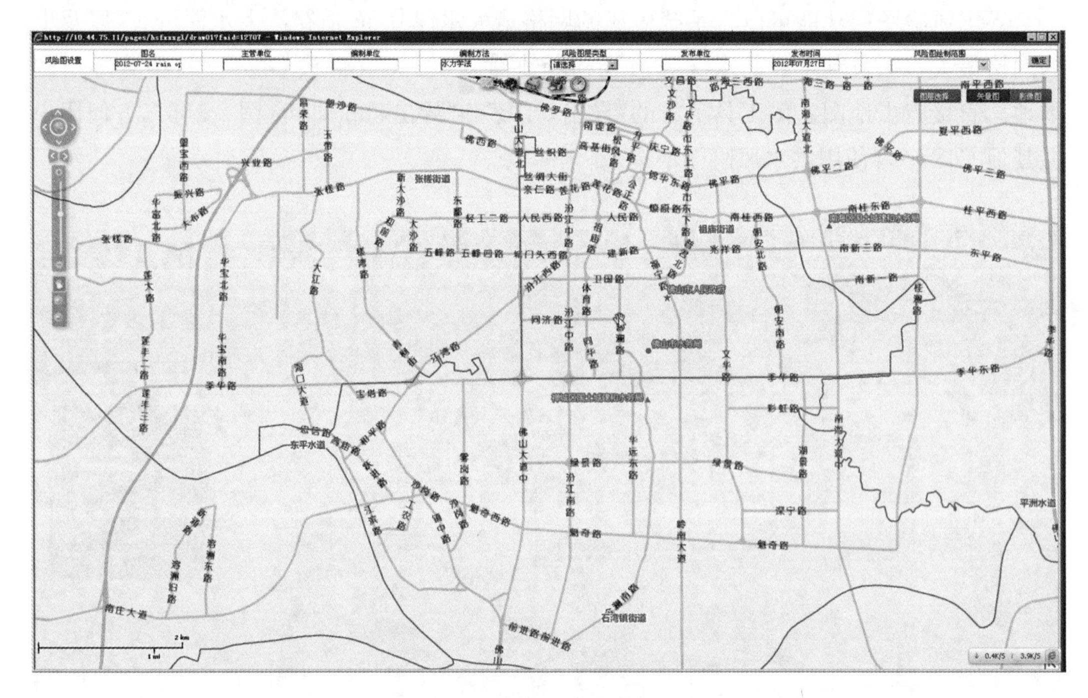

图 2-87 积水分布图绘制页面

(2) 风险图层叠加。

在编制信息设定完成后,点击“确定”按钮,系统自动叠加所选择的风险图层,如图2-88所示。

(3) 纸张设定。

利用地图上方的“ ”按钮可打开纸张设定工具,通过调整地图缩放比例和选择适合的纸张方向使地图信息显示美观充分,如图2-89所示。

(4) 添加辅助信息。

在图2-89所示页面点击“确定”按钮后,显示“辅助信息添加”工具,如图2-90所示右侧工具，可根据需求添加辅助信息，如说明信息、过程线等，并对地图中的已有要素进行编辑，对编制信息列表、图例等进行位置调整。

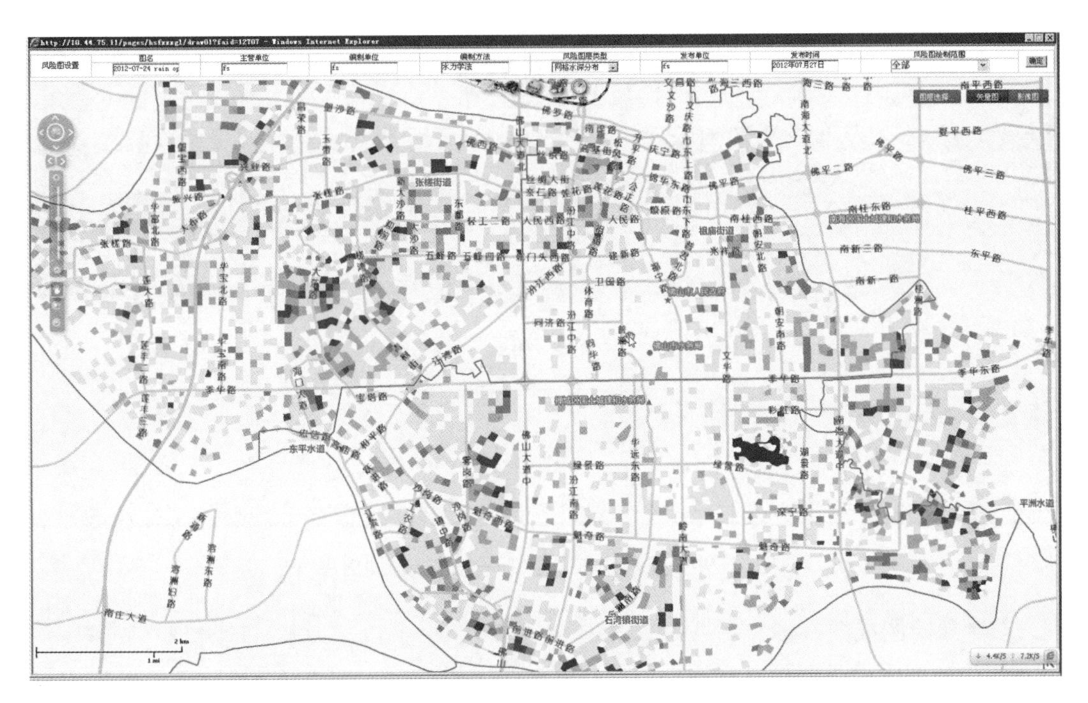

图 2-88 积水分布图绘制——叠加风险图层

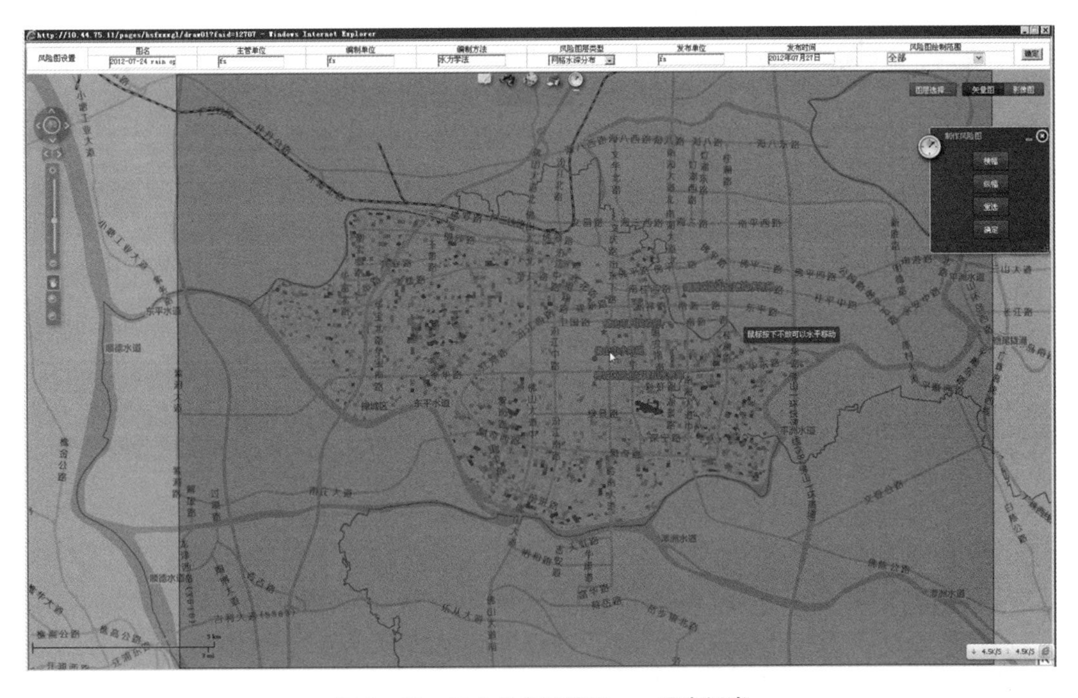

图 2-89 积水分布图绘制——设定纸张

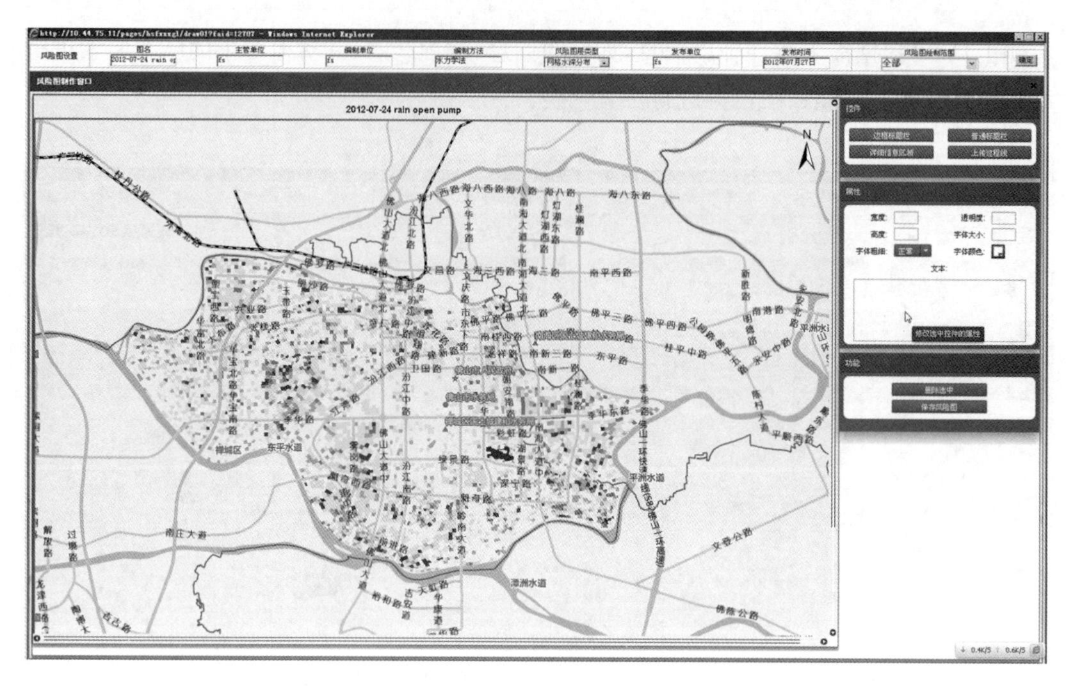

图 2-90　积水分布图绘制——添加辅助信息

（5）风险图成图。

在将地图中的编制信息和辅助信息调整至合适位置后，点击“保存风险图”，可生成相应的洪水风险图，系统自动将该图保存于默认位置，同时提供了风险图另存功能，可将图片保存于任意所选的位置，如图 2-91 所示。

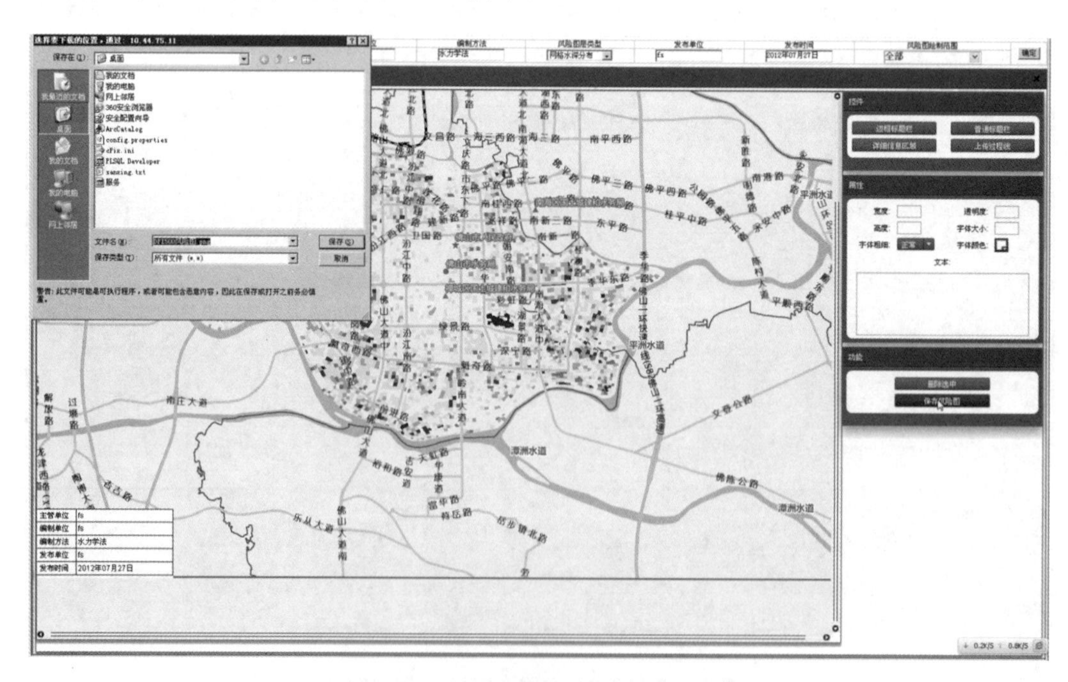

图 2-91　积水分布图绘制——风险图保存

此外，在积水分布图绘制时，还可与影像地图叠加，如图 2-92 所示。已绘制完成的积水分布图可在列表中选择“查图”工具进行查看。

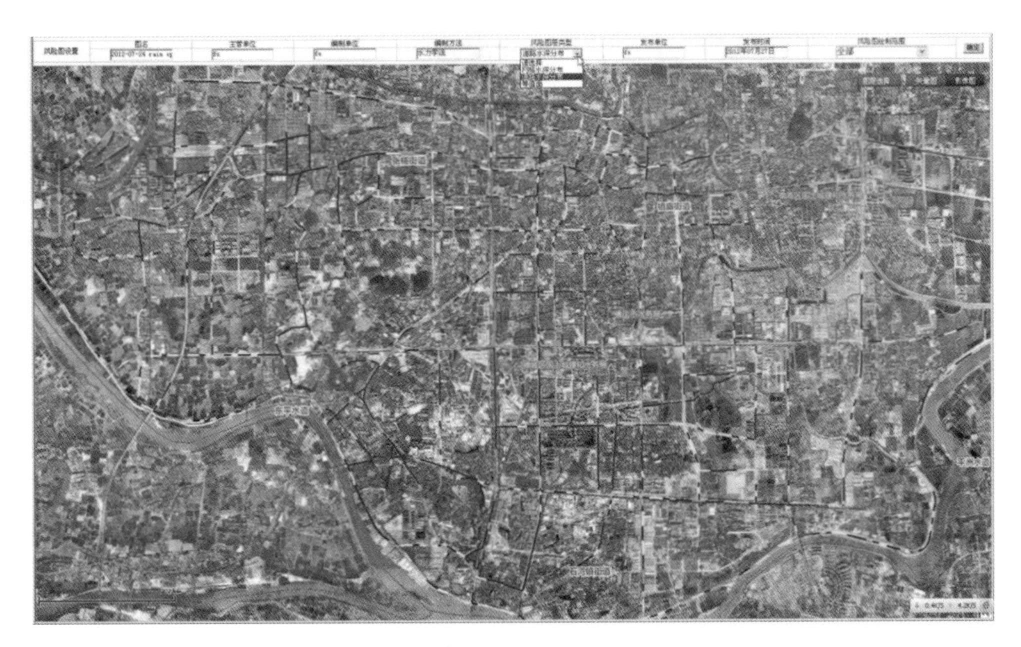

图 2-92 积水分布图绘制——与影像地图叠加

2.4.4.4 预警信息管理

预警信息管理模块主要用于对积水预警信息进行查询管理。其界面包括三部分(图 2-93)，左侧上方为已有的方案列表，按时间顺序排列，下方的重要单位和重要路段预警列表以及右侧地图中均默认加载最新计算方案的预警信息。列表和地图中的重要单位及重要路段预警信息可任意切换显示，如图 2-94 所示。

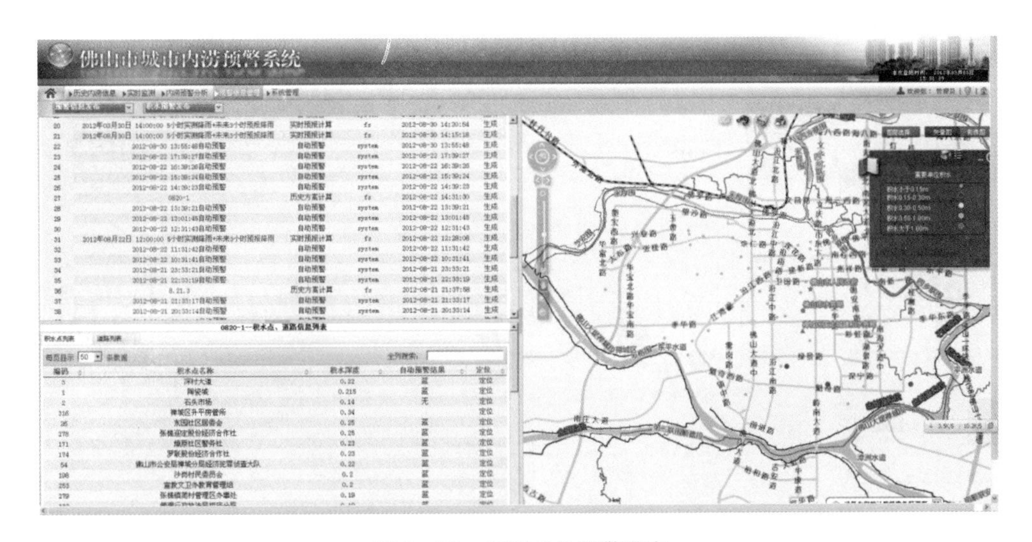

图 2-93 重要单位预警信息

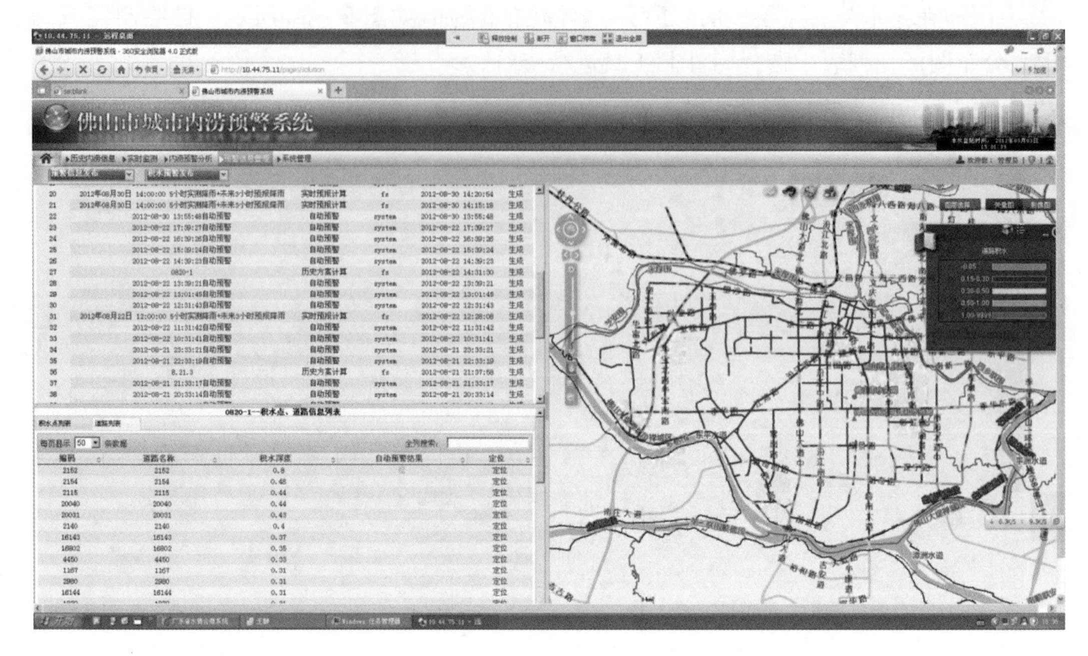

图 2-94　重要路段预警信息

点击各方案右侧的“生成”按钮，可查看该方案的内涝预警简报，如图 2-95～图 2-97所示，简报内容包括水雨情、内涝分析结果、暴雨积水分布图和内涝预警建议四部分。利用简报下方的工具按钮可对简报中的基础信息、积水信息和预警信息进行修正和调整(图 2-98)，并将简报导出为 word 文档。

图 2-95　预警信息管理——积水预警之内涝预警简报(一)

图2－96 预警信息管理——积水预警之内涝预警简报(二)

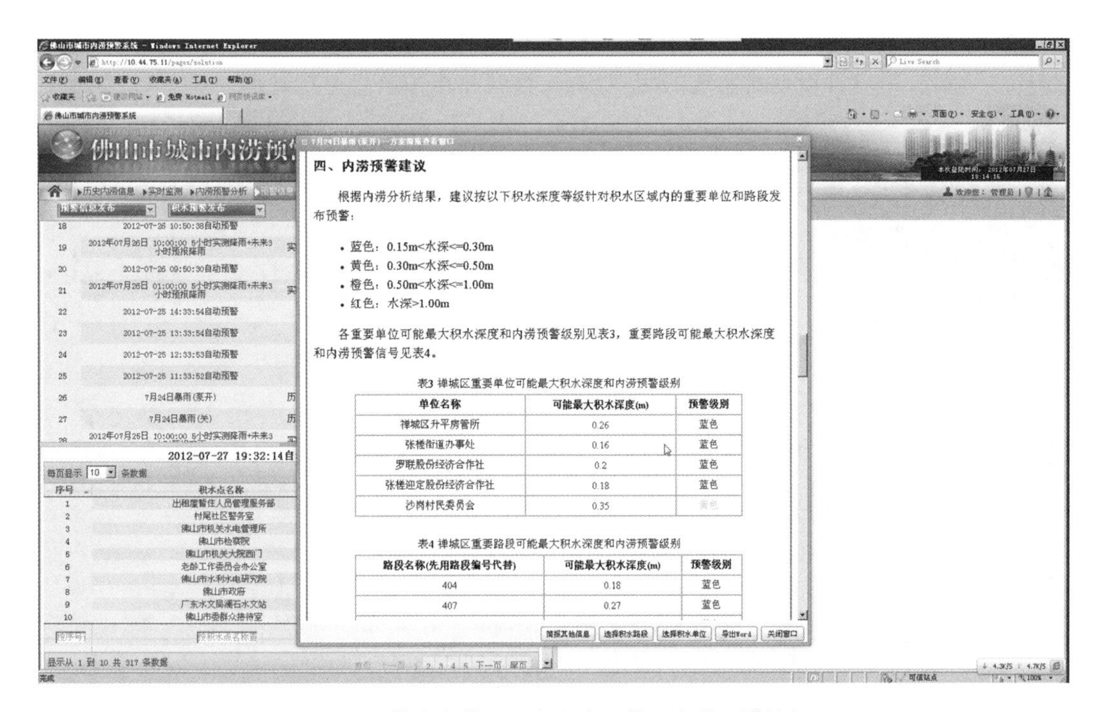

图2－97 预警信息管理——积水预警之内涝预警简报(三)

选择显示在简报中的积水路段

•阈值：蓝色：0.15m<水深<=0.30m 黄色：0.30m<水深<=0.50m 橙色：0.50m<水深<=1.00m 红色：水深<1.00m

每页显示 10 条数据 修改 删除 全列搜索：

全选 全不选

选择	道路编号	积水深度(m)	自动预警结果
□	404	0.07	无
□	4260	0.07	无
□	407	0.07	无
□	2017	0.05	无
□	15497	0.04	无
□	15531	0.04	无
□	15994	0.04	无
□	15714	0.04	无
□	15165	0.04	无
□	15721	0.04	无
查找	查找	查找	查找

显示从 1 到 10 共 1,995 条数据

首页 上一页 1 2 3 4 5 下一页 尾页

图 2－98 预警信息管理——积水预警之内涝预警简报(四)

2.4.4.5 系统管理

系统管理包括系统参数设定和用户管理，如图 2－99 所示。其中，系统参数设定包括实测降雨显示等级设置、设计暴雨过程管理、设计水位过程管理、设计雨型管理、初始水位站点信息维护、模拟分析管理、预警参数管理和自动预警方案的泵站参数设定等，如图 2－100所示。用户管理是对系统的用户数量、类型和相关信息进行管理。

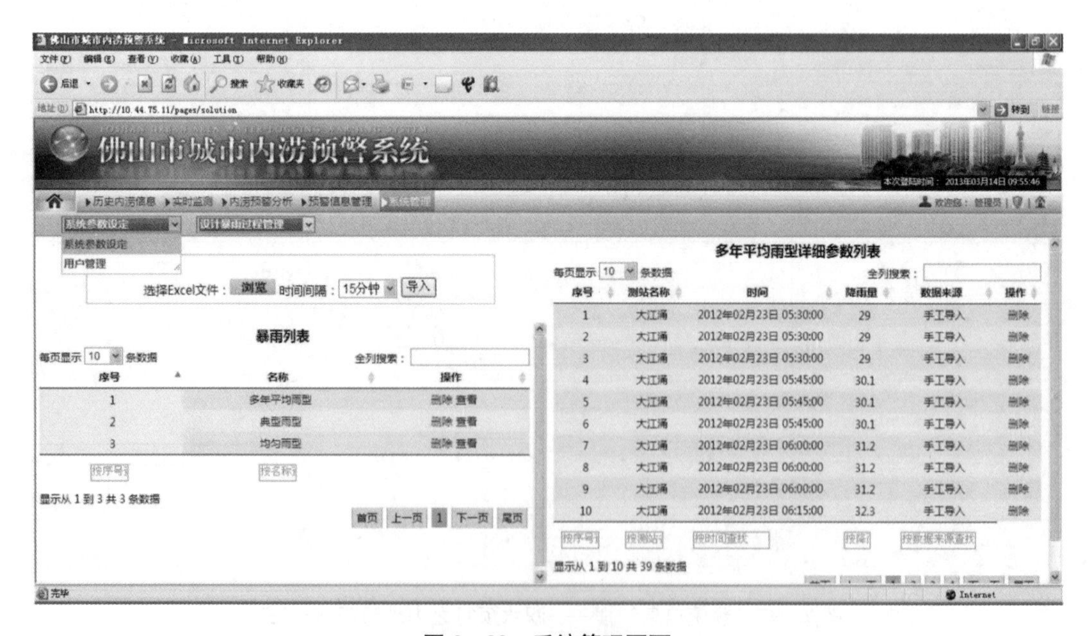

图 2－99 系统管理页面

图 2 - 100　系统参数设定菜单

1）实测降雨显示等级设置

实现对实时雨情监测界面中的雨量显示等级(图 2 - 101)进行设置。

2）设计水位过程管理

实现对系统中已有设计水位过程的管理和从外部导入新的设计水位过程，如图 2 - 102 所示。

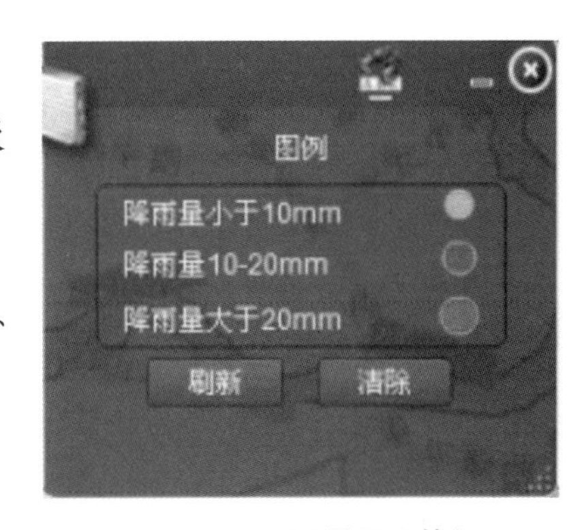

图 2 - 101　雨量显示等级

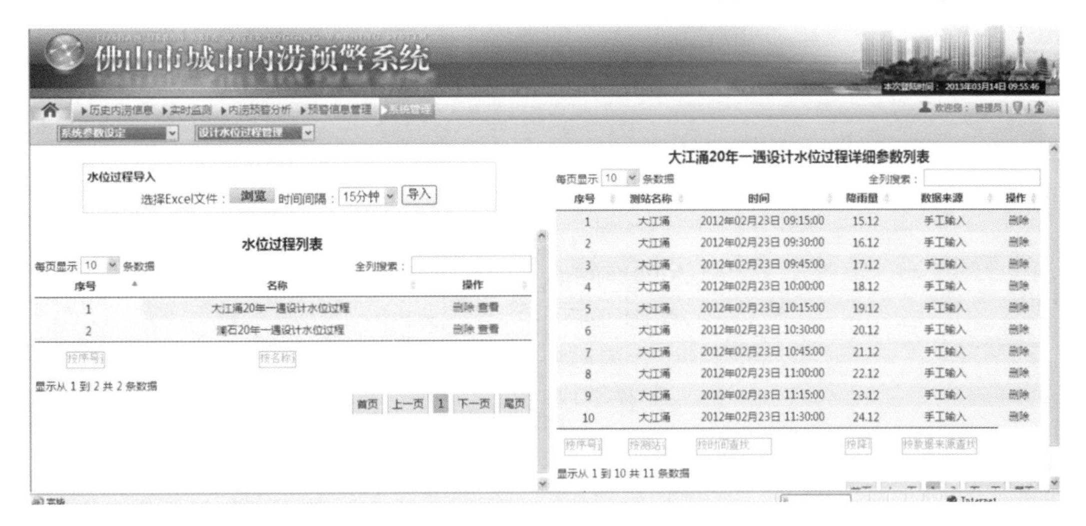

图 2 - 102　设计水位过程管理

3）设计暴雨过程管理

实现对系统中已有设计暴雨过程的管理和从外部导入新的设计暴雨过程。

4）设计雨型管理

实现对系统中已有设计雨型的管理和从外部导入新的设计雨型，与设计暴雨过程和设计水位过程管理类似。

5）初始水位站点信息维护

实现对佛山市城区内涝模型中所采用的初始水位站点信息的维护、新增或删除处理，如图 2－103 所示。

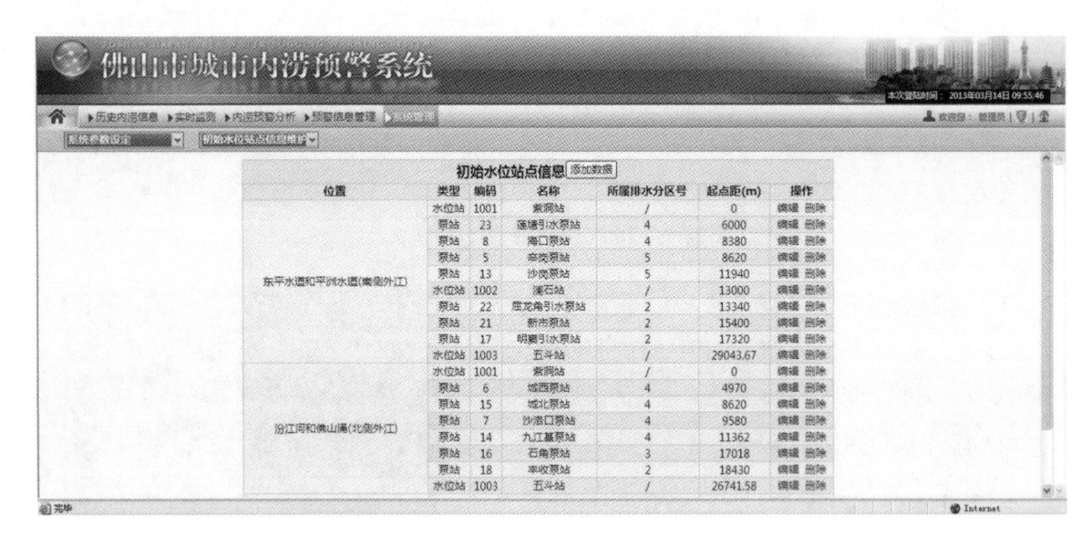

位置	类型	编码	名称	所属排水分区号	起点距(m)	操作
东平水道和平洲水道(南侧外江)	水位站	1001	紫洞站	/	0	编辑 删除
	泵站	23	莲塘引水泵站	4	6000	编辑 删除
	泵站	8	海口泵站	4	8380	编辑 删除
	泵站	5	辛岗泵站	5	8620	编辑 删除
	泵站	13	沙岗泵站	5	11940	编辑 删除
	水位站	1002	澜石站	/	13000	编辑 删除
	泵站	22	压龙角引水泵站	2	13340	编辑 删除
	泵站	21	新市泵站	2	15400	编辑 删除
	泵站	17	明窦引水泵站	2	17320	编辑 删除
	水位站	1003	五斗站	/	29043.67	编辑 删除
汾江河和佛山涌(北侧外江)	水位站	1001	紫洞站	/	0	编辑 删除
	泵站	6	城西泵站	4	4970	编辑 删除
	泵站	15	城北泵站	4	8620	编辑 删除
	泵站	7	沙涌口泵站	4	9580	编辑 删除
	泵站	14	九江基泵站	4	11362	编辑 删除
	泵站	16	石角泵站	3	17018	编辑 删除
	泵站	18	丰收泵站	2	18430	编辑 删除
	水位站	1003	五斗站	/	26741.58	编辑 删除

图 2－103 初始水位站点信息维护

6）模拟分析管理

实现对实时预报方案相关参数的设定和自动预警方案启动条件的设定，如图 2－104、图 2－105 所示。

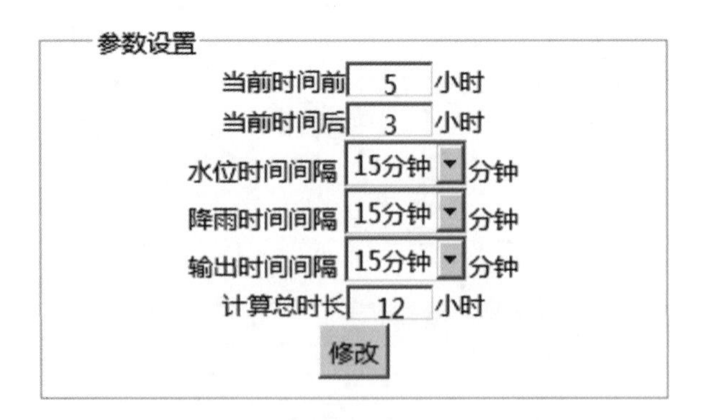

图 2－104 模拟分析管理——实时预报参数设定

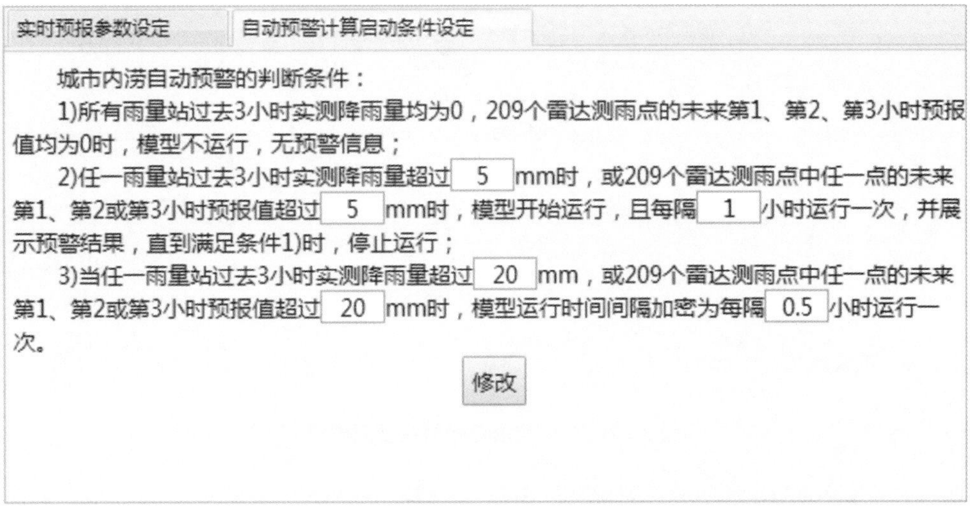

实时预报参数设定
自动预警计算启动条件设定
城市内涝自动预警的判断条件：
1)所有雨量站过去3小时实测降雨量均为0，209个雷达测雨点的未来第1、第2、第3小时预报值均为0时，模型不运行，无预警信息；
2)任一雨量站过去3小时实测降雨量超过 5 mm时，或209个雷达测雨点中任一点的未来第1、第2或第3小时预报值超过 5 mm时，模型开始运行，且每隔 1 小时运行一次，并展示预警结果，直到满足条件1)时，停止运行；
3)当任一雨量站过去3小时实测降雨量超过 20 mm，或209个雷达测雨点中任一点的未来第1、第2或第3小时预报值超过 20 mm时，模型运行时间间隔加密为每隔 0.5 小时运行一次。
修改

图 2－105　模拟分析管理——自动预警计算启动条件设定

7）预警参数管理

实现对积水预警水深分级阈值和电脑语音报警启动条件的管理，如图 2－106、图 2－107 所示。

佛山市城市内涝预警系
预报降雨
平均值：55 mm　最大值：1000mm
历史内涝信息
实时监测
内涝预警分析
预警信息管理
系统管理
欢迎您：管理员
系统参数设定
预警参数管理
积水预警水深分级管理
电脑语音报警启动条件设定
参数设置
蓝色：0.15 m<水深≤ 0.3 m
黄色：0.3 m<水深≤ 0.5 m
橙色：0.5 m<水深≤ 1 m
红色：水深> 1 m
修改

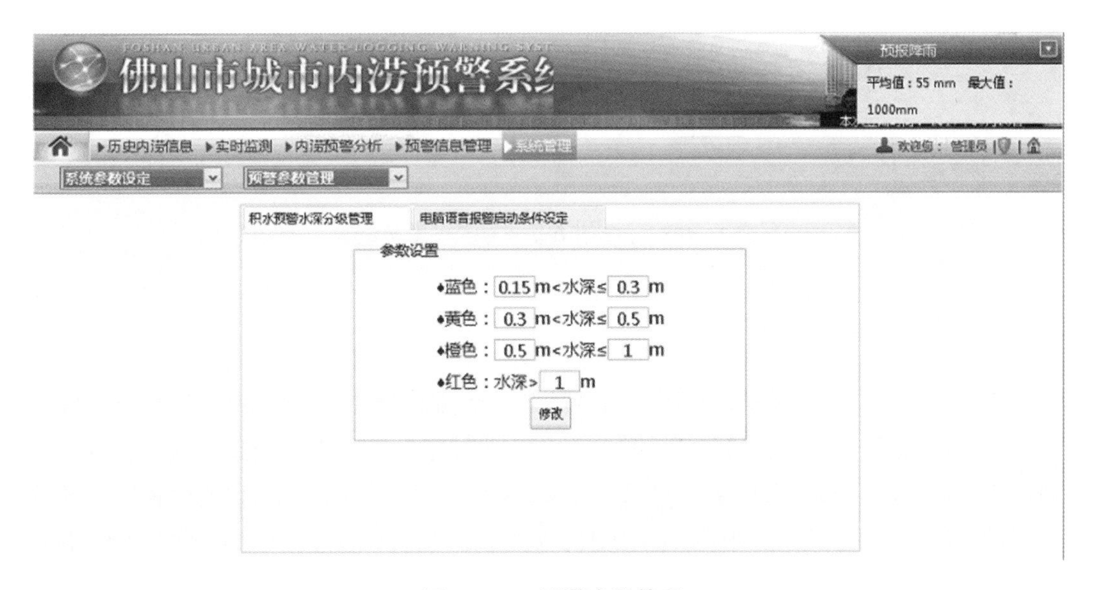

图 2－106　预警参数管理

8）自动预警方案泵站参数设定

实现对自动预警方案中泵站相关默认参数的编辑和修改，如图 2－108 所示。

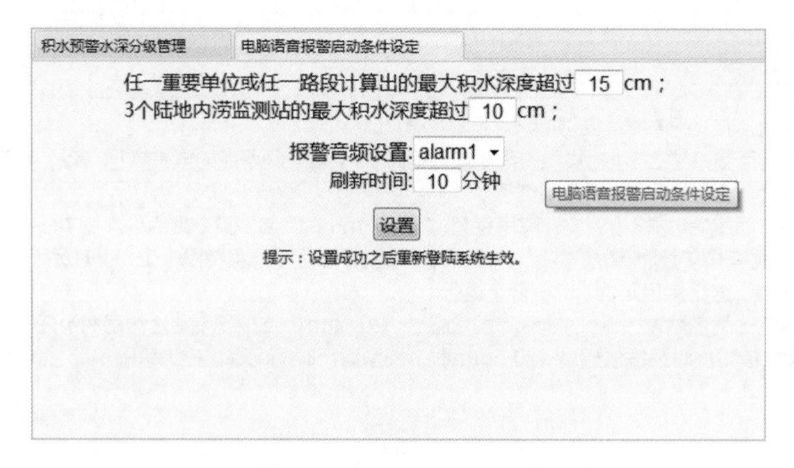

图 2－107　电脑语音报警启动条件设定

佛山市城市内涝预警系统

每页显示 50 条数据　　全列搜索：

编号	名称	类型	开泵水位(m)	泵前初始水位(m)	泵后初始水位(m)	设计起排水位(m)	设计止排水位(m)	泵站排水能力(m^3/s)	所在节点号	泵站状态	所属排水分区号	排入网格号	排入节点号
22	塘房泵站	2	99			0.9	0.5	1.2	9566	开	2	0	0
21	麦滘泵站	3	99			0.8	0.5	3.4	9482	开	2	0	9483
20	深村泵站	2	99			1	0.5	5.2	224	开	2	0	0
19	奇槎新泵站	3	99			1	0.5	6.2	10649	开	2	0	10836
18	辛贞泵站	4	99			1	0.5	1.1	2716	开	5	5060	0
17	腾冲泵站	4	99			1	0.5	20	7215	开	1	5826	0
16	四村泵站	2	99			1	0.5	3.5	10816	开	1	0	0
15	雷村泵站	3	99			1	0.5	4	8819	开	2	0	8931
14	同济泵站	2	99			1	0.5	14	9599	开	2	0	0
13	华远泵站	2	99			0.5	-0.5	22	9604	开	2	0	0
12	沙涌口泵站	1	99			1	0.5	6.45	7750	开	4	6135	0
11	九江基泵站	1	99			1	0.5	30	7562	开	4	6117	0

图 2－108　自动预警方案的泵站参数设定

2.4.5　应用实践

佛山市城市内涝预警系统利用高精度城区 GIS 地图数据，集成 QPE、QPF、实时雨、水、工情等多源数据，采用 WebGIS、Flex、数据库等技术进行开发，具有自动触发、滚动计算、实时预警等功能，在全国率先实现了分区、分时、分类、分级的城市内涝快速预警预报和对城市洪涝灾害的淹没范围、水深、历时、流速等淹没特征的模拟计算和定量预测，提高了内涝预警预报精度和预见期，并能生成实时城市内涝风险图。

系统自运行以来，先后应用于数场较大降雨的内涝预警分析，累计发布 65 次预警信号(内涝橙色预警 4 次，内涝黄色预警 19 次，内涝蓝色预警 42 次)。佛山市水文部门可快速利用预警发布平台将预警信息发送到城市防汛部门、交通广播台、街道社区、“110”平台以及各街道排涝责任人，并通过户外显示屏及时向公众发布，提醒城市居民避开积水路段，地铁管理部门提前布置防汛设施、地下车库提升挡板或垒筑沙袋等防御措施，提醒社会做好自保自救措施，减少人员伤亡和财产经济损失。在应用期间，由于反应迅速、监测数据准确可靠，且大部分积水点计算精度能够满足预警要求，为地方各级防汛预警和应急调度提供了决策依据与技术支持，为相关部门争取了宝贵的防内涝工作准备时间，得到当地相关部门的高度肯定。

第3章 灾害防御信息化技术应用

3.1 多灾种下特大城市安全韧性影响评估系统

城市化高速发展进程所带来的城市人口和资产的快速、高度集聚，一方面使许多城市在各种传统和新型灾害面前的暴露度和脆弱性显著增加，另一方面使传统以工程性防御为主的灾害防范应对体系也受到严峻挑战。特别是当多种致灾因子同时发生，或一种灾害链式引发不同领域、不同部门灾害时，则更加难以应对，城市灾害的影响效应也已经由过去的孤立局部危害转变为系统性循环危害。面对严峻且复杂的城市灾害风险，城市安全韧性已成为社会经济正常运行和可持续发展的重要基础。为了更好地服务韧性城市建设，本项目组依托信息化技术手段研发了“多灾种、多尺度、多系统”的城市安全韧性影响评估系统。该系统以开源地理信息平台为数据集成媒介，结合台风、火灾、暴雨与地震的灾害模拟引擎，通过数据耦合和二次开发，针对特大城市的安全韧性状态进行即时评估、灾情推演分析和运维信息的集成管控。通过该系统在示范区城市的综合应用，可从时间和经济成本的角度揭示特定城市功能在潜在灾害打击下的恢复能力，从而对城市的规划建设、灾害风险控制、综合灾害管理和应急计划制定提供定量参考和数据支撑。

3.1.1 总体架构

多灾种下特大城市安全韧性影响评估系统的总体架构如图3-1所示，其主要的层次构成如下所述。

1）系统平台

（1）系统软件平台主要包括操作系统、GIS平台和数据库等。

（2）系统硬件平台主要包括服务器平台（应用服务器、数据库服务器）、网络平台（路由器、交换机、防火墙等）。

2）数据平台

该平台主要包括灾害数据库、基础地理数据库、建筑与基础设施数据库、应急机制与资源数据库。

3）业务应用平台

该平台主要包括城市环境信息模块、灾情推演模块、人机交互模块、运维管控模块，还有系统管理和数据管理平台。

4）信息交互平台

该平台主要包括针对内网用户的专业功能应用界面和针对互联网用户的WEB信息发布的应用平台。

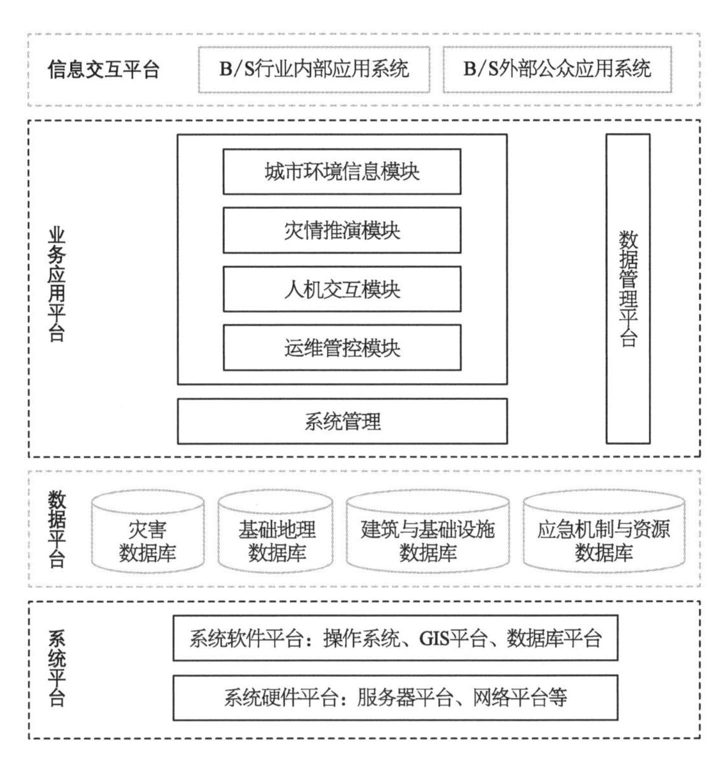

图3-1　多灾种下特大城市安全韧性影响评估系统的总体架构

3.1.2　功能模块

多灾种下特大城市安全韧性影响评价系统建立于该评估指标模型的理论框架下，通过关键影响因子的甄选、层级划分和权重大小的界定，设计系统仿真模拟体系和模拟观测体系。按信息传递流程中信息采集、信息处理、信息交互和辅助决策四个环节的递进次序，系统需要开发的功能模块可划分为城市环境信息模块、灾情推演模块、人机交互模块和运维管控模块四个部分，如图3-2所示。

1）城市环境信息模块

城市环境信息模块是目标城市空间信息输入、仿真模拟引擎预处理程序和操作终端可视化表达的软件载体。该模块以评估指标体系为基本框架，通过简化城市空间冗余信息，界定并提取与各灾种韧性影响直接相关的城市空间元素和仿真模拟参数，结合实时渲

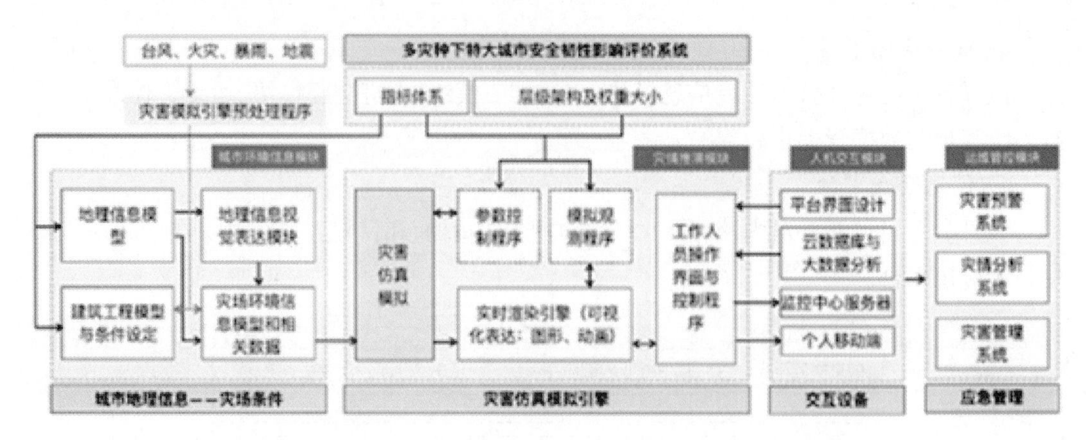

图 3-2　多灾种下特大城市安全韧性影响评估系统功能模块

染引擎将城市空间信息及关键元素传达至操作终端。同时，相关空间参数通过灾害仿真模拟引擎的预处理程序（不同灾害涉及的城市空间元素与参数不相同）转化为仿真模拟实验可以识别的数据信息（图 3-3）。该模块可以实现的系统功能有：城市地理信息模型（包括与城市安全韧性影响相关的人工环境、自然环境中的空间元素及其参数），城市韧性影响评估（针对各个灾种的评估体系架构、指标及其权重），灾场环境信息模型（体现灾害特点与灾场综合空间环境）。

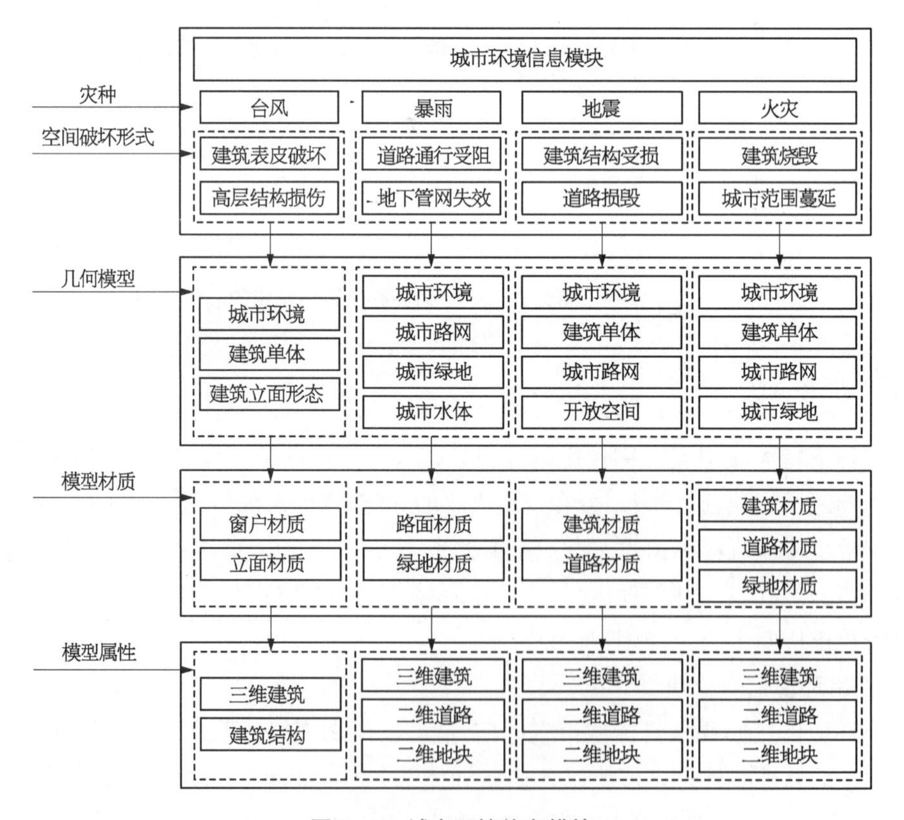

图 3-3　城市环境信息模块

2）灾情推演模块

灾情推演模块将建构的城市环境信息同内嵌的灾害仿真模拟引擎相耦合，通过数据输入与输出端口的参数层级管理、实时渲染引擎的人性化表达和友好型操控界面，实现不同目标导向下针对特定城市区域开展多个灾种的灾情推演分析需要。同时，满足使用者针对特定城市空间元素灾损信息单独提取和全时程分析的需求。因此，该模块的技术核心在于将各灾种常用分析软件的模拟引擎与城市环境信息的数据相耦合，同时将模拟结果以实时渲染的方式在开源地理信息平台中表示出来。灾情推演模块的分析结果均将为灾害预警系统、灾情分析系统和灾害管理系统提供图形信息和量化数据支撑（图 3－4）。该模块可以实现的系统功能有：开展灾害仿真模拟，实时与历史灾害信息的监控入库，城市常见灾情研判与薄弱环节布防，城市常见灾害预警预报，城市灾损情况预估。

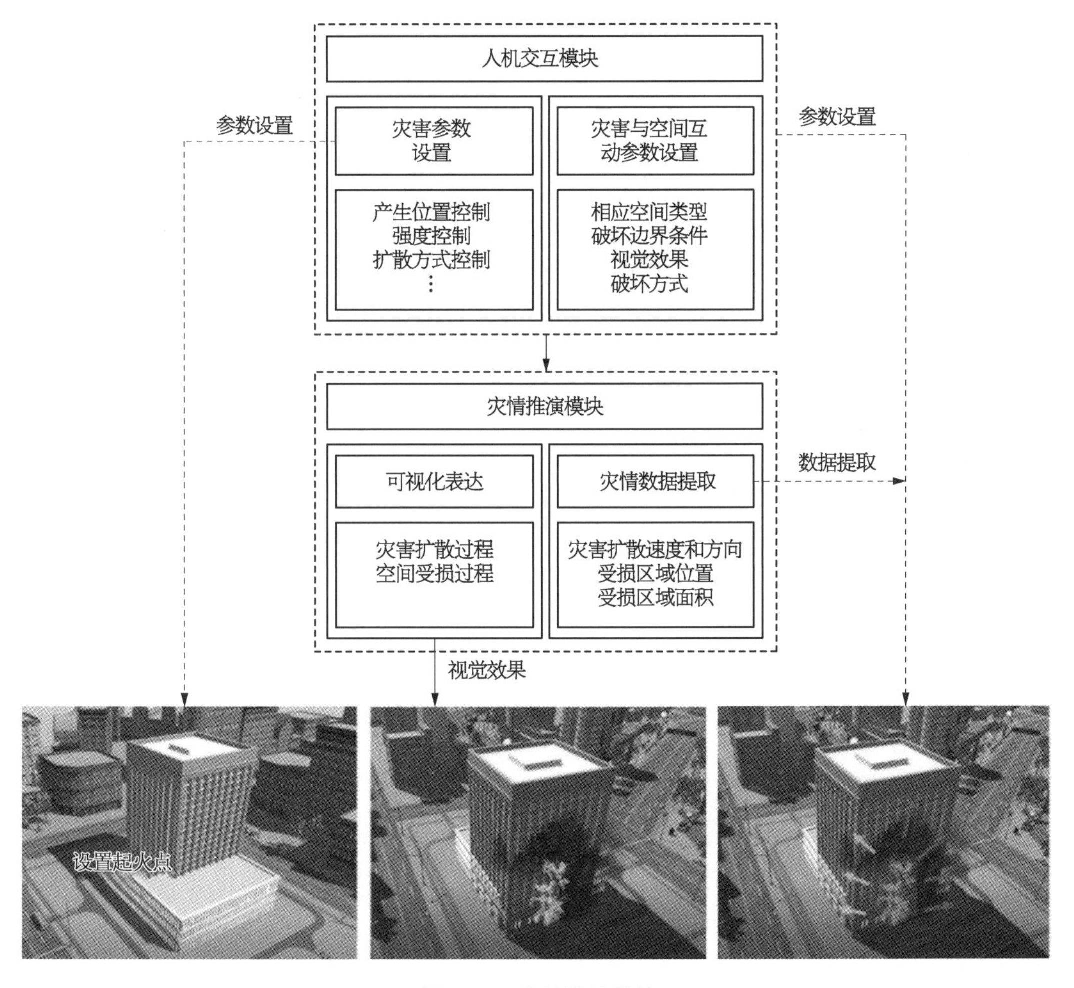

图 3－4　灾情推演模块

3）人机交互模块

人机交互模块虽然并非该平台的核心技术，但评估系统作为城市灾害管控的重要操作平台，需要便于处于不同专业知识层次、不同工作职能的人员进行操作，以便既能提供专业的数据信息，又能提供直观的灾情影像与评估结果。因此，系统的各个功能模块均应呈现清晰的开发逻辑、明确的操作方式、流畅的页面路径引导和直观的显示方式，营造良好的使用体验，提高平台的可操作性(图 3－5)。

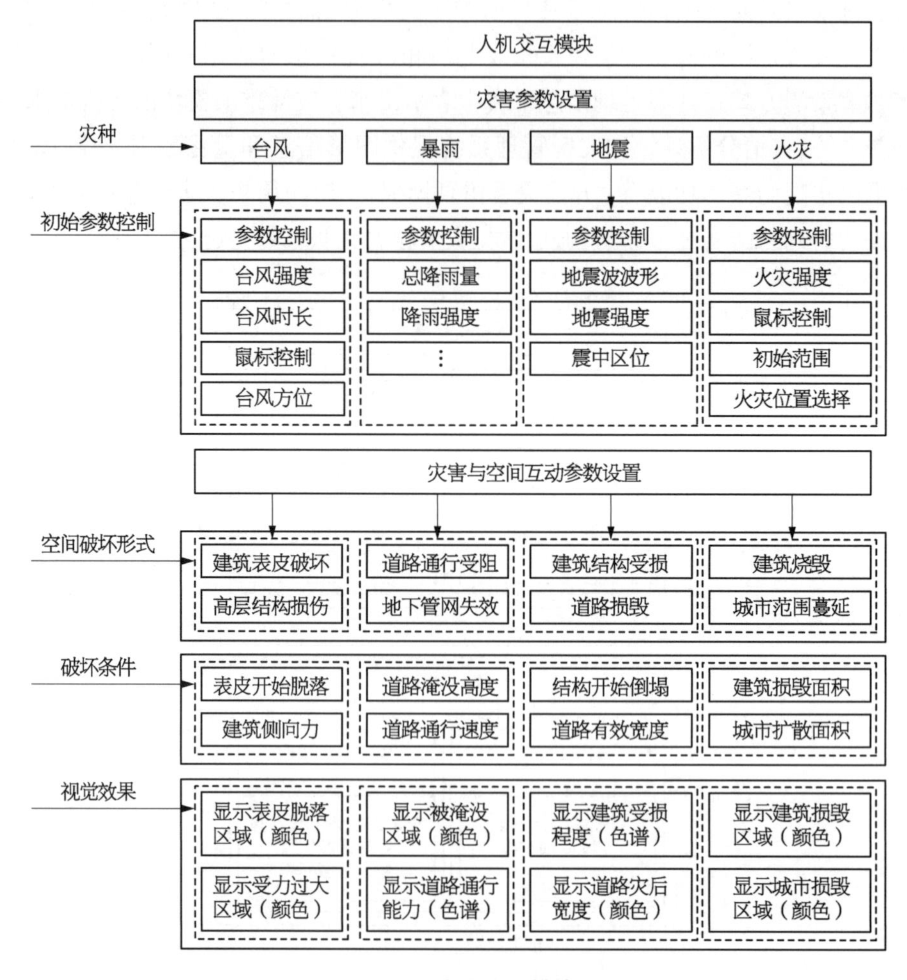

图 3－5 人机交互模块

4) 运维管控模块

运维管控模块是城市综合灾害信息管理的关键环节，是区域防灾减灾形势研判、远期规划与决策制定、灾情分析、灾害管理与动态监控等工作中决策辅助的重要工具。在灾情发展的减灾阶段、准备阶段、反应阶段和恢复阶段四个环节均能得到高效应用(图 3－6)。

3.1.3 系统基本功能开发与实现

系统界面窗口主要由定位城市信息窗口、菜单栏列表和图层框三部分组成。定位城市信息窗口为基本信息显示窗口，包括当前登录系统时间，定位城市的基本天气情况等信

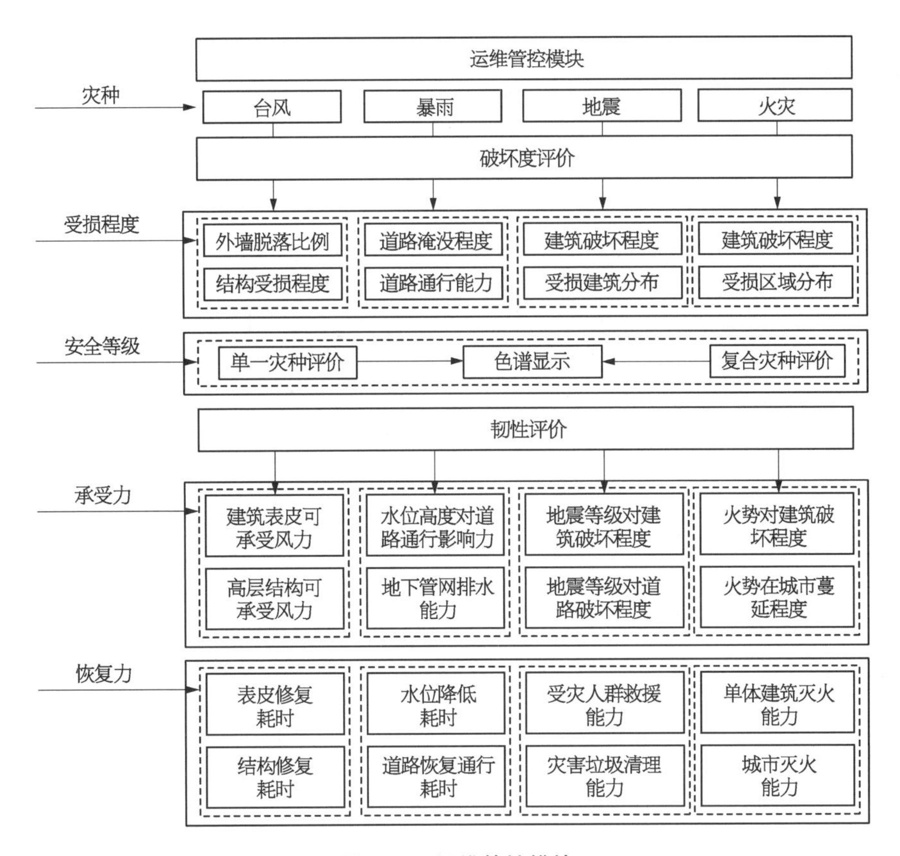

图3-6　运维管控模块

息。同时,系统还具备地图加载功能,在网络情况和第三方地理服务器正常的情况下,用户不需要特殊加载地图,界面可直接显示当前城市空间模型,如果未正确显示地图,用户可点选左侧地图菜单,选择备用地图 Mapbox Satellite 实现地图加载(图3-7)。

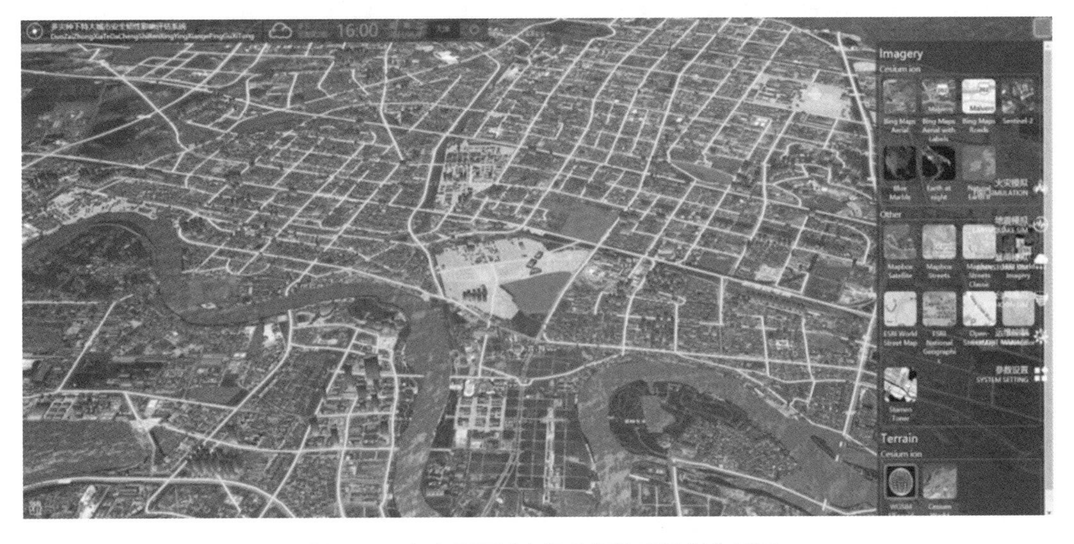

图3-7　多灾种下城市韧性评估系统操作界面

3.1.3.1 场景模型加载

选择主界面上方菜单栏中的城市选框，可切换模拟城市，选择需要切换的城市后，系统加载相关的城市模型并输入信息。在使用过程中，可通过建立任一城市的空间模型、输入空间环境数据信息等进行城市空间安全韧性评估(图 3-8)。

图 3-8 场景模型加载

3.1.3.2 场景数据加载

在加载城市模型数据之后，可分别选择加载城市的建筑、道路模型。在建筑、道路模型显示的情况下，也能再次将其隐藏，同时为避免地图纷杂信息的干扰，可通过切换地图的模式只凸显建筑或道路相关模型(图 3-9)。

图 3-9 场景数据加载

3.1.3.3　综合模拟

1）人口分布情况统计

在获取建筑模型的前提下，系统可根据城市区域人口统计信息，以建筑的颜色变化显示或隐藏各人口分布情况。以200人、500人、1 000人、1 500人、2 000人和2 000人以上的人口数量为区间，分为六个不同层级（图3-10）。

图3-10　人口分布

2）区域视图管理

在地图模式中增加了区域视图功能，建立城市重点地段更为精细的空间模型，完善了重点区域信息统计功能，可切换统计的维度。选择地震、火灾、暴雨、台风，选择过滤条件，可显示单次模拟的统计信息。在设置好重点监控区域之后，可查看相关区域的灾损统计情况。

3.1.3.4　运维控制

本系统基于模糊综合评价的计算模型，利用层次分析法、专家调查法、判断矩阵分析法等将各项指标量化评价。可根据实际情况，对评价指标进行编辑、添加备注等操作。选中需要查看或者增加的层级并录入相关数据后，将在系统中增加相关的评定指标，并依据相关权重和得分，计算城市的韧性得分信息，从适应性、冗余性、多样性、恢复性、协同性五个方面对城市韧性影响进行评估（图3-11）。

3.1.4　灾情推演与韧性评估模块开发与实现

3.1.4.1　火灾模拟

通过主界面菜单栏进入火灾模拟界面，并在界面左下方任务栏设置风速、风向、总时长、间隔时长等信息，控制火灾的产生位置、灾害强度、扩散方式等参数，从而根据建筑类

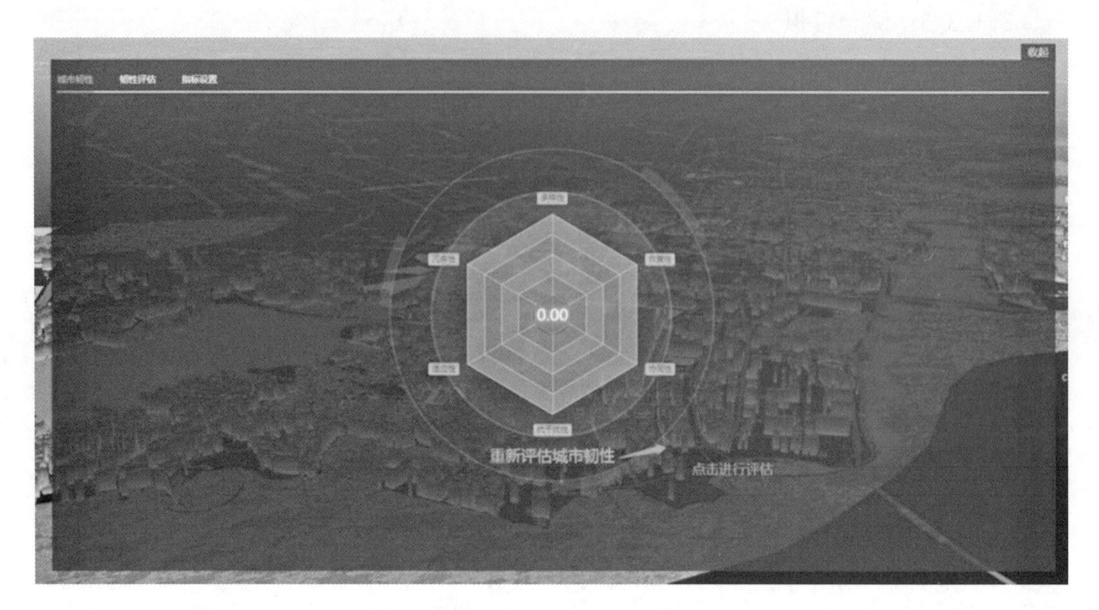

图 3-11 运维控制

型、建筑所含易燃物情况、建筑震害、天气条件等信息，假定起火风险最高的建筑为起火建筑，模拟过程中系统平台可综合考虑天气、热辐射、热羽流等综合因素。

在完成参数设置后，系统将基于 3D 图形引擎结合火灾逻辑运算进行动态可视化模拟，随着火灾的蔓延扩散，以颜色的变化表示建筑的受损程度，实时动态地展示本次火灾的灾损数据分析，包括火传播距离、起火面积、起火情况占比、经济损失等综合分析，分析城市的灾损情况(图 3-12)。

(a) 设置火灾模拟条件

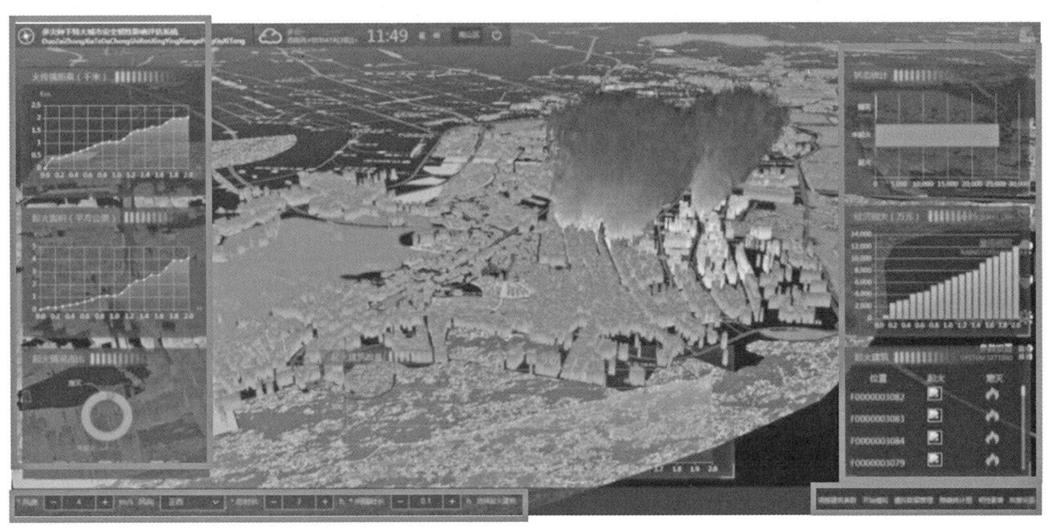

(b) 火灾模拟计算显示

图 3-12 火灾模拟场景

在火灾模拟结束后，可进行韧性影响分析，系统将展示城市遭受火灾后逐渐恢复的动态过程，以火灾逻辑运算数据为前提，基于灾损数据计算实现韧性影响的动态可视化模拟，通过资源消耗、经济损失、恢复时间等因素的数据信息与该地区生产总值进行对比，实现对城市空间安全韧性影响的评估。同时，存储本次火灾模拟的关键条件的数据信息，对火灾模拟数据进行管理。本系统通过可视化手段模拟火灾发生情况，为火灾的预防和救援提供科学的决策支持(图 3-13)。

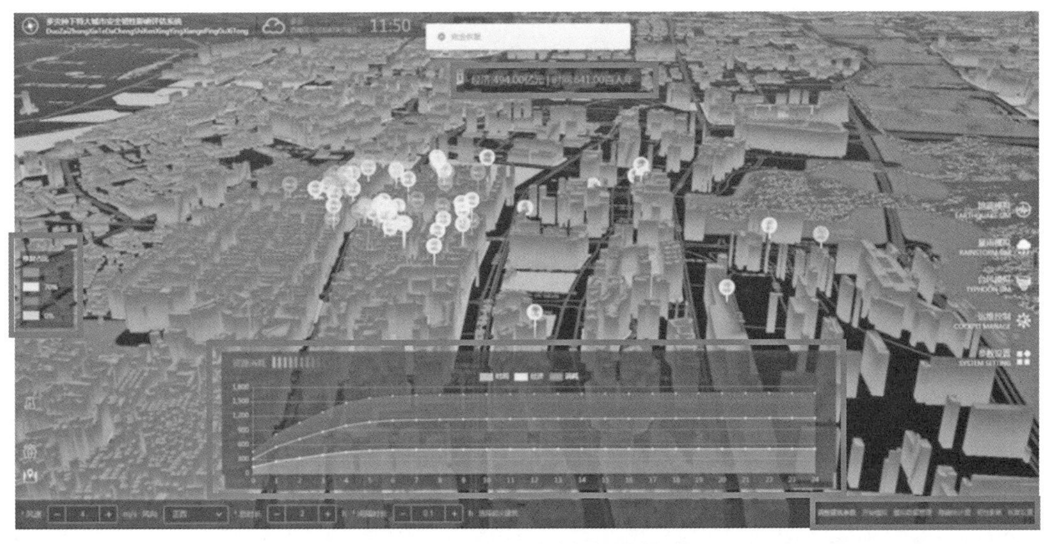

(a) 火灾作用下城市安全韧性影响评估

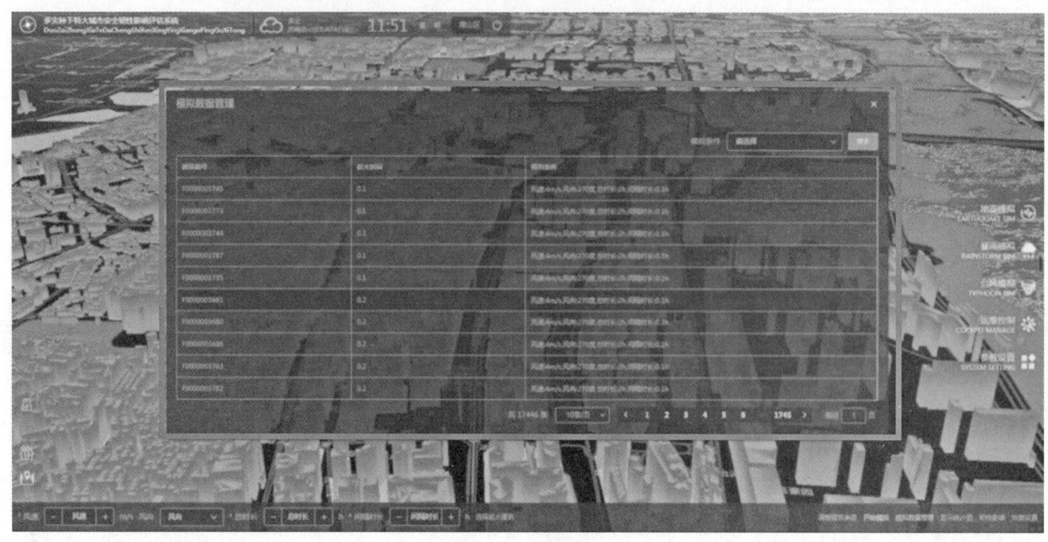

(b) 火灾模拟数据管理

图 3-13 火灾计算结果分析

3.1.4.2 地震模拟

系统的地震模拟主要对不同等级地震灾害进行模拟和评估，通过输入震级、震源深度等进行参数设定，并拾取震中位置后，可开始进行模拟，系统将以颜色区分在某一阈值内不同级别的建筑灾损程度，对波级范围内建筑进行标识和动态可视化展示，从区域尺度模拟地震对城市的影响，直观有效地模拟地震中城市的灾损情况。系统以地震逻辑运算为基础，将实时动态地展示地震的影响分析，分析城市的灾损情况，包括地震传播距离、影响范围、各类型建筑由轻微受损到完全受损的损坏占比、不同结构建筑损伤造成的经济损失、各损伤情况的统计等综合分析数据(图 3-14)。

(a) 地震模拟界面

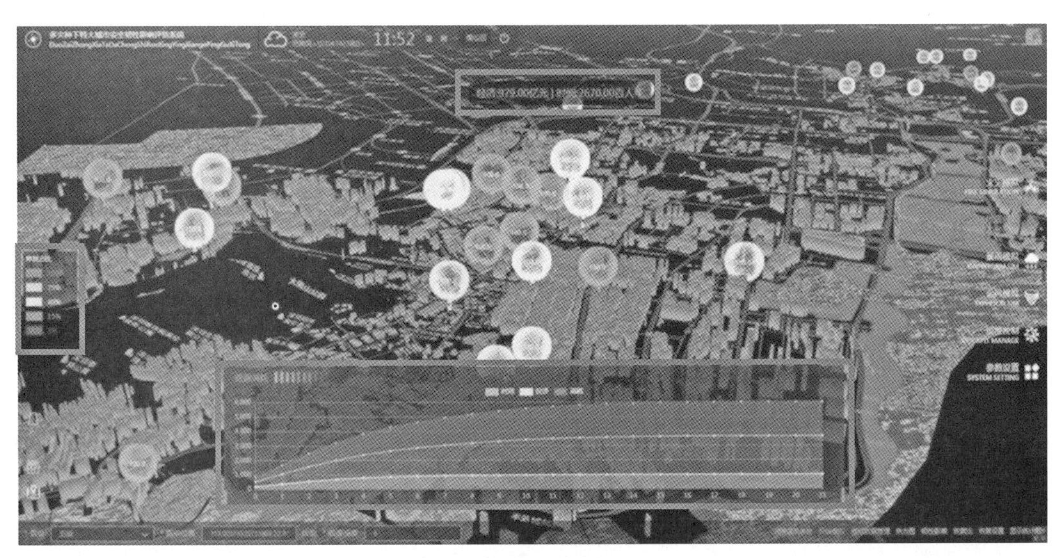

(b) 地震韧性影响计算

图 3－14　地震模拟计算

在地震模拟结束之后,基于地震逻辑运算实现韧性影响的动态可视化模拟,系统平台可展示城市遭受地震后逐渐恢复的动态过程,通过资源消耗、经济损失、恢复时间等因素的数据信息与该地区生产总值进行对比,实现对城市空间安全韧性影响的评估。并获取该模拟情况下不同层级的损害数据,通过提取和存储本次模拟情况下的地震损害数据信息,可以为地震灾害的预防与救援工作提供技术支撑,提高城市安全韧性(图 3－15)。

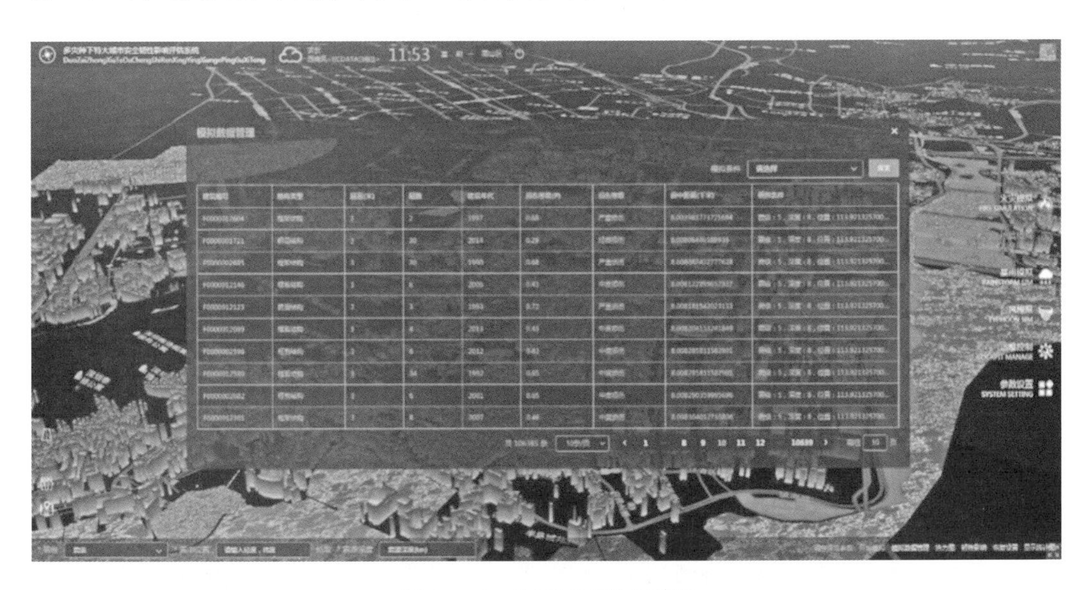

图 3－15　地震模拟数据管理

3.1.4.3　暴雨模拟

在暴雨灾害模拟动态化展示过程中,将以暴雨逻辑运算数据为前提,能够及时地反映出城市降雨量、排水量的变化曲线，以及积水占比、状态数量与积水深度等数据的信息，可通过城市中降雨量与排水量数据对比，进行城市在暴雨灾害中的城市能力判定。不同于火灾和地震，暴雨和台风的模拟需要加载道路功能，并设定降雨强度、降雨中心点，影响面积、降雨时长、降雨间隔等数据信息，从而基于城市内涝历史数据、市政管网等信息对城市排水系统进行模拟运算，动态化展示模拟环境中积水占比、积水深度、城市灾损情况（图 3－16）。

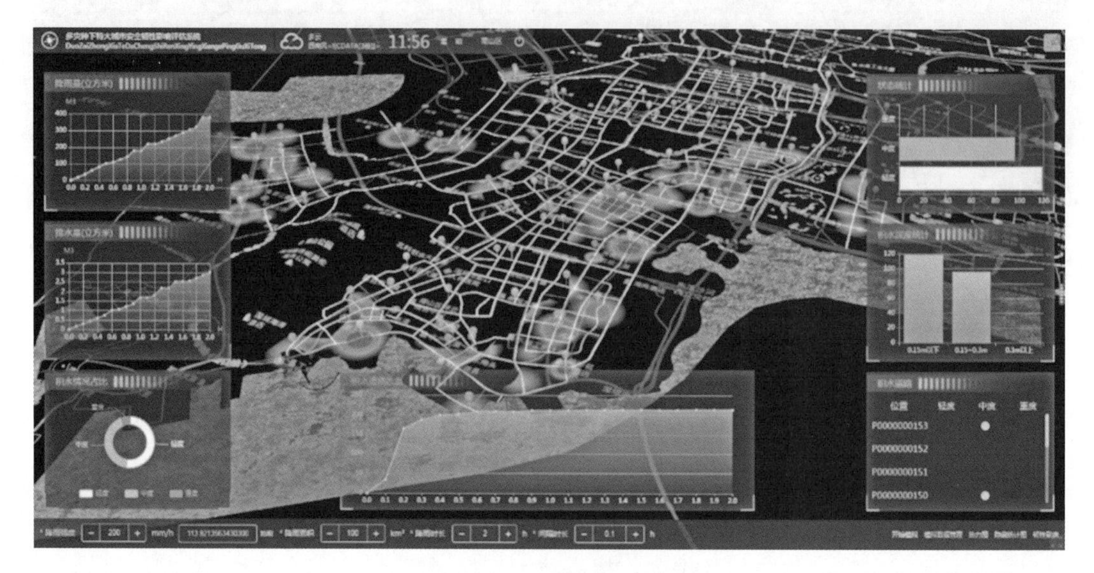

图 3－16　暴雨模拟界面

在暴雨模拟结束后，系统平台可对城市遭受暴雨后逐渐恢复的动态过程进行展示，并将基于暴雨逻辑运算，分析本次暴雨模拟中城市资源消耗、经济消耗、时间消耗，通过与该地区生产总值进行对比，实现对城市空间安全韧性影响的评估。并获取该模拟情况下积水深度、积水时间等不同层级的损害数据，为城市安全等级判定、道路通行能力判定、城市防洪排涝提供有效的决策服务（图 3－17）。

3.1.4.4　台风模拟

在进入台风模拟界面后，使用加载道路功能，加载相关的道路模型后，并输入台风等级、登陆点、退出点、影响范围、降雨时长、间隔时间等信息，从而进行台风模拟。在模拟过程中，系统将基于城市内涝历史数据、市政管网等信息对城市排水系统进行台风模拟运算，实时动态地展示降雨量、排水量、城市中积水占比、积水深度等城市灾损信息（图 3－18）。

在台风模拟结束后，系统可展现城市遭受台风恢复的动态过程，并基于台风逻辑运算，分析本次台风模拟中城市资源消耗、经济消耗、时间消耗，通过与该地区生产总值进行对比，实现对城市空间安全韧性影响的评估。同时，通过获取该模拟情况下不同层级的积水占比、积水深度、城市灾损程度等信息，用户可以提取和存储本次模拟情况下的台风灾害数据信息，能够为台风的预防和救援提供科学的决策支持（图 3－19）。

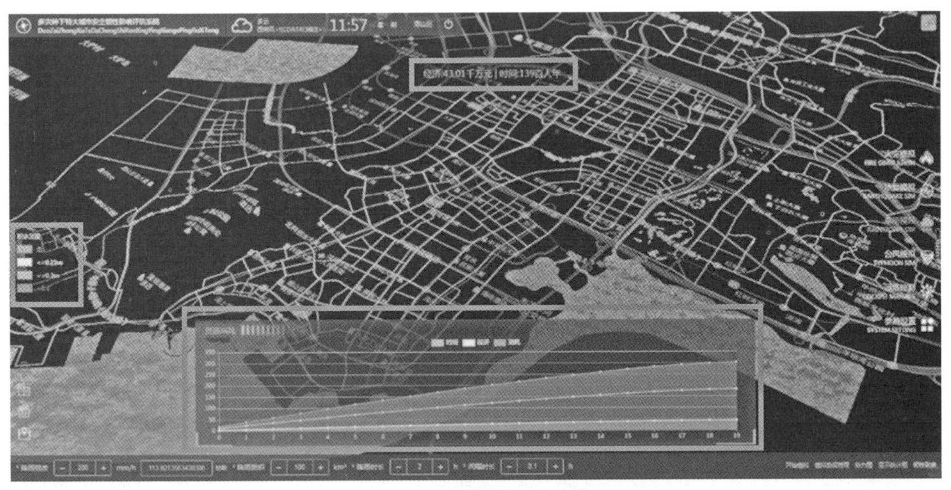

(a) 暴雨韧性影响计算

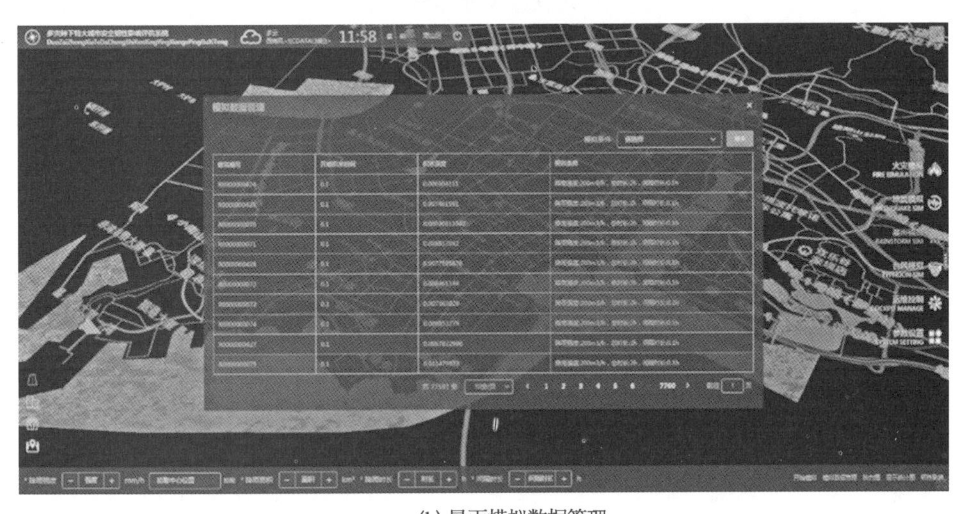

(b) 暴雨模拟数据管理

图 3 - 17　暴雨计算结果分析

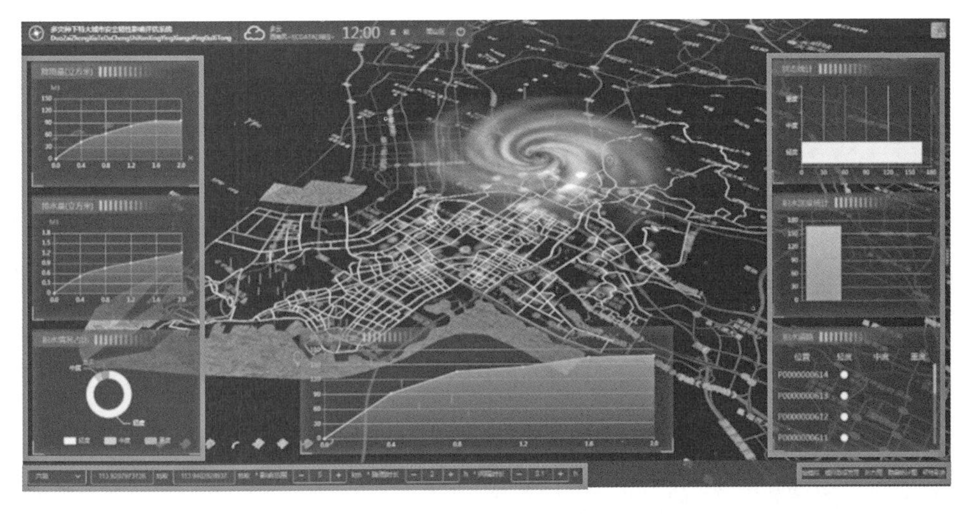

图 3 - 18　台风模拟界面

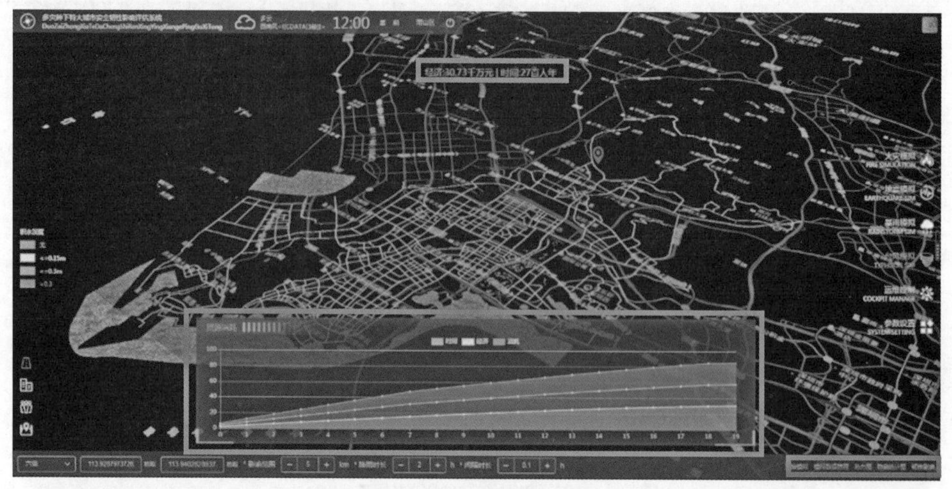

(a) 台风韧性影响计算

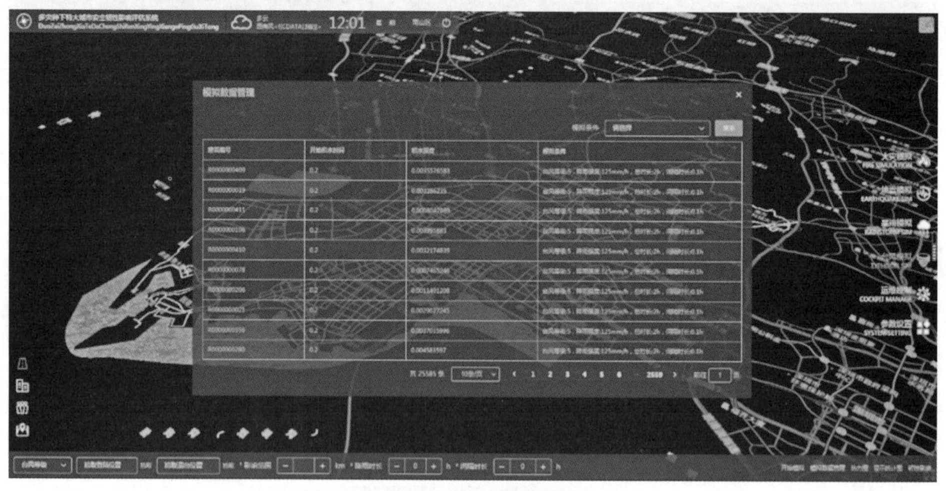

(b) 台风模拟数据管理

图 3-19　台风计算结果分析

3.1.5　应用实践

多灾种下特大城市安全韧性影响评估技术及系统，在天津市滨海新区的核心区域开展示范应用。示范区域总面积约 367.5 km^2，南北距离约 17.5 km，东西距离约 21 km。系统平台的空间信息模型中，搭建建筑模型 38 620 栋，城市快速路、主干路、次干路等各级城市道路 615 条，管网点 1 794 处，包含了天津港东疆港区、自由贸易试验区等城市核心建设区域。该示范区域内建筑、道路、生命线、供水、供电、通信等系统，以及人口、社会经济、产业结构等方面具有我国特大城市的典型特征。

3.1.5.1　多灾种下特大城市安全韧性影响评估

1）火灾灾害下城市安全韧性评估

通过火灾的逻辑运算及灾损数据分析，本次 4 h 的火灾模拟过程中，传播距离约

3.8 km，起火面积约 15 km²，起火建筑 175 栋，经济损失约 83 亿元，以每人每年 5 万元的劳务成本计算，需消耗 6 207 人一年的工作时间，城市韧性综合评估得分为 78.47 分(图 3－20)。

图 3－20 火灾作用下城市安全韧性影响评估

2）地震灾害下城市空间安全韧性评估结果

本次地震灾害模拟条件设置震级为 6 级，震源深度为 25 km，震中位置为东经 117.7°，北纬 39°，位于泰祥路与第四大街交汇处，泰丰公园附近。通过地震的逻辑运算及灾损数据分析，城市韧性综合评估得分为 71.84 分，以每人每年 5 万元的劳务成本计算，经济损失约 337 亿元(图 3－21)。

图 3－21 地震作用下城市安全韧性影响评估

3）暴雨灾害下城市空间安全韧性评估结果

本次暴雨灾害模拟条件设置暴雨强度为 60 mm/h，降雨面积为 300 km^2，降雨时长为 6 h，间隔时长为 0.1 h，通过暴雨的逻辑运算及灾损数据分析，城市韧性综合评估得分为 58.57 分，以每人每年 5 万元的劳务成本计算，经济损失约 66.28 亿元（图 3－22）。

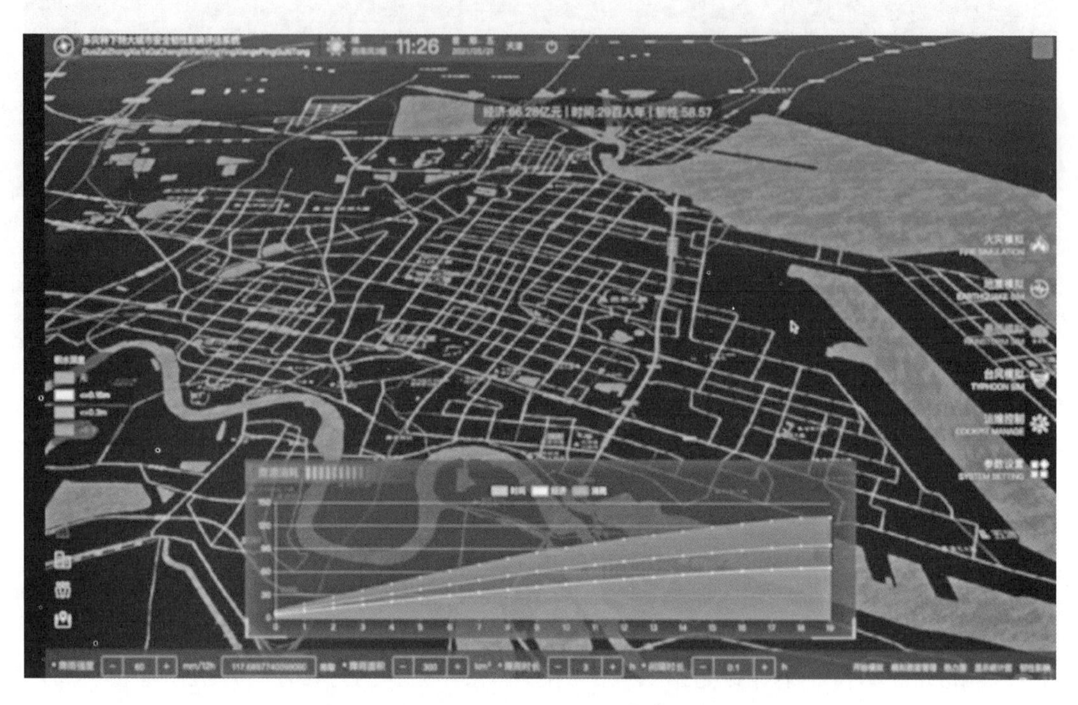

图 3－22　暴雨作用下城市安全韧性影响评估

4）台风灾害下城市空间安全韧性评估结果

本次台风灾害模拟条件设置 7 级，影响范围为 5 km^2，降雨时长为 3 h，间隔时长为 0.1 h，通过台风的逻辑运算及灾损数据分析，城市韧性综合评估得分为 83.92 分，以每人每年 5 万元的劳务成本计算，经济损失约 56.27 亿元（图 3－23）。

5）小结

根据上述系统安全韧性评估结果可知，天津城市安全韧性程度较高，其中台风灾害下城市韧性综合评估得分为 83.92 分，城市空间安全韧性较高，其次火灾灾害下城市韧性综合评估得分为 78.47 分，地震灾害下城市韧性综合评估得分为 71.84 分，暴雨灾害下城市韧性综合评估得分为 58.57 分。由此说明，天津的总体城市安全韧性水平较高。关于火灾条件下城市安全韧性评估方面，虽然火灾的易发性与危险性较高，但城市的建筑防火、基础设施安全性、针对火灾的应急救灾机制等方面都具有较高韧性，灾害发生后，城市的恢复能力较强。关于暴雨条件下城市安全韧性评估方面，城市安全韧性水平略低，暴雨所造成的洪涝则成为当前天津夏季的主要灾害之一，综合滨海地区的较高的暴雨易发性与危险性，说明了在城市发生暴雨灾害时，城市道路的蓄水、排水能力较弱，须针对道路的连

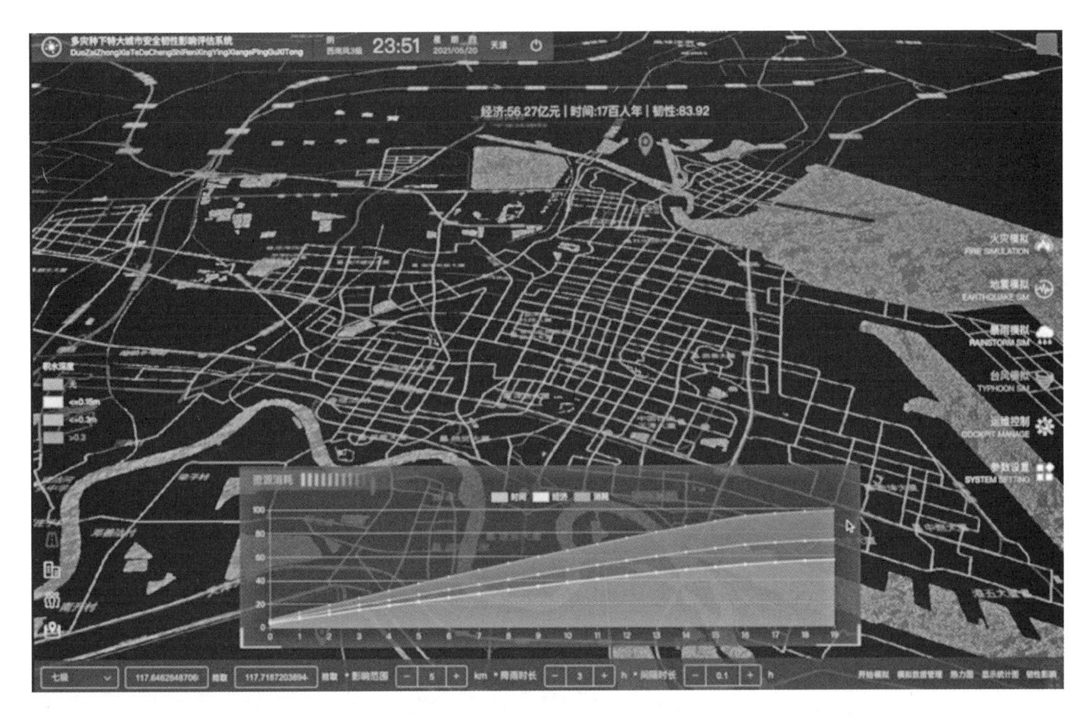

图 3-23　台风作用下城市安全韧性影响评估

通性，道路空间网络进行优化，加强城市管网点、道路路面透水性等基础设施建设，保障城市在突发灾害下的道路通行顺畅。关于地震条件下城市安全韧性评估方面，地震易发性与危险性相对较小，但根据天津及邻近地区的历史地震数据进行地震灾害模拟的结果显示，灾害发生的过程中，城市恢复到原有状态并保持稳定的时间较长，说明在灾害发生后，城市的应急救援速度、应急救灾机制等方面尚存薄弱环节，因此应完善主干道与次干道的系统性，加强道路网密度，加强各级道路连通性，保障灾害发生时的道路通畅，同时在应急响应机制方面应加强管理。关于台风灾害下城市安全韧性评估方面，台风易发性与危险性较小，同时台风灾害发生后，城市的恢复能力与适应能力较强，具有较高的安全韧性。

3.1.5.2　典型问题与现存隐患解析

1）火灾灾害模拟下城市空间安全韧性隐患

结合天津历史风向、风力数据，本次火灾模拟设置风速为 5 m/s、风向为北风、总时长为 4 h、间隔时长为 0.1 h，起火建筑选择设定为天津市滨海新区河北路与大连东道交汇处附近的西小庄小区 6 号住宅楼，该建筑层高为 6 层，周边建筑大部分为住宅，少部分为商业建筑，根据人口数据统计，该栋建筑人口规模约 200 人，小区内其他住宅楼建筑人口规模也在 200～500 人之间，人口密度适中，该小区内部消防通道为 4 m 单车道。

本次 4 h 的火灾灾害模拟过程中，如图 3-24 所示，当火灾发生时间达到 0.4 h，传播距离为 0.6 km，起火面积为 0.35 km^2，起火建筑 57 栋；当火灾发生时间达到 0.8 h，受天气、风力、风向影响，火势继续向南边蔓延，传播距离为 0.89 km，起火面积为 0.79 km²，起火建筑 103 栋；当火灾发生时间达到 2 h，受天气、风力、风向的影响，火势继续向起火建筑向南蔓延，传播距离达到 1.68 km，起火面积为 2.84 km²，起火建筑 255 栋；当火灾发生时间达到 2.8 h，受天气、风力、风向的影响，火势继续蔓延，传播距离达到 2.95 km，起火面积为 8.71 km²，起火建筑 309 栋；当火灾发生时间达到 4 h，传播距离达到 3.83 km，起火面积 14.74 km²，起火建筑 344 栋。

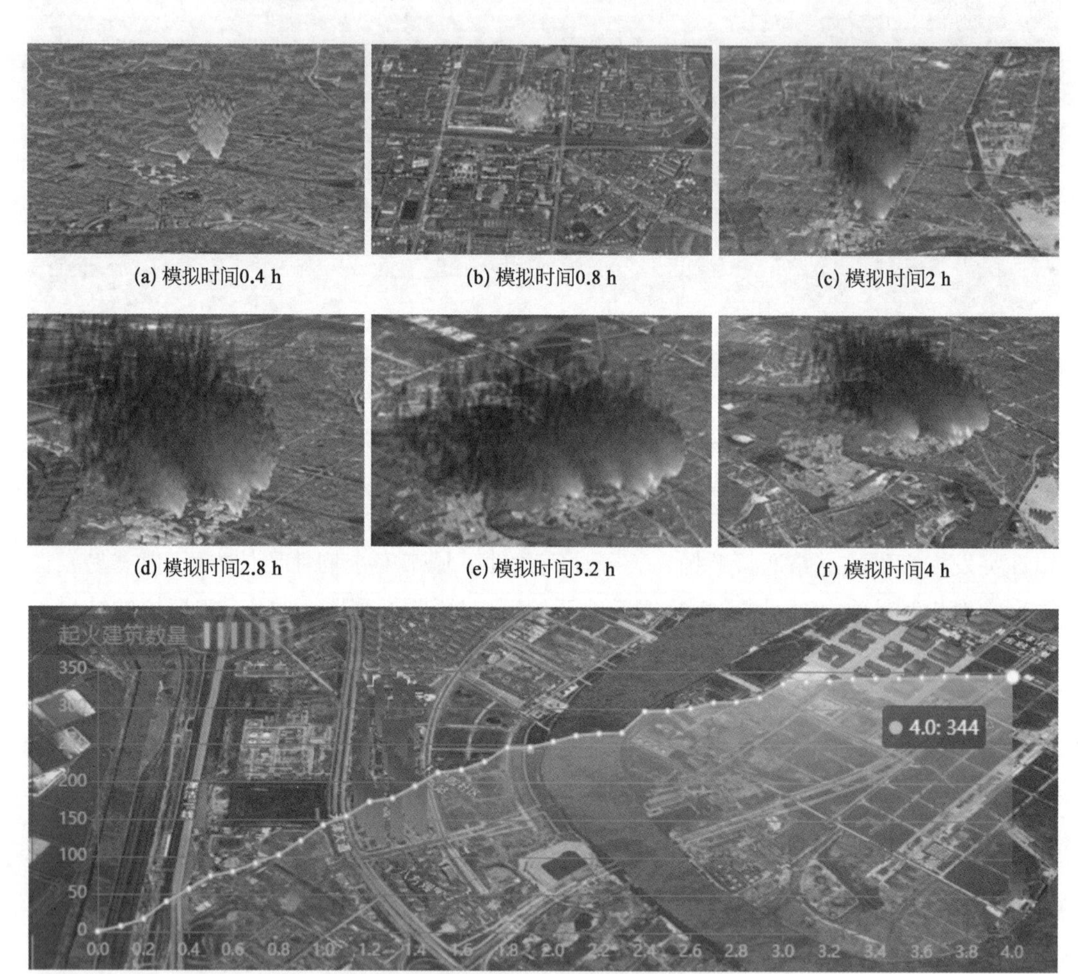

(a) 模拟时间0.4 h　(b) 模拟时间0.8 h　(c) 模拟时间2 h

(d) 模拟时间2.8 h　(e) 模拟时间3.2 h　(f) 模拟时间4 h

(g) 火灾灾害模拟过程中起火建筑数量的变化趋势

图 3-24　火灾灾害模拟

本次火灾模拟设定起火区域，除部分化工企业、商业酒店外，周边大部分为老旧小区，由于建设年代久远、建筑密度大、消防通道狭窄等问题，该区域的消防安全存在隐患，一旦发生火灾，将影响消防车救援和人员疏散逃生。

2）地震灾害模拟下城市空间安全韧性隐患

根据天津及邻近地区地震灾害数据特点，本次地震灾害模拟条件设置震级为 6 级，震源深度为25 km,震中位置为东经117.7°、北纬39.0°,位于泰祥路与第四大街交汇处,泰丰公园附近(图3-25)。

图3-25　地震灾害模拟的震中位置

本次模拟区域大多数建筑属于高层建筑,在遭受地震灾害时,所引起的加速度应响会沿着建筑高度的增加而不断放大,最终导致建筑顶层的加速度会远大于地面的加速度。然而,强烈的楼面加速度作用又会使得建筑内部的电梯、空调、暖气、太阳能热水器等附加设施,以及其他非结构构件出现损坏情况。如图3-26所示,通过地震损伤计算与系统平台的灾损逻辑运算,当地震发生时间达到3 s时,传播距离为1.81 km,影响范围达到2.25 km;当地震发生时间达到6 s时,传播距离为3.25 km,影响范围达到9.0 km;当地

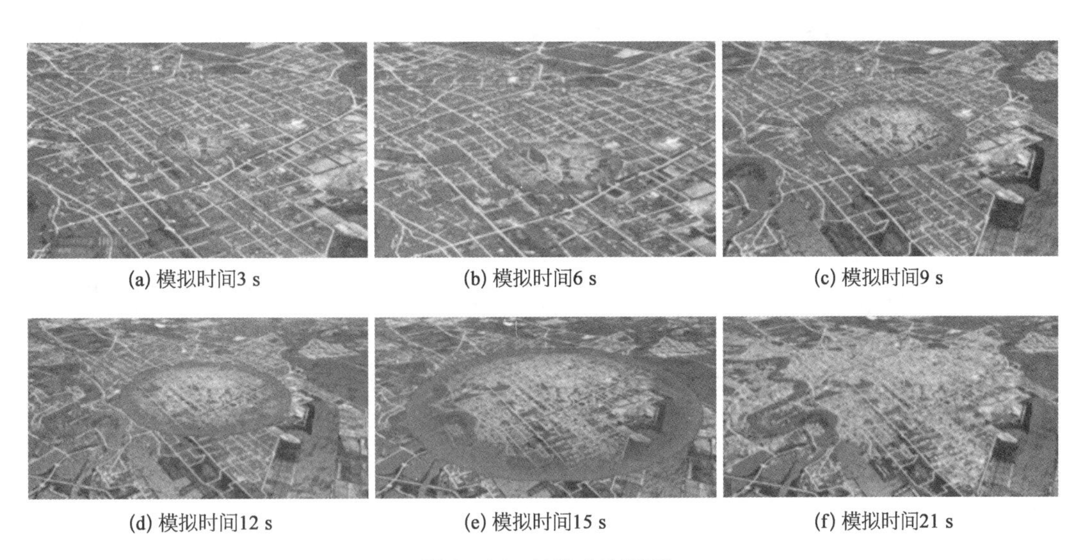

(a) 模拟时间3 s　(b) 模拟时间6 s　(c) 模拟时间9 s

(d) 模拟时间12 s　(e) 模拟时间15 s　(f) 模拟时间21 s

图3-26　地震灾害模拟

震发生时间达到 9 s 时，传播距离为 4.6 km，影响范围达到 20.25 km；当地震发生时间达到 12 s 时，传播距离为 6.48 km，影响范围达到 36.0 km；当地震发生时间达到 15 s 时，传播距离为 7.86 km，影响范围达到 56.25 km；当地震发生时间达到 21 s 时，传播距离为 10.78 km，影响范围达到 110.2 km。通过对地震灾害模拟的观察与数据分析，本次地震灾害模拟的建筑共 38 620 栋，21 195 栋建筑轻度损伤，16 687 栋建筑中度损伤，738 栋建筑严重损伤，没有完全损伤。

3）暴雨灾害模拟下城市空间安全韧性隐患

本次暴雨模拟设置降雨量为 60 mm/h，降雨面积 300 km^2，降雨时长为 6 h，间隔时长 0.1 h，降雨中心设定在民安里小区，小区内建筑年份为 1989 年，位于天津市滨海新区大连道 659 号，该小区目前有住宅 28 栋，总户数为 1 563 户，人口规模约 4 700 人，小区内大多为高层住宅，部分为配套公建（图 3－27）。

图 3－27　降雨中心位置及周边人口密度分析

在暴雨灾害的模拟过程中，蒸发、填洼、下渗和植被截留等几个方面的水量损失状况，可以忽略不计，其余损失量均通过径流系数去考虑。在降雨时长达到 1 h 时，根据降雨量模型的计算可知降雨量达到 180 m^3，降雨汇水过程中，基于排水量模型计算，排水量约 140 m^3，积水道路数量 34 条。当降雨时长达到 1.5 h 时，降雨量达到 275 m^3，基于排水量模型计算，排水量约 230 m^3，积水道路数量 53 条。当降雨时长达到 2.4 h 时，降雨量达到 400 m^3，基于排水量模型计算，排水量约 380 m^3，积水道路数量 64 条。当降雨时长达到 3.2 h 时，降雨量达到 592 m^3，基于排水量模型计算，排水量约 447 m^3，积水道路数量 66 条。当降雨时长达到 4.2 h 时，降雨量达到 756 m^3，基于排水量模型计算，排水量约 636 m^3，积水道路数量 69 条。当降雨时长达到 5.0 h 时，降雨量达到 836 m^3，基于排水量模型计算，排水量约 766 m^3，积水道路数量 71 条。当降雨时长达到 6.0 h 时，降雨量达到 1 062 m^3，基于排水量模型计算，排水量约 905 m^3/h，积水道路数量 72 条(图 3 - 28)。

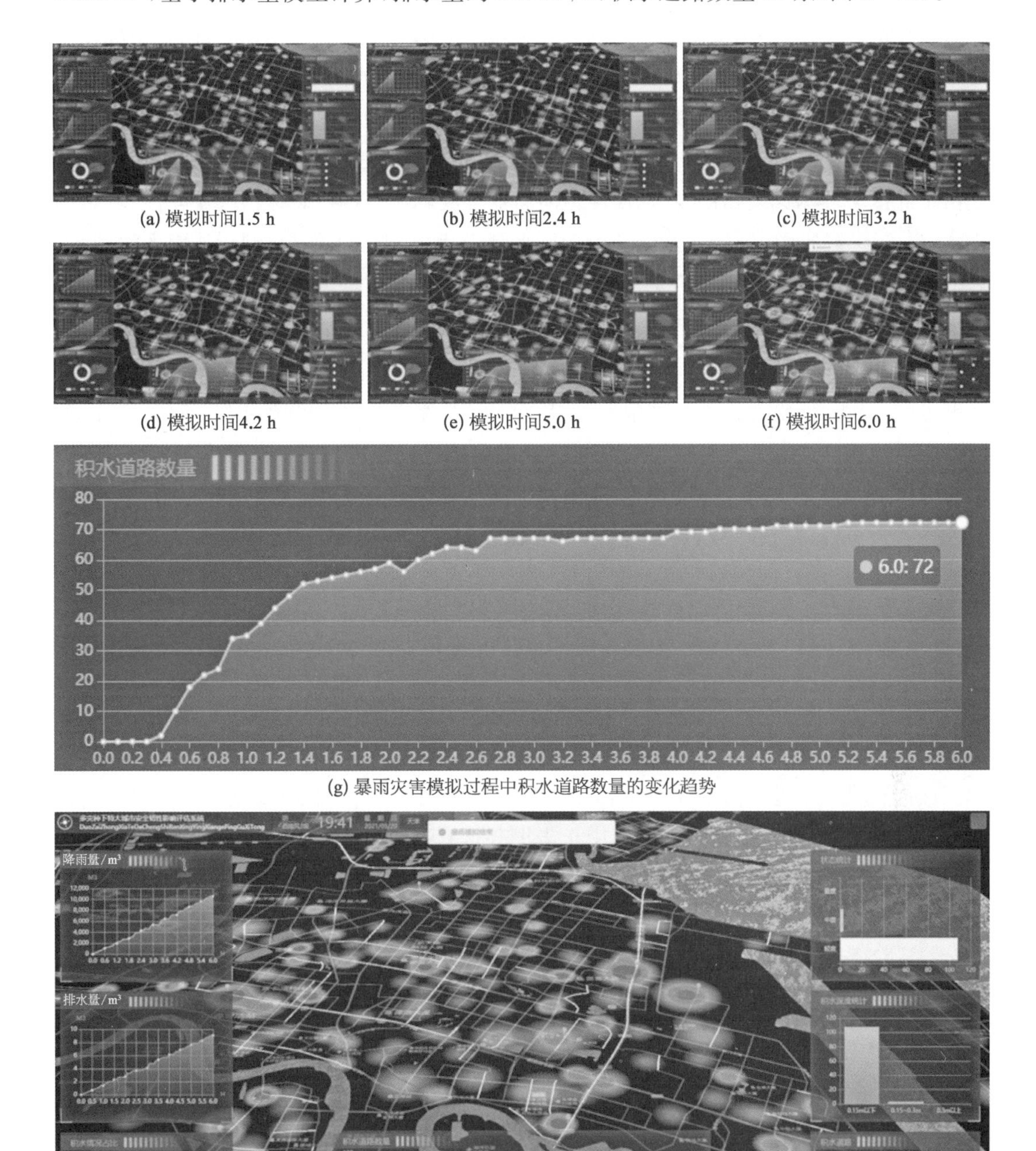

(a) 模拟时间1.5 h　(b) 模拟时间2.4 h　(c) 模拟时间3.2 h

(d) 模拟时间4.2 h　(e) 模拟时间5.0 h　(f) 模拟时间6.0 h

(g) 暴雨灾害模拟过程中积水道路数量的变化趋势

(h) 暴雨灾害模拟区域受损情况

图 3 - 28　暴雨灾害模拟

本次暴雨灾害模拟的过程中，产生积水内涝的主要道路和出现内涝积水的点较多。排水管网是城市的主要排水系统，是内涝积水消散的主要途径，不同排水管道的管径、埋深、材料等属性对其排水能力有很大的影响。通过本次暴雨灾害模拟，说明供水系统存在排水管径较小、排水管道材料质量差、日常维护差等问题。尤其是在早期建设中的排水管网建设，一般而言，排水管径较小，会存在雨水与污水合流的情况，因此在满足生活用水和服务性用水的情况下，随着环境用水的增长，原有管网早已处于满负荷排放状态。同时，还由于此区域透水铺装路面少、地面渗透能力低等问题，一旦遇到暴雨或持续时间较长的中雨，尚未形成排水系统的地段就会出现排水管道堵塞、排水不畅等情况，从而产生积水，影响该区域的雨水调蓄能力。

4）台风灾害模拟下城市空间安全韧性隐患

根据历史台风发生过程前 10 h 的风力数据，本次台风灾害模拟设置台风风力为 7 级，影响范围 5 km，降雨时长 3 h，间隔时长 0.1 h；设置台风由示范区域西南方向登入，由东北方向登出。本次台风灾害模拟的范围包含示范区域内老旧住宅小区密集区域、滨海中心商务区以及海港物流区，其为示范应用范围的代表性核心区域。

通过台风模拟过程可以观察发现，当台风灾害发生 0.4 h 时，降雨量达到 54.98 m^3，道路排水量 45.99 m^3；当台风灾害发生 0.8 h 时，降雨量达到 82.46 m^3，道路排水量 76.64 m^3，积水道路 79 条；当台风灾害发生 1.6 h 时，降雨量 110 m^3，道路排水量 107 m^3，积水道路 98 条；当台风灾害发生 2.4 h 时，降雨量 123.70 m^3，道路排水量 137.96 m^3，积水道路 119 条；当台风灾害发生 3 h 时，降雨量 192.42 m^3，道路排水量 199.28 m^3，积水道路 140 条。通过积水情况占比统计，在综合天津地区历年台风灾害发生的数据条件下，模拟区域内轻度积水道路占比 63.89%，中度积水占比 36.11%（图 3 - 29、图 3 - 30）。由模拟结果可知，城市积水易涝点大多集中于老旧住区，说明老旧城区配套市政设施落后，排水系统不完善，排水管径不满足基本要求，往往在暴雨过后会发生严重的内涝灾害，同时加之设备老化，有引发次生灾害的风险。

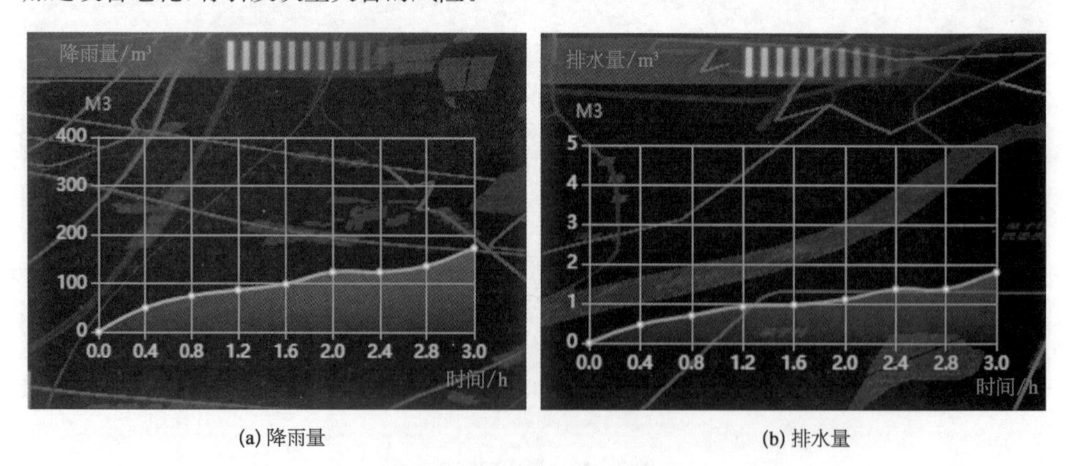

(a) 降雨量　　(b) 排水量

图 3 - 29　降雨量与排水量情况

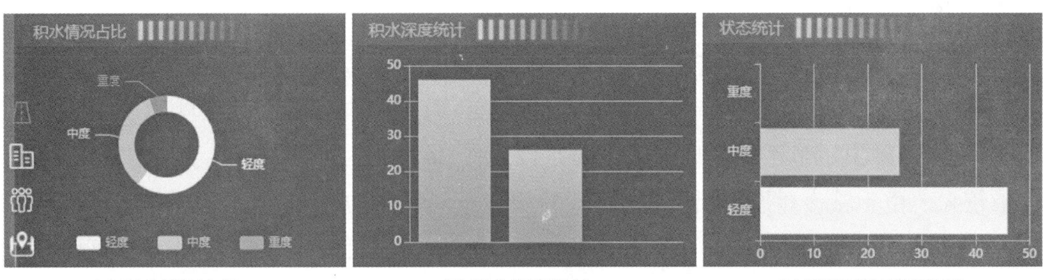

(a) 积水情况占比　　(b) 积水深度统计　　(c) 道路受损程度统计

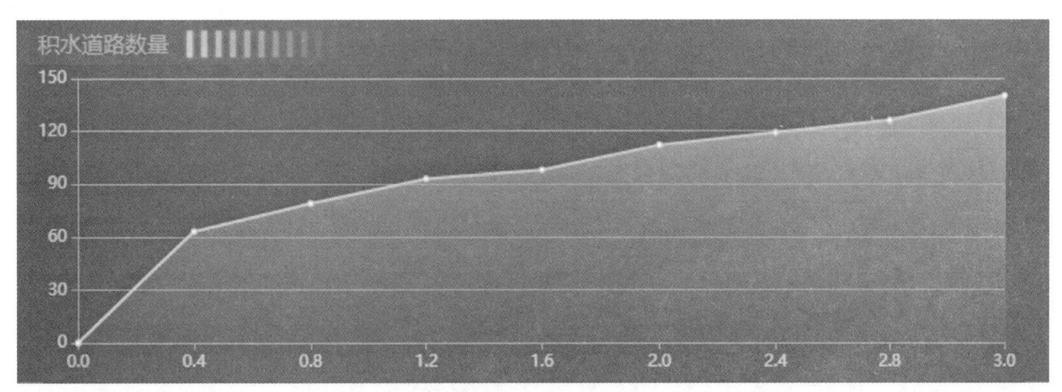

(d) 台风灾害模拟过程中积水道路数量的变化趋势

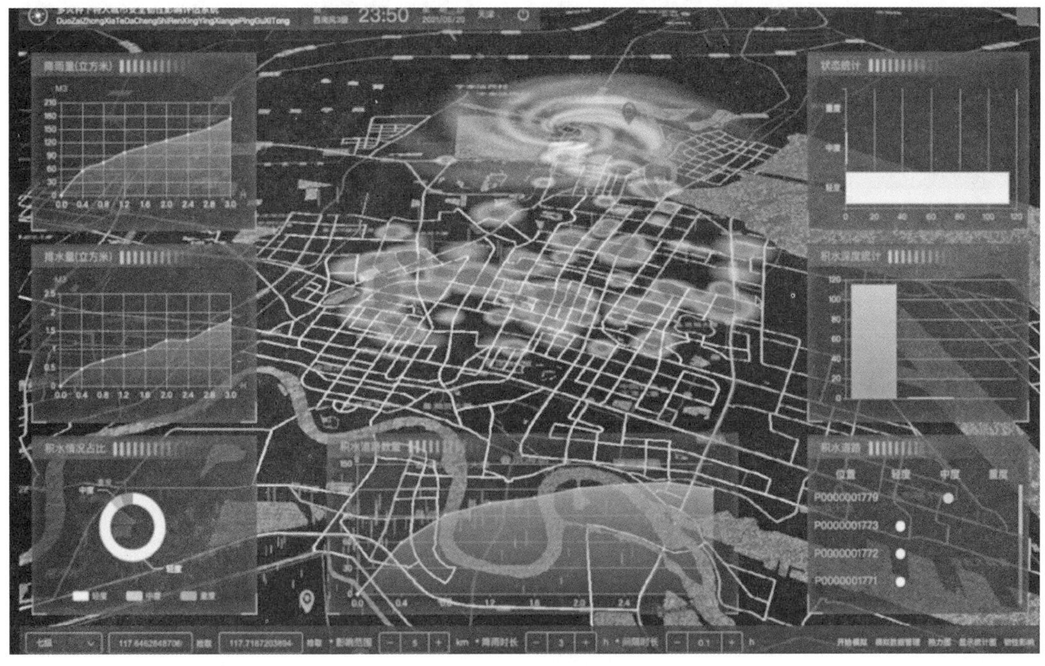

(e) 台风灾害模拟区域受损情况

图 3－30　台风灾害模拟

3.1.5.3 安全韧性建设优化对策

1) 建筑工程优化对策

(1) 加快老旧城区更新进程。

根据天津市滨海新区独特的历史阶段与特点，通过综合分析示范区域的现状用地及功能分类，总结出示范区的用地分类主要是以居住、商业、工业混合为主，其中以老旧住区存量较大。由于城市建设不断推进，原有的功能布局和历史环境对防灾安全规划有着决定性的影响，因此要加快老旧城区的更新进程，改善居民居住环境，提升城市功能和宜居品质。

① 房屋加固：根据本次地震模拟中地震损伤计算与系统平台的灾损逻辑运算，本次灾害模拟的建筑共 38 596 栋，其中 25 195 栋建筑轻度损伤，12 663 栋建筑中度损伤，738 栋建筑严重损伤。根据建筑状态统计数据，示范区域内 40.19%的建筑使用年限超过 20 年，其中 1 181 栋建于 1989 年以前，14 330 栋建筑建于 1989—2001 年(图 3 - 31)。由于建筑建设年代久远，设施老旧、结构改变大等，受地震破坏可能造成严重的后果。根据相关研究数据显示，地震灾害发生时，77%的人员是因建筑倾覆将其窒息死亡，地震中的人员受伤的原因主要是被室内物品砸伤、结构破损致伤和建筑整体将人员掩埋等。

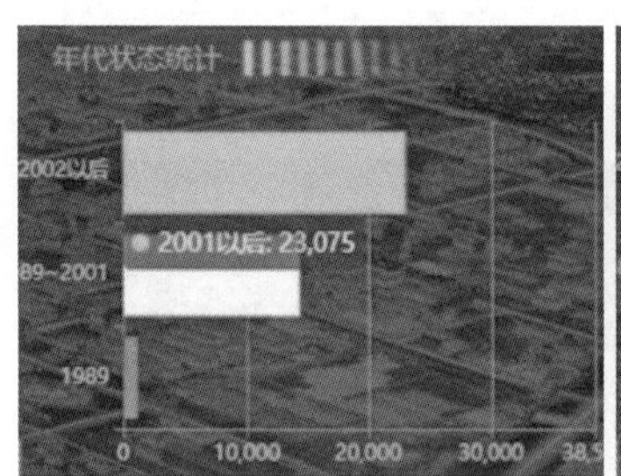

(a) 2001年以后建筑状态统计

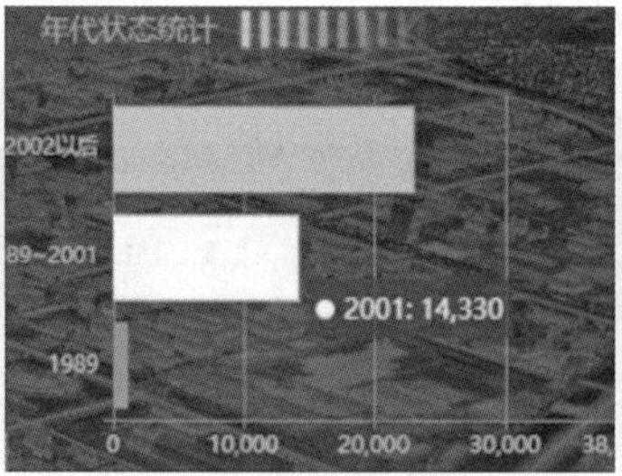

(b) 1989—2001年建筑状态统计

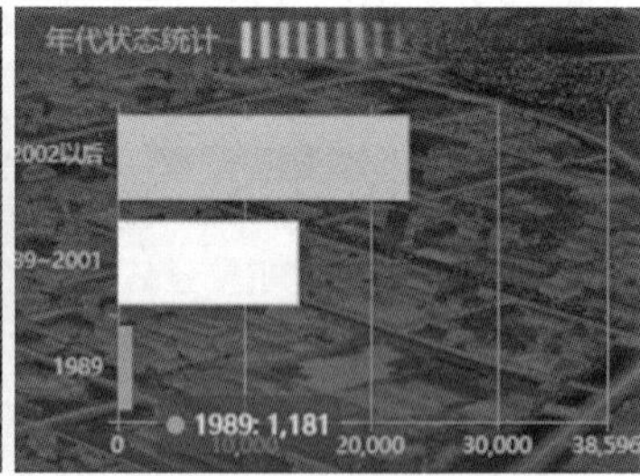

(c) 1989年以前建筑状态统计

图 3 - 31 建筑年代状态统计

合理恢复原有建筑的空间结构，对建筑进行必要的安全改造更新，是整体区域安全的有力保证，是避免地震灾害造成巨大损失最有效的方式，即提升抗震性能，通过支撑加固等方式来增加老旧建筑原有的抗震强度，具体措施包括加设承重墙、加设支撑构造、加固建筑基础等。值得注意的是，在改造过程中，要注重新结构和原有结构之间的连接，从而在最大限度上减少灾害发生时的损坏风险。同时，在老旧城区和新建建筑实施防灾手段时，需要区分对待。例如，老旧城区内建筑主要是以砌体结构为主，因此在对此类房屋进行抗震加设时，要从结构上进行处理，并着重加固关键部位的结构；而对于新建建筑，则可以采用弹性基础设施，在建筑物的基础和地基之间设置减震、消震装置，来降低爆发地震时造成的影响，以保证室内人员的安全。

② 建筑防火材料的更新：本次火灾模拟选定的起火建筑位于滨海新区河北路与大连东道交汇处附近，这里的小区多建设时期较早，具有旧城区的典型特征，而且还是城市老

旧住宅小区的密集区域，并未严谨合理地进行消防规划，使得这里的建筑大多防火间距以及道路宽度都不符合现在的消防要求。此外，区域虽然以居住用地为主，但其中还存在有化工厂、汽修厂等工业用地，没有有效地隔离绿化措施，存在绿化和开敞空间用地不足的问题，加上道路分级不清等问题，如果工业生产发生突发性灾害，造成的危害波及范围大、程度深，严重影响居民的生活。特别是处于这种环境下，城区对防火、救火的重视却严重不足，消防设施匮乏，如当火灾爆发时，应急疏散与救援将变得极为困难，很容易造成连带火灾。

因此，一方面需要提升老旧居住小区的建筑耐火等级，使得建筑之间，甚至建筑内各层之间，增设阻燃材料构成防火层，如外层刷耐火涂料，更换防火门窗，更换易燃材料等，加强安全性与可靠性；针对无法进行替换的建筑，则进行定期检查建筑环境的防火安全度。另一方面需要注意建筑间应具有十分合理的防火间距，及时拆除加建、扩建、侵占道路等不合条文规范的建筑，至于新建建筑则应严格按照建筑防火规范中的规定进行建设。还值得注意的是，我国也出现了老龄化的相关问题，特别是在类似老旧城区中，可能大多数居住的都是老年人，但老年人的防灾意识薄弱，应对灾害的自救手段又有限，因此亟须增强城区居民的防灾意识，并时刻注意区域内的灾害诱因，从而可以起到对老旧城区防火的关键作用。

③ 降低老旧住区建筑密度：通过灾害模拟结果的分析可以看出，老旧城区建筑的层数均不高，呈现出集中连片、附加构建多、无序扩张、密集性高和空间狭小等特征。同时，城区内的道路也存在混乱情况、区域外部连通性差等问题，尤其是未经改造的居住区，可能出现公共空间和交通道路被挤占的不良现象，如加建棚屋建筑、生活物品随意堆放等情况，均会使得火灾隐患扩大。此外，公共开敞空间被侵占，会致使街区内有效逃生与避难空间出现不足甚至障碍，最终造成人员无法在有效时间内进行疏散，从而形成不必要的伤亡风险。因此，应加快老旧城区更新改造步伐，基于街道的人口密度、建筑空间等特征，合理地组织老旧城区的街道空间与疏散通道、降低建筑密度、控制建筑间距、完善避难场地规划，在紧急情况发生时，为人员提供有效的避难场所。

④ 提高汇水区域工程标高：天津市海域属于内海，水循环动力、海水交换能力、自净能力均较弱，从而导致此区域生态环境也比较脆弱，台风、涨潮、暴雨等灾害一般集中在8—10月份，最高增水可达3 m，可能会给沿岸地区造成危害。滨海新区位于天津市东部沿海，海岸线约153 km，针对台风风暴潮等导致的滨海区域潮水暴涨，以及可能发生的泥石流、崩塌等灾害。泥石流的产生和活动程度与生态环境质量有密切关系。一般而言，生态环境良好的区域，泥石流由于植被固牢的作用，发生频度和影响范围都会降低；而生态环境问题严重的区域，水土流失严重，也会使得泥石流发生频度、范围扩大。在进行城市安全防灾规划的过程中，首先应做好水土保持，针对危险地段开展边坡支护，注重从根本上保持山地的生态环境。其次针对距离海岸较近，以及暴雨及台风灾害模拟中距离汇水区域较近的建筑及房屋，可通过建筑底层架空等方式提升建筑标高。最后，

采取生物措施和工程措施，保护和治理流域环境，从而消除或削弱泥石流、崩塌等灾害的发生条件。

(2) 加强自然生态绿地系统建设。

通过暴雨与台风灾害的模拟以及城市安全韧性影响恢复的过程模拟可以看出，当前模拟区域城市道路管网的排水能力以及路面的渗透性比较偏低。尤其是老旧城区的道路，当暴雨与台风灾害模拟的过程达到 1 h 时，便会逐渐出现积水路段；直至灾害模拟进行至 3～4 h，一些狭窄以及地势低洼的路段，已形成严重的积水区域；在韧性恢复的模拟过程中，这些易涝点区域的恢复水平也比较慢。综合其城市绿地系统的现状可知，开展灾害模拟的示范区域内，生态环境十分脆弱，缺少基本的绿地系统，开敞空间整体呈现出破碎、分布分散、未成体系的特征，城市绿地的服务半径不能全部覆盖，在不能满足区域居民应急避难需求外，还难以与外围用地的绿地系统形成网络，导致绿地整体空间破损程度高，无法满足灾害的空间阻隔和应急避难的要求。

面对加强城市自然生态系统建设、改善城市生态环境、提高城市应对风暴潮等灾害能力的需求，可通过构建点线面的绿地系统、打造海绵城市等措施来消减暴雨、台风等灾害的破坏性，增加城市的雨洪调蓄能力。其中，宏观尺度是以老旧城区为整体，可以利用绿地系统，也就是海绵城市的自然海岸线、湿地公园、湖泊河流、山林等区域，原则上是进行重点保护，不能因为城市扩展就无限开发；中观层面，也就是大尺度上则是城区中的街区，可以通过构建市级服务公园、街头公园及绿地、线性绿廊等空间实现安全防灾的功能；微观层面也就是小尺度上，主要看重的是街道上的公共设施，如行道树、绿化带、微型公园。通过构建这样的点线面，并结合绿地系统，从而达到绿地空间的安全防灾功能。

不过由于在大尺度以上，对开敞空间规划建设，要根据土地条件、基底现状、基底面积等要求进行开发，特别是老旧住区用地紧凑等条件的限制；在对城区的绿地开敞空间进行更新改造过程中，还是应在尺度较小的绿地上进行建设，且小尺度的空间灵活方便，在投资运营上也具有一定的优势，还不会改变旧城地区整体结构。如此根据现状条件，可以在合理和具有可研性调查后，对类似河道两侧、老旧道路、闲置用地、废弃工厂建筑等城区、街区、街道的各类消极空间进行重塑，赋予新的含义，从而充分利用街区边角夹缝空间，使得整个区域都能被盘活，重换生机。

同时，还可以结合暴雨灾害与台风的模拟以及韧性影响评估结果，通过识别城市的低洼区域与易涝点，将这类城市低洼区域或易涝点营造小型的水系空间及绿地加以利用，形成小尺度的绿化、海绵空间。这样既可以促进街道活动交流，增加开敞空间使用率，同时这些小型的开敞空间绿地所创造出柔性界面也能中和城区内的拥挤和繁杂，更能在灾害发生时起到隔离效果，防止灾害扩散，减少损失。此外，在海绵城市建设方面，小型开敞绿地的渗透性、可达性以及较高的使用率，对调节社区、街区微气候方面有着极为巨大的作用。

2）基础设施布局优化对策

（1）提升城市路网通达性。

针对多种灾害发生模拟结果分析，城市路网体系在灾害发生后的疏散与救援中可以发挥重要作用。通过增加城市道路的宽度与密度，增加道路的通达性与冗余性等方法，可以有效地降低城区的建筑密度。这样既能减少灾害发生的概率，也能保障灾时的安全疏散，尤其在城市安全防灾规划中，道路最为主要的是疏散功能，及时有效地疏散受灾人员是保证旧城区安全性的重要因素。因此，进行灾时人员有序疏散是老旧城区改造更新重点。提高路网的高通达性、道路的畅通性以及增加城市路网密度能够有效提升城市的运行效率，保证灾害救援体系的可靠运行。

老旧城区建设较早，其设计标准也没有现在完善，内部道路分级不明，难以满足灾时应急救援和疏散的基本需要。因此对道路等级的明确划分，并对干道进行拓宽，可以到达提高应急救援效率的作用。然而，老旧城区较为拥挤，且本身停车设施就极度缺乏，使得的车辆占路停车的情况更为严重，加上道路两旁的加建、扩建，或是居民生活物品堆放、零售摊点占设，不仅会降低道路通行能力，甚至还会严重妨碍防灾通道的通畅，降低避难、救援的使用效率。同时，由于道路建设使用时间长，城区路面或多或少多会出现不同程度的老化、损坏状况，也会影响灾时救援车辆通行，这些问题都亟须解决。

在本次 4 h 的火灾模拟过程中，传播距离约 3.8 km，起火面积约 15 km^2，起火建筑 344 栋。通过对火灾过程的分析可以看出，在以塘沽站为中心 4 km 范围内，由于街道空间狭窄、占用严重、等级混乱等问题，导致火灾受灾区域范围扩大速度随时间呈加速态势，而在前期阶段及时遏制火灾扩散是极其重要的。同样，其他类型灾害发生时，疏散与救援力量在应急响应后的反应速度也是减少灾害影响的关键，提升城市道路对不同区域的连接能力可保证当灾害发生的第一时间展开疏散与救援，同时也能保证跨区域灾害救援的有效进行。

① 提高主要道路的通达通畅性能：城市主要道路负责连接城市中的不同区位，有效延长城市道路、提高道路建设质量、优化道路设施设计等措施能提高主要城市路网的通达性与畅通性，可以保证在灾害发生时，人员疏散高效进行疏散，救援人员快速进入受灾场地以及进出物资快速通过。

为保证救援道路的通达与通畅，在城市建设与更新的过程中，一方面，应先对疏散与救援道路的等级进行分类，对道路情况进行调查分析，并将现存道路中的不利因素进行整改。针对老旧城区中，城市道路可能存在路面自身质量老化、基础设置缺损、不合理设置的路边停车位等问题，采取路面整修加固、完善补充基础设施设备建设、清理整治路面干扰等措施。另一方面，在路网规划中，分析各级疏散与救援通道的交通情况，适当合理地延伸道路长度，扩大道路的疏散与救援范围，在一定范围内提高冗余度，在大型灾害发生时，提供跨区域救援疏散的可能性。可在城市范围内，将疏散通道与旧城道路进行整合划分不同的等级，并划分出安全疏散路径地图，在防灾分区与防灾据点间划分道路宽度大于

20 m、服务半径 2 km 的特殊避难通道，并作为和固定避难场地以及中心避难场地间的维生通道，保证灾害发生时的道路通畅。在紧急和固定避难之间，划分道路宽度在 15～20 m 之间、服务半径在 1 000～2 000 m 的一级避难道路，主要用于转移人员和运送救灾物资。在各应急避难场所间划分二级避难道路与三级道路，其中二级避难道路在 8～15 m 之间，服务半径在 500～1 000 m，三级避难道路宽度在 4～8 m，服务半径在 300 m，确保消防通道的畅通。划分的道路除了具有疏散作用，还能起到一定的空间隔离功能，如切断火势蔓延、引导积水流走等。

② 增加城市路网密度：基于本次对城市核心区域的灾害模拟进行分析，部分老城区存在建筑与人口密度大，老旧住宅区体型庞大使救援力量难以进入等问题。增加城市路网密度不仅可以提高在城市正常运转过程中的交通效率，同时更重要的是能有效提高救灾救援效率。

路网密度的增加，将城市分区细化，一方面城市道路网在各个区块之间形成一定的缓冲区，避免了某栋建筑或某一部分区域受灾对其他区域形成二次伤害；另一方面当火灾、地震等灾害发生时，受灾人员可以多流线分散疏散，避免单一流线疏散造成阻塞、疏散路线破坏造成人员受困等问题，救援力量也可在细分的城市区域中实现更加精准的点对点救援。保证救灾的及时进行，降低各类灾害造成人员与财产损失。

一直以来，我国城市中主要居住区受到过去几十年城市规划布局思路惯性的影响，新建小区与办公区也多采用围合封闭式布局，灾害模拟中的天津滨海新区作为传统的工业与居住区，同样存在大量的封闭式布局的建筑组团。围合式的场地布置形式在一段历史时期上被证明是有效的，在社会生产与生活活动较为单一，普遍生活水平不高的情况下，集中式的布局提高了社会运行效率，降低了管理成本。随着社会的发展，人群的社会活动变得更为丰富，人们摆脱了在一定区域内点对点的生活模式。随之而带来的是城市区位划分的多样与建筑功能的丰富，现有城市路网规划已不能很好满足城市中的交通需求，尤其是在灾害发生的特殊情况下，路网的承载力需要提升。

在本次模拟的城市片区中，可以看到很多自成一体的住宅区组团与工业办公组团限制了路网密度的增加，当灾害发生时，这些交通流线中的隔障对灾害的救援造成了很大的影响；同时密集的建筑带来的人群聚集本身也增加了灾害疏散难度与受灾风险。针对传统人流密集的核心城区，采取“小街区”的模式来提升路网承载力，即打破原有封闭组团的布局。既有居住小区中，因地制宜地将小区内部道路进行改造整合，接入城市路网当中；对办公园区与工业园区的安全性与保密性等级进行评估，将适合开放的园区道路接入城市路网体系；增加体育馆等紧急避难场所的交通可达性，当灾害发生时便于疏散与救援的展开。

城市新建区域内，可采取优化路网规划，考虑疏散与救援流线；同时依据分析结果中本地主导灾害对建筑的影响，合理布局城市功能区，避免次生灾害对受灾区域邻近区位的影响。

(2) 完善绿色和慢行交通系统。

本次模拟中的天津滨海新区地处海河下游入海口，拥有 153 km 海岸线，且夏季高温潮湿多暴雨，当发生海河流域上游洪水或本地降雨量骤然增大等情况时，易引发本地区的洪涝灾与风暴潮等自然灾害。

在城市建设与更新中，基于海绵城市与绿色建筑等设计理念，完善城市绿色交通系统、完善城市慢行交通系统、打造沿河生态景观带等绿色交通系统等具体措施，可以有效提高城市洪涝灾害承载力，同时慢行交通系统对其他灾害下的人群疏散也能够提供有利条件。

① 提升土地的水土保持能力：在总体评估情况中，天津市暴雨易发性与危险性得分为 55.442 7，在各项指标中得分最低，需要有针对性地提出优化解决措施。本次降雨量模型的计算，降雨量为 60 mm/h，降雨面积 300 km^2，降雨时长为 6 h，当降雨时长达到 6 h 时降雨量最高达到 1 062 m^3，基于排水量模型计算，排水量约 905 m^3/h，积水道路数量 72 条。本次模拟中的暴雨降雨中心设定在民安里小区，小区内建筑年份为 1989 年，作为老旧城区，存在透水铺装使用不足，以及雨水管网处理能力不足等问题，一旦遇到暴雨或持续时间较长的中雨，部分区域排水不畅等情况，会造成部分城区被淹，影响雨水调蓄能力。

在城市大规模建设扩张阶段的历史时期中，各种人工构筑物破坏了土地原有的自然循环水生态系统。硬化的城市阻隔了雨水的自然下渗，导致了地下水位的不断下降，地下径流减少，改变了城市下垫面的热力属性而造成了城市中的缺水与热岛效应等环境问题；同时，城市中地面自身雨水下渗能力的减弱，造成了市政管网排水负担的增大，在持续降雨或暴雨条件下，极易形成城市内涝。随着全球气候的持续变暖，海平面的上升，以滨海新区为例的沿海城市受到的海水倒灌、风暴潮与台风等灾害威胁的风险也在日益增大。针对此类灾害威胁，具体措施上应该以增加土地水土保持能力为主，同时与城市景观设计相结合，提出打造绿色和慢行交通系统的优化策略。

分析本次的暴雨模拟灾害结果中可以看出，模拟区域内的道路普遍存在轻度积水，部分道路达到了中度至重度积水，城市道路积水的风险是广泛存在的，这就需要提出一种广泛性、统一性的解决方案。绿色和慢行交通系统的打造具有普适性强、景观性好等特点。在老旧城区的基础设施更新过程中，增大道路慢行交通的建设条件，用高性能透水铺装与路面替换原有硬质铺装，恢复自然生态水循环，同时增加植被以提高土地蓄水能力；在新建城区的建设过程中，增加生态景观道路的设计，将生态设计与城市功能设计相统一，打造沿路、沿河绿色生态交通系统。增加城市土地的水土保持能力，在改善地下水及地下径流的同时，也缓解了市政管网与地表径流的压力，进一步降低了河道发生洪涝灾害的风险与管网体系建设维护支出。

② 应急疏散场地的合理布局：完善慢行交通系统的设计与建设，将道路作为城市疏散体系的一个组成部分，为当地居民提供安全保障。该场地作为发展较早的旧城区，具有

人员密集、建筑密度大、易受灾害破坏等特点，这直接导致了当灾害发生时，人员疏散与救援困难，易发生次生灾害。在城市建设更新过程中，将城市慢行交通系统同时应用为急疏散场地与通道，使人群快速撤离至安全场所，便于后续救援行动的开展。在应用过程中，应对城市慢行系统的基础设施条件进行完善，预留出相应的应急疏散条件，改造周边的不安全因素，使之能够具备应急情况下的疏散条件。城市慢行交通空间依托城市道路覆盖城市主要区域，解决了旧城中疏散条件弱的不利情况，避免疏散场所通达性不足、疏散场所过于集中而造成资源分配不均衡等情况的发生，更广泛地覆盖各个区域的人群。

(3) 提高高风险区域生命线工程冗余度。

按照灾害模拟结果分析可以发现，城市各区域因建设年代、使用功能不同等客观因素影响，在各类灾害模拟情况中受到的影响存在差异。在城市建设与更新过程中，可以有针对性地对高风险、弱灾害承载力区域提高生命线工程的冗余度，提升相应城市安全韧性。

① 生命线工程的建设冗余度：《破坏性地震应急条例》中“生命线工程”是指对社会生活、生产有重大影响的交通、供水、排水、通信、供电、供气、输油等工程系统，其对社会生活与生产具有重大影响，影响到国计民生的方方面面。随着我国整体国力不断发展，结合中华人民共和国成立以来几次大型灾害的经验与教训，生命线工程的建设越来越得到重视。

天津位于华北地震区的河北平原和燕山渤海地震带的交汇处，是我国大陆地壳较薄弱地区。1976 年的唐山地震，不仅唐山遭受了毁灭性的破坏，天津也是此次地震灾害的重灾区之一，各类建筑倒塌和严重破坏达到 36%，全市电信枢纽 12 处遭到破坏，多处路基下沉，铁路钢轨弯曲，天津港及其周边城市区域也遭到了严重破坏。在经历几次大型灾害后，天津市的生命线工程建设已经得到了较高的重视程度，根据本系统安全韧性评估结果可知，天津城市安全韧性程度较高，但针对个别得分较低的子项仍需要在相应的建设方面补齐短板，并在各项生命线工程建设指标中增加建设冗余度，以应对大型、特殊性灾害的发生。对于不同灾害条件下的高风险区域，有针对性地加强生命线工程的建设标准。

a. 交通工程方面，增加区域内道路及交通节点工程质量的可靠性，保障疏散救援通道的高效通畅；加强铁路、外部公路、港口、机场等对外交通设施的维护，在灾情发生时能够保证设施的正常运行，并能在遭到破坏时快速恢复运转。

b. 通信工程方面，加强对广播、电视、网络、邮政等相关建筑及设施的维护与建设标准，在灾情发生时保证信息流的畅通。

c. 供电工程方面，保证电力枢纽在灾情发生时的运行以及快速恢复畅通的能力，保证应急电力的供应，以及避免相关设施在灾害影响下发生次生灾害而造成更大的损失。

d. 供水工程方面，保证自来水厂及供水管网的抗灾可靠性，避免因水源短缺及水源污染对受灾人群及救灾力量造成二次伤害。

e. 供气与供油工程方面，天然气的运输和储存设施及加油站与输油管网等设施的破坏极易引发火灾与爆炸等耦合事件。

f. 卫生工程方面，提高污水处理系统及医院等卫生公共卫生相关设施的设防标准，并对应急性医疗设施进行相关储备；在地震、洪涝等灾害情况下，极易引发传染病等关联性灾害，对此类次生灾害的预防要充分预留出工程建设条件。

g. 消防工程方面，要充分保证消防相关设施的良好运转性能及快速恢复能力，火灾作为一种常见的灾害类型，同时在其他灾害发生时易作为次生灾害出现，要考虑多维度、多层次的建设思路。

② 增加生命线工程的覆盖范围：近年来，各地生命线工程建设情况的逐渐完善，随着社会生产力的逐步发展，增加生命线工程的覆盖范围的呼声也越来越被提出，如将学校纳入生命线工程的建设范围内。

学校是学生大量长时间聚集的场所，人员疏散难度大、疏散场地有限。多次灾害事故发生证明，学生群体在灾害发生时自保、自救能力较弱，主要依赖外界的救援与帮助。通过提高教学建筑的抗震性能，提高教学建筑的防火性能以及提升校园场地周边的市政官网设施建设，为相对弱势的学生群体提供良好的安全保障，在灾害发生时能够极大地降低人员及财产损失，同时使救援力量更好地保障其他受灾区域。随着科技发展，人们生活方式的转变，包括货币在内的许多生产生活资料数字化，一些重要数据机房、机站等数字设备设施也要纳入生命线工程建设体系内。

在实际建设过程中，城市建设与更新要具有前瞻性与针对性。基于模拟分析结果，有针对性地预留工程冗余度是一项优化基础设施布局的重要对策。社会的发展与城市建设是处在不断更新的动态过程中，生命线工程需要与时俱进、紧跟时代脚步。

3.2 应急指挥中心应急决策系统

应急指挥中心应急决策系统充分利用和整合现有的信息基础设施和数据资源，提升系统的实用性、可用性和智能性，实现数据资源整合与完善建设，实现安全生产应急信息采集、辅助决策、指挥协调、决策支持、现场联动等核心功能，加强安全生产应急协同联动与互联互通建设，初步实现横向及纵向各级平台的互联互通和信息共享，为加强科学施救、提高生产安全事故灾难应急救援水平提供技术支撑和保障。

3.2.1 总体架构

业务应用系统以数据库系统为数据支撑，以应急地理信息服务、数据交换与共享服务、辅助决策分析模型及支撑软件为应用支撑，建立应急信息采集与分析系统、辅助决策支持系统、应急指挥系统，根据用户和应用场景不同，提供针对性的应用模式建设。业务应用系统总体架构如图 3－32 所示。

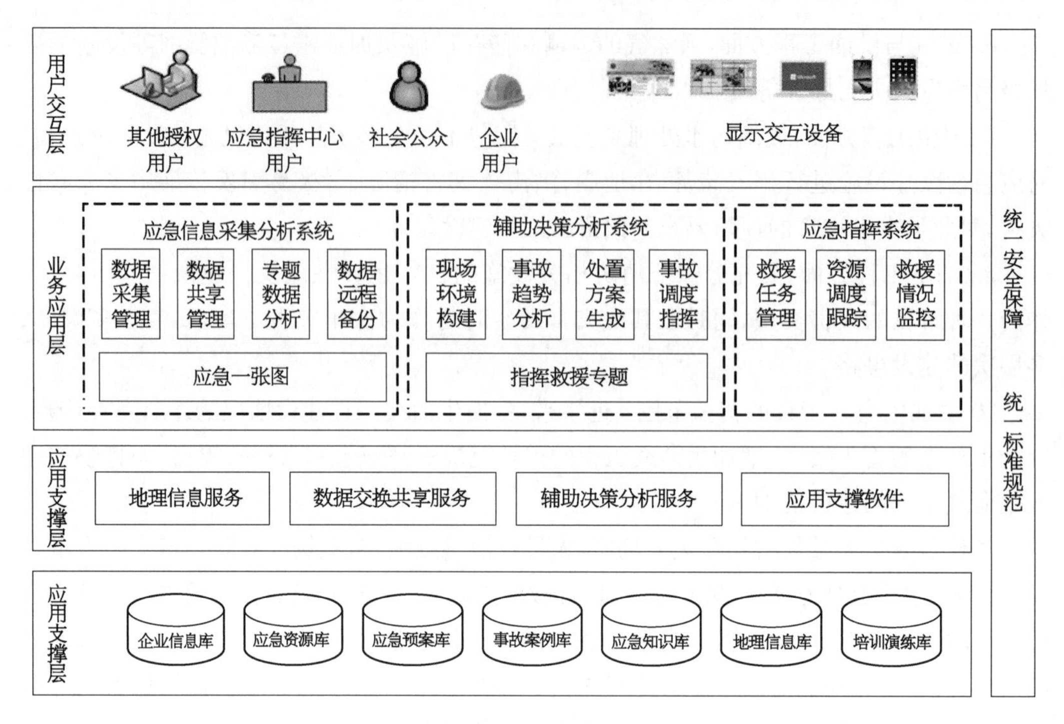

图 3－32　业务应用系统总体架构

3.2.2　应急信息采集与分析系统

建设应急信息数据采集系统，可以提高系统数据获取能力，保障数据的鲜活性。系统支持基于地图的数据管理、在线编辑、批量导入导出；支持用户对数据结构、数据属性的灵活定制管理；支持各单位在应急管理过程中与其他相关单位之间共享信息，以提高应急管理协作能力；系统可基于地理信息系统对各类数据进行专题统计分析、展现、定位；各单位可通过系统管理本单位的数据，同时为了保障数据的安全性，系统建立基于中心＋远程节点的数据备份手段和机制，提供统一的应急一张图平台。

3.2.2.1　应急一张图构建

在 GIS 应用系统的基础上进行整合，构建应急一张图平台(图 3－33)。

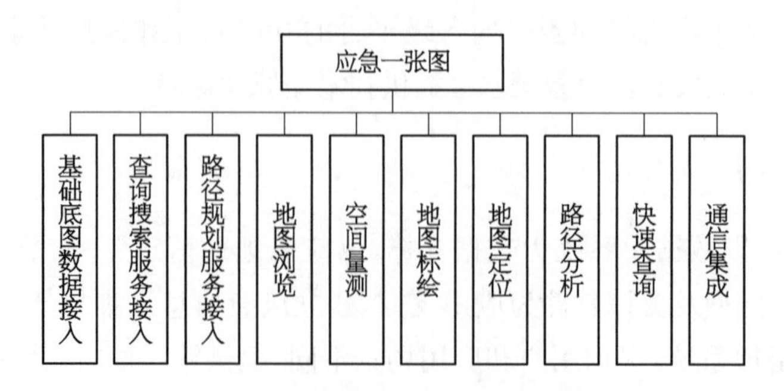

图 3－33　应急一张图构建框架图

3.2.2.2　基础功能

基础底图数据接入：与 GIS 应用系统进行对接，实时接入矢量图、影像图、地形图、地名地址服务。

查询搜索服务接入：与 GIS 应用系统进行对接，实现地名地址数据、兴趣点数据、道路数据、行政区划等数据查询。

路径规划服务接入：与 GIS 应用系统进行对接，实现路径分析功能。

地图浏览：实现地图展现、控制浏览，提供区域变换、地图切换、视图操作、投影切换、图层控制、鹰眼图、地图输出、地图书签等基本功能。

空间量测：实现基本的空间位置和尺度的量测，提供基本的坐标量测、距离量测、面积量测以及比例尺标识功能。

地图标绘：建立应急符号库，实现基于地图的点、线、面、文字、态势标绘、图标标绘、历史标绘管理等功能。

地图定位：根据经纬度、地名地址实现基于地图的位置定位。

快速查询：基于行政区划、关键字进行快速查询、定位、结果展示。

通信集成：对机构、人员的联系方式，关联通信调度系统，实现基于 GIS 地图的电话拨打、短信发送。

3.2.2.3　数据采集管理

提供在线数据采集管理功能(图 3－34)，各单位可基于应急一张图在线编辑、管理各应急相关数据：首先根据应急管理需要，以及各单位的数据资源分类情况，建立数据资源目录管理功能，建立数据目录，实现数据信息的定位、检索和浏览；由于各单位的数据分类不同、数据结构不同，系统提供数据结构、数据属性的在线变更管理，支持灵活配置；各单位能够逐条、批量在线维护管理本单位相关数据信息。

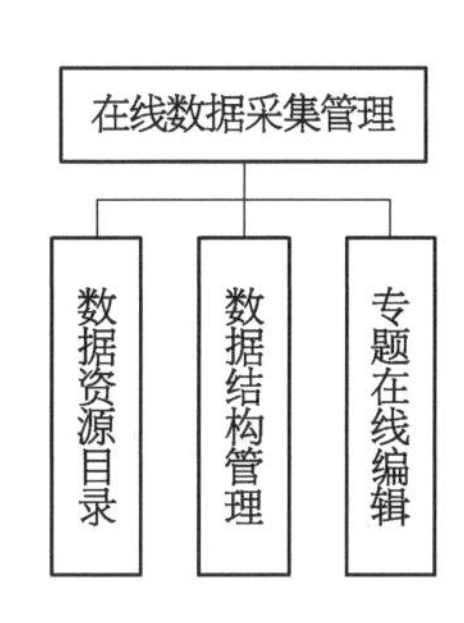

图 3－34　在线数据采集管理功能

1) 数据资源目录

根据数据来源单位、数据类型建立应急数据资源目录，实现数据目录结构定义、目录导航、目录查询定位、数据详情查阅、数据展现、数据统计、目录管理。

(1) 目录结构。

对相关单位发布共享的各种数据资源，根据数据类型、数据来源、比例尺、空间参考等，进行数据资源的分类梳理，以数据所属的管理部门为基本节点，形成树状层次结构的数据资源目录，汇总展现用于共享的数据资源信息。

(2) 目录导航。

对数据资源目录，通过节点层级联动控制的方式，提供展开目录层级、折叠目录层级、目录选中状态切换、目录树整体与已选目录快速切换等功能，实现目录的快速导航操作，以快速掌握数据资源相关情况。

(3) 目录查询定位。

基于统一管理的数据目录，根据数据类型、数据来源等关键词条件，按照模糊或精确匹配模式，提供数据资源的快速查询功能。对满足查询条件的数据资源目录节点，提供快速定位和突出显示功能，展示其所在数据目录中的位置，同时展示其所在数据分类、所在部门等相关信息。

(4) 数据详情。

对指定的数据资源，提供数据详情展现功能。

数据描述信息：对指定的数据资源，提供数据资源相关描述信息的展示功能，包括数据内容、标识信息、使用限制信息、数据质量信息、空间参考信息、覆盖范围信息、分发和负责单位等信息。

(5) 数据展现。

列表展现：对指定的数据资源，提供以列表方式展现数据资源的功能。

数量统计：对列表中的数据记录，进行数量统计；并根据分页规则，对分页数进行显示。

分页导航：对指定的数据资源，按照列表进行分页展现，并提供页面导航控制功能。

数据空间分布：对指定的数据资源，根据其空间坐标提供在地图上展现其空间分布的功能。

数据定位与标绘：对单一数据记录，根据其空间坐标提供在地图上进行地图定位和自动标绘的功能，实现从空间角度展现数据信息的效果。

(6) 数据统计。

对数据资源目录中的数据资源，按照数据类型、数据来源部门、数据发布时间等维度，进行资源数量统计，给出单一维度条件下的资源统计和多维度组合条件下的资源统计结果。

(7) 目录管理。

提供数据资源目录的管理功能，对数据资源目录体系内数据资源节点信息进行管理维护。

新增数据节点：在指定的数据目录中添加新的数据资源信息节点，含节点命名。

修改数据节点：修改数据目录中已有的数据资源信息节点名称。

删除数据节点：删除数据目录中指定的数据资源信息节点。

新增部门节点：在数据目录中添加新的部门信息节点，含节点命名。

修改部门节点：修改数据目录中已有的部门信息节点名称。

删除部门节点：删除数据目录中指定的部门信息节点。

2) 数据结构管理

数据结构管理是指实现用户自定义数据表结构、数据属性字段，并实现自动表生成、更新，包括事故、各类企业(基本信息、位置、图纸、照片等)、重大危险源(基本信息、位置、图纸、照片、工艺流程图、视频等)、应急物资(基本信息、位置等)、救援队伍(基本信息、位置等)、应急装备(基本信息、位置等)、物资装备储备库(基本信息、位置等)、应急专家(基本信息、位置等)、应急预案、事故案例、应急知识的表结构、属性字段。

3) 在线数据编辑

以地图为作业平台,针对单一目标,提供空间及属性信息综合编辑管理功能;一次性针对多个空间目标,提供批量式的信息综合编辑管理功能,主要包括空间信息编辑、属性信息编辑、数据批量入库、数据批量清除、数据批量导出、数据批量更新功能。

主要进行包括事故、各类企业(基本信息、位置、图纸、照片等)、重大危险源(基本信息、位置、图纸、照片、工艺流程图、视频等)、应急物资(基本信息、位置等)、救援队伍(基本信息、位置等)、应急装备(基本信息、位置等)、物资装备储备库(基本信息、位置等)、应急专家(基本信息、位置等)、应急预案、事故案例、应急知识的在线编辑。

3.2.2.4　数据共享服务管理

各单位可以通过系统实现数据的权限控制、数据服务的对外发布、相互之间的数据共享,主要是实现数据权限管理、共享服务配置、服务注册管理、服务目录管理、服务通知管理功能(图 3－35)。

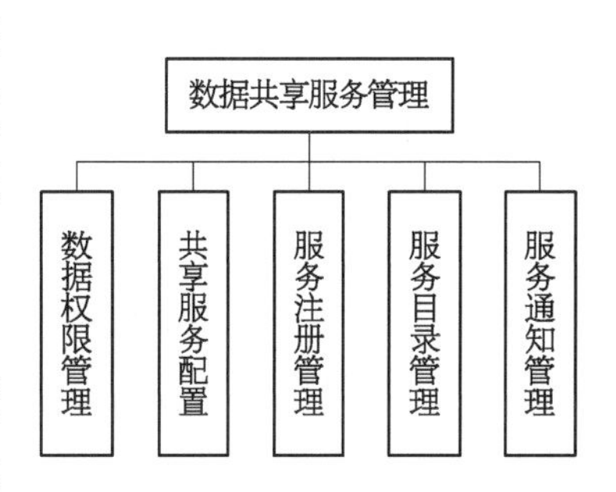

图 3－35　数据共享服务管理功能

1) 数据权限管理

数据权限管理能够针对专题图提供多层次的访问授权功能,以满足专题数据的有效控制,主要包括数据描述级授权、数据记录级授权、数据字段级授权以及混合型授权等多种授权方式。

数据权限控制与管理功能,能够针对专题图提供多层次的访问授权功能,以满足专题数据的有效控制,主要包括数据描述级授权、数据记录级授权、数据字段级授权以及混合型授权等多种授权方式。

2) 共享服务配置

服务配置管理是通过配置服务所用的相关资源,设置获取服务所需的参数,规定服务输出信息,实现服务的流程化配置管理。

3) 服务注册管理

面向各单位提供统一的服务注册管理平台,服务提供者可注册新的服务信息,包括服务名称、服务类型、服务来源、服务资源接口、服务接口说明、使用帮助等信息。注册成功的服务信息将根据服务来源部门自动进入服务资源目录。

(1) 服务信息管理。

服务资源注册:服务提供者可注册新的服务资源信息,包括服务名称、服务类型、服务来源、服务资源接口、服务接口说明、使用帮助等信息。进行服务资源注册时,服务资源的提供者可以设定服务资源的授权访问范围和访问要求。

服务资源修改：服务提供者修改已经注册服务资源相关信息。

服务资源删除：服务提供者删除已经注册的服务资源信息。

服务资源查询：对授权用户，提供按照服务名称、服务来源、服务类型等关键词条件的查询功能，以快速查找所需的服务。

（2）服务资源授权。

服务资源授权功能，能够面向专题服务所属的各单位提供权限控制和管理服务，具体有专题服务的单位可以对其他需要该服务的单位提供多种层次的访问授权，主要包括服务描述级授权和服务内容级授权等授权方式。

4）服务目录管理

服务目录是将本系统发布的各类服务资源，建立结构化的服务信息目录体系，实现对服务资源的有序组织和规范描述，从而实现不同单位之间服务资源的互联互通、信息共享，其功能主要包括目录结构、目录导航、服务信息展现、基于地图的服务展现、服务统计和目录管理等功能。

（1）服务目录。

对各单位发布共享的各种服务资源，根据服务类型、服务来源、空间参考等，进行服务资源的分类梳理，以服务所属的管理部门为基本节点，形成树状层次结构的服务资源目录，汇总展现用于共享的服务资源信息。

（2）目录导航。

对服务资源目录，通过节点层级联动控制的方式，提供展开目录层级、折叠目录层级、目录选中状态切换、目录树整体与已选目录快速切换等功能，实现目录的快速导航操作，以快速掌握服务资源相关情况。

（3）服务查询定位。

基于统一管理的服务目录，根据服务类型、服务来源等关键词条件，按照模糊或精确匹配模式，提供服务资源的快速查询功能。对满足查询条件的服务资源目录节点，提供快速定位和突出显示功能，展示其所在服务目录中的位置，同时展示其所在服务分类、所在部门等相关信息。

（4）服务详情。

服务详情展现：对指定的服务资源，提供服务详情信息展现功能，提供服务资源相关描述信息的展示功能，包括服务内容、标识信息、使用限制信息、服务质量信息、空间参考信息、覆盖范围信息、分发和负责单位等信息。

基于地图的服务展现：对指定的服务资源，提供在地图上展现其数据内容空间分布的功能，实现从空间角度展现服务信息的效果。

（5）服务统计。

对服务资源目录中的服务，提供按照服务发布时间、服务类型、服务来源部门等维度，进行服务数量统计，给出单一维度条件下的资源统计和多维度组合条件下的资源统计结果。

（6）目录管理。

提供服务资源目录的管理功能，对服务资源目录体系内服务资源节点信息进行管理维护。

新增服务节点：在指定的服务目录中添加新的服务资源信息节点（含节点命名）。

修改服务节点：修改服务目录中已有的服务资源信息节点名称。

删除服务节点：删除服务目录中指定的服务资源信息节点。

新增部门节点：在服务目录中添加新的部门信息节点（含节点命名）。

修改部门节点：修改服务目录中已有的部门信息节点名称。

删除部门节点：删除服务目录中指定的部门信息节点。

5）服务通知管理

服务通知管理面向本系统发布使用的所有服务资源，对授权访问用户提供主动推送式服务通知功能，主要包括自动关联通知、通知提醒、通知管理等具体功能。

（1）自动关联通知。

服务管理员在完成服务注册授权或服务更新后，可根据服务授权控制管理的设置，同时可设置是否进行自动推送服务通知，以将最新的服务资源相关信息，如服务名称、服务类型、服务来源、空间参考、服务获取方式等，自动推送至相关目标用户。

（2）通知提醒。

服务通知涵盖服务管理中新增的服务、修改的服务和删除的服务资源，被授权用户在登录之后即可看到平台发布的服务通知信息提醒。

（3）通知管理。

通知列表：将历史服务通知以列表形式进行展现。

新增通知：新增服务通知信息，关联被授权的用户选取、通知内容设置等。

删除通知：删除已有服务通知信息。

修改通知：修改已有服务通知信息。

查询通知：根据关键词，查询满足条件的服务通知信息。

6）数据共享日志

系统提供日志管理功能，能够记录共享数据访问记录、共享数据下载记录。

3.2.2.5　专题数据分析

本功能模块主要是基于各单位申报的数据资源和数据库中的相关数据资源，按照数据分类进行专题数据组织，对各类数据分别实现地图定位、分布展现、综合查询分析、统计图表展现等功能。主要功能框架如图3－36所示。

1）事故专题

按照事故的类型、等级、属性、时间段、行政区划等，查询事故信息；基于GIS地图定位事故地点，统计展现事故柱状图、饼状图统计图表；并支持数据的钻取功能；支持事故详情调阅。

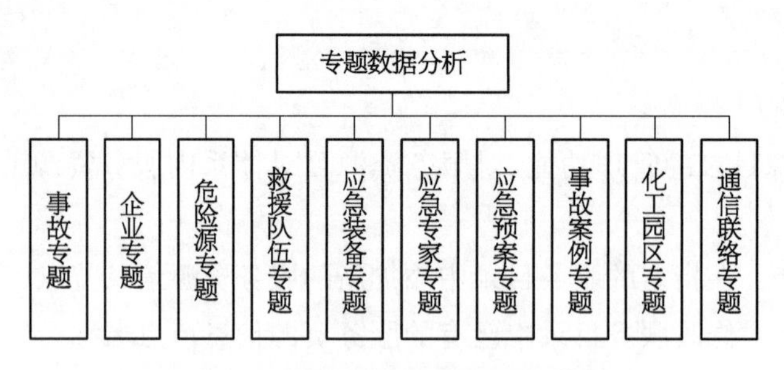

图 3-36　专题数据统计分析主要功能

2）企业专题

按照数据属性、行政区划查询位置分布，并对查询结果按照柱状图、饼状图进行统计展现，支持数据钻取功能；支持数据详情调阅。

并基于选定的数据条目进行关联分析，关联显示基本信息（基本信息、图纸、照片、视频）、危险源、物资、队伍、装备、预案、案例、储备库、专家等，以及周边环境信息（周边企业、周边疏散场地、周边防护目标、周边危险源、周边居住区、管线等），周边资源信息（队伍、物资、装备、储备库、专家等）；实现通信方式关联，GIS 通信。

3）危险源专题

按照数据属性、行政区划查询位置分布，并对查询结果按照柱状图、饼状图进行统计展现，支持数据钻取功能，支持数据详情调阅。

基于选定的数据条目进行关联分析，关联显示基本信息（基本信息、图纸、照片、视频）、相关预案、案例、知识、工艺流程等，以及周边环境信息（企业物资、队伍、专家，周边企业、周边疏散场地、周边防护目标、周边危险源、周边居住区、管线等），周边资源信息（队伍、物资、装备、储备库、专家等）；并能够关联模型，基于模型进行动态分析；实现周边应急保障资源的路径规划分析功能。

4）救援队伍专题

按照救援队伍数据属性、行政区划查询位置分布，并对查询结果按照柱状图、饼状图进行统计展现；支持数据钻取功能；支持数据详情调阅；实现通信方式关联，GIS 通信。

5）应急装备专题

按照应急装备数据属性、行政区划查询位置分布，并对查询结果按照柱状图、饼状图进行统计展现，支持数据钻取功能；支持数据详情调阅。实现通信方式关联，GIS 通信。

6）应急专家专题

按照应急专家数据属性、行政区划查询位置分布，并对查询结果按照柱状图、饼状图进行统计展现，支持数据钻取功能；支持数据详情调阅；实现通信方式关联，GIS 通信。

7）应急预案专题

按照应急预案数据属性查询，并对查询结果按照柱状图、饼状图进行统计展现，支持数据钻取功能；支持数据详情调阅。

8）事故案例专题

按照事故的类型、等级等属性、时间段、行政区划等查询事故信息，基于GIS地图定位事故地点、事故柱状图、饼状图统计图表；并支持数据的钻取功能；支持事故详情调阅。

9）化工园区专题

按照数据属性、行政区划查询位置分布，并对查询结果按照柱状图、饼状图进行统计展现，支持数据钻取功能；支持数据详情调阅。

基于选定的数据条目进行关联分析，关联显示基本信息（基本信息、图纸、照片、视频）、危险源、物资、队伍、装备、预案、案例、储备库、专家等，以及周边环境信息（周边企业、周边疏散场地、周边防护目标、周边危险源、周边居住区、管线等），周边资源信息（队伍、物资、装备、储备库、专家等）；实现通信方式关联，GIS通信。

10）通信联络专题

根据通信录，建立应急管理单位、救援队伍、企业等的通信联络地图，显示地图分布、关联通信方式，实现GIS通信。

3.2.2.6　数据远程备份

本功能主要是数据同步与备份。在中心端配置远程数据分发备份中心端，能够设定同步规则，中心端定期向企业数据库远程分发数据；各企业部署企业端，能够接收中心端分发的数据，完成数据的解析、转载入库。

1）中心端

中心端定期将中心数据库的数据分发至各央企节点数据库，实现数据的远程分发和数据备份；实现企业节点管理、同步规则配置、数据自动抽取、数据全量分发、数据增量分发；支持结构化数据和非结构化数据的分发，支持断点续传。

2）企业端

企业端与中心端进行对接，实现数据接收、数据解析、数据装载入库。

3.2.2.7　系统部署应用

本系统在中心端配置1套应急信息采集与分析系统，与原有地图服务平台、辅助决策支持系统、应急联动服务等系统进行对接；相关企业端配置1台数据库服务器，部署数据库系统和数据远程分发备份客户端，实现数据的备份管理；各企业通过浏览器远程访问应急信息采集与分析系统，实现数据的申报和数据共享。

3.2.3　智能辅助决策支持系统

智能辅助决策支持系统主要实现以下业务应用：

（1）事故相关信息汇总：针对各类安全生产事故，能够快速提取事故基本信息、事故地点、事发企业及危险源信息、图纸信息、事故相关预案、案例、知识，事故周边资源信息，为事故的分析研判、事故处置的决策指挥提供依据。

（2）事故现场环境构建：能够通过技术手段及时获取事故现场照片、现场影像、图纸等信息，能够直观化、立体化的呈现事故现场环境情况。

(3) 事故发展趋势预测：借助分析模型，能够预测事故发展趋势、影响后果、持续时间、次生衍生事故等，指导科学施救。

(4) 事故处置方案制定：能够根据事故信息、分析研判结果、事故现场信息，结合应急预案，快速生成现场处置辅助决策方案，指导地方救援。

(5) 事故快速指挥调度：利用电话、传真、短信等通信手段，及时协调和调度相关应急资源，分发任务指令，提高事故指挥协调效率。

3.2.3.1 事故相关信息智能提取

根据事故类型、事故等级，快速提取事故相关信息，包括事故基本信息、事故地图定位、事发企业及危险源信息、图纸信息、事故相关预案、案例、知识，事故周边资源信息，使指挥人员能及时、充分掌握事故及相关信息，为事故的分析研判、事故处置的决策指挥提供依据。事故相关信息智能提取功能如图 3－37 所示。

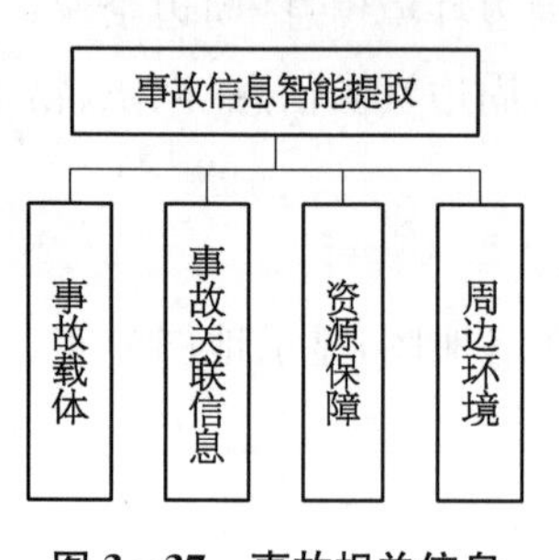

图 3－37 事故相关信息智能提取功能

1) 事故载体

事故载体主要进行事故地点的 GIS 定位，事发企业基本信息、重大危险源信息、工艺流程图的自动关联及地图标注、展示浏览，对多种信息进行融合、排布，形成事故主体一张图，使应急人员及指挥人员对事发地及企业信息一目了然。

事故 GIS 定位：GIS 地图定位事故地点，用颜色标注事故等级，标注事故基本信息。

企业信息标注：自动关联事故企业的基本信息，并进行企业信息 GIS 地图标注。

重大危险源信息标注：自动关联事故重大危险源的基本信息，并进行 GIS 地图标注。

工艺流程图：自动关联发生事故的装置等的工艺流程图，并基于 GIS 地图进行标注。

一张图生成：对多种信息进行融合、排布，形成事故一张图，使应急人员及指挥人员对事发地及企业信息一目了然。

2) 事故相关信息

系统根据事发地点、事故类型、事故等级等信息，自动关联相关预案、案例、知识等；对关联信息重点要素内容进行抽取、融合、排布，形成事故相关信息一张表，使应急人员及指挥人员对事故相关信息一目了然，快速检索事故相关信息，对事故分析研判、处置决策提供依据。

预案匹配：判定事故信息，自动匹配相关预案，抽取预案关键要素内容，包括指挥体系构成、专家组、工作组及职责分工、救援队、人员联络信息、物资装备、事故响应流程等数字化信息。

案例匹配：判定事故信息，自动匹配相关案例，调取案例情景并进行展示，使指挥决策人员借鉴案例经验。

知识匹配：判定事故信息，自动匹配相关知识，抽取相关词条、知识要点，进行展示。

一张表生成：对关联信息重点要素内容进行抽取、融合、排布，形成事故相关信息一张表，使应急人员及指挥人员对事故相关信息一目了然，快速检索事故相关信息，为事故分析研判、处置决策提供依据。

3）资源保障一张图

根据事故信息，分析事故点周边区域的救援队伍、物资、装备、专家等分布及详细信息。对多种信息进行融合、排布，形成资源保障一张图，从而掌握资源状态，制作出资源协调保障计划。

资源地图分析：基于 GIS 地图分析出事故点周边区域的救援队伍、物资、装备、专家等分布，实现地点分布定位展示、资源数量、状态、联系方式等信息的地图标注。能够基于 GIS 地图直接关联通信调度系统，实现快速联络调度。

资源保障分析：根据事故类型，判定出事故救援需要的物资、队伍、装备、专家类型。

3.2.3.2 事故现场环境

事故发生后，最关键的是掌握事故现场情况，本系统借助现场立体信息采集与成像技术，对事故现场环境进行快速构建，呈现事故现场立体影像、二维影像，辅助指挥人员即时掌握现场环境，科学决策。

（1）现场立体影像一张图

通过系统能够浏览现场倾斜影像，实现事故现场的立体呈现。

（2）现场二维影像一张图

接收事发地、移动联动终端报送的事故现场的图片、音视频信息，并进行管理和可视化展示，使相关人员能及时掌握事故态势。同时，调取事故地点事故前的平面图纸、影像图、和实景照片。

3.2.3.3 事故发展趋势影响分析

事故发生后，能够根据事故类型、事发地点周边环境，预测事故发展趋势及事故的影响，主要实现事故发展趋势分析、事故影响后果分析、次生衍生事故分析。

1）事故发展趋势一张图

利用危化品泄露扩散等模型，分析危化品泄露、火灾、爆炸等事故的发展趋势、发展过程、持续时间，并基于 GIS 地图动作展示，形成事故趋势一张图。

基于模型的趋势分析：调用相关智能分析模型，模拟事故发生，分析事故发展趋势、影响范围，基于 GIS 地图进行展现。

一张图生成：结合事故信息、结合趋势分析结果，形成事故趋势一张图。

2）事故影响后果一张图

分析危化品泄漏、火灾、爆炸等事故影响范围，以及影响范围内的受影响对象、危险源、存在的风险隐患，按照事故影响范围的严重等级，分别给出影响后果，形成事故影响后果一张图。

3）次生衍生事故一张图

针对典型安全生产事故（危化品泄漏、池火灾、爆炸）建立事件链、预案链、模型链，事故发生时,能够根据事故类型,快速生成事故次生衍生事件链、预案链一张图,并能够关联相应事故的处置要点、预案详情。

根据次生衍生事件链模型,分析事件可能引发的次生衍生事件,并进一步分析预测次生衍生事件的后果,以及可能的风险和应对措施;并支持次生衍生事件链的图形化表达,逐层逐级钻取。

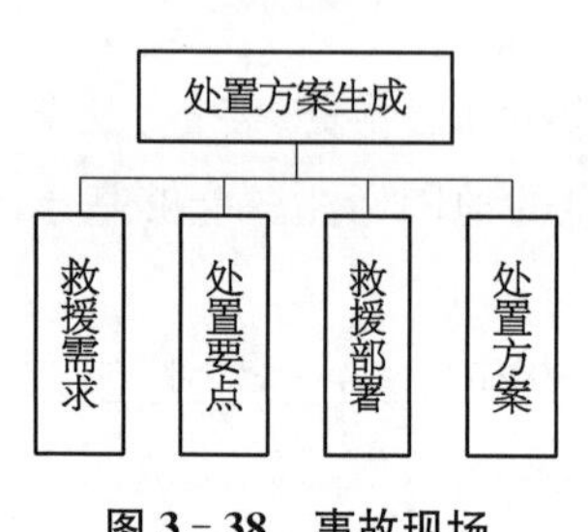

图 3-38 事故现场处置方案功能

3.2.3.4 事故现场处置方案生成

综合事故相关信息,以及事故的分析研判结果,为事故处置救援提供辅助决策方案,分析事故的救援需求、关联事故的处置要点,提出事故救援部署建议,生成处置方案,为事故救援处置提供辅助决策支撑。事故现场处置方案功能如图 3-38 所示。

1) 救援需求

根据现场实际情况,以及模型分析结果,给出基于危化品泄露、火灾、爆炸事故救援需求情况的参考值,形成救援需求一张表。

2) 处置要点

建立处置要点库,对现有事故要点库进行丰富和完善,根据事故类型,抽取事故处置要点,形成事故、处置建议,实现处置要点一张表。

原生事故处置要点:根据事故类型、事故等级,关联匹配原生事故处置要点。

耦合事故处置要点:根据事故类型、事故等级,基于事故链模型,关联匹配事故链各事故的处置要点,形成事故要点链。

要点一张表生成:综合事故信息、处置要点、耦合事故处置要点,进行融合、排布,形成一张表。

3) 救援部署一张图

根据事故(危化品泄漏、池火灾、爆炸)发展趋势,以人机交互的方式,给出事故救援力量部署、人群疏散的方位、范围。

4) 处置方案

建立方案分析模型,实现一键生成方案,包括事故主体信息、事故相关信息、资源保障信息、事故趋势影响、事故处置要点、批示批阅等信息。

3.2.3.5 事故救援快速指挥调度

实现应急通信录的管理,根据事故快速形成事故联络地图、事故周边队伍、单位、企业等联络地图;能够一键电话、开电话会议、记录电话录音;群发短信、传真,管理通信记录。事故救援快速指挥调度功能如图 3-39 所示。

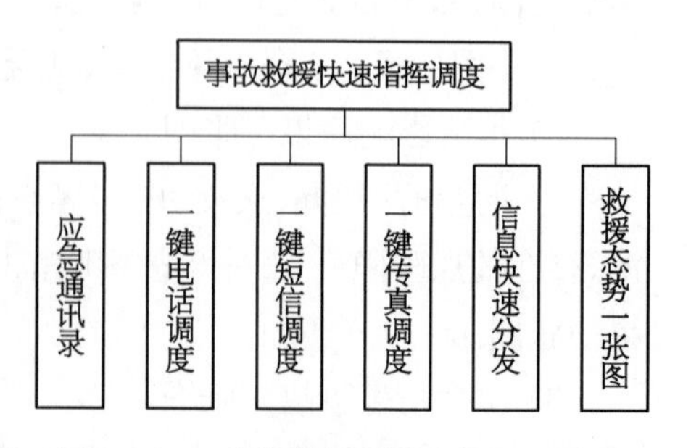

图 3-39 事故救援快速指挥调度功能

1) 应急通信录

管理应急救援相关单位通信录,包括单位信息及联系方式、单位内人员信息及联系方式,以树形结构进行组织管理,并支持通信录的排序。

以卡片形式管理人员通信录,集成个人照片、个人信息及联系方式。

2) 通信系统集成

实现与应急通信系统的接口对接,包括电话接口、短信接口、录音接口、传真接口,能够借助通信系统实现应急通信调度。

3) 通信联络地图

基于GIS地图,形成应急救援相关单位联络地图;同时根据特定事故,形成事故相关的事故通信联络地图。包括机构、队伍、企业等。

4) 一键电话调度

支持点对点电话通信、支持分组设置、支持分组电话会议,并记录电话录音。

5) 一键短信调度

支持点对点收发短信、支持群发短信,管理短信记录,支持短信内容全文检索。

6) 一键传真调度

支持点对点收发传真、支持多路传真,管理传真记录。

7) 信息快速分发

与应急联动系统对接,能够将资源保障分析图、周边环境分析图、救援部署图、处置方案快速分发至APP端、协同会商端。

8) 救援态势一张图

登记管理事故救援反馈信息,包括企业先期处置情况、现场人员伤亡情况、人员安置情况、资源需求情况、资源到位情况、资源消耗情况等,形成事故救援态势一张图。

3.2.3.6 面向应用场景的专题支持

1) 指挥救援专题可视化

对各类信息(事故相关信息、事故现场环境、事故发展趋势、事故现场处置方案、指挥调度信息等)进行梳理、整合、分析,以专题方式进行各类信息的汇聚与综合展现,建立面向事故处置救援的可视化展示平台(图3-40),便于及时、全面、直观、多维度、深层次地掌握事故发展态势、事故救援动态,为指挥救援决策提供支撑。

事故救援处置是事故处置全过程各阶段信息的综合展示场景,按照不同业务人员、专家、领导等各阶段关注点不同,分类组织和展示相关信息,快速、直接、直观地掌握相关信息,提高事故处置效率。

(1) 系统提供多种数据对接方式,实现各类静态数据(文本、图表、基础数据等)、动态数据(如感知设备产生的各类实时数据)、各类服务(GIS服务、其他系统服务)等信息的展现。

(2) 系统可根据不同业务内容展现需求,满足各专题不同场景信息的汇聚与综合展现。

图 3-40　面向处置决策的即时信息展示平台图例

(3) 系统对各类接入的各类数据进行整合、汇聚和加工，并将需要显示的内容实时、动态地推送到信息展板上进行展示。

(4) 系统需支持多专题、每个专题不同场景的灵活切换，各业务模块可通过拖拽方式实现信息展现，系统至少须有菜单、小窗口和中央主窗口等，交互方式包括放大、拖拽与信息的页面交互等。

2) 信息分类支持服务模型

系统能够根据不同的用户，对信息进行分类组织、分类推送，提供针对性的决策支持服务。

按照用户角色、事故处置阶段、信息分类，建立综合关联模型，实现数据信息的分角色、分阶段、分类型的分析，以及分类分发。

3.2.4　应急指挥系统

建设应急指挥系统，指通过整合各级安全生产应急资源，充分运用物联网技术，构建一个协同联动、及时、高效的应急管理及救援指挥中心，能根据应用场景、用户情况、运行环境等进行完整的分析。应急指挥系统主要功能包括救援任务管理、资源调度跟踪、救援情况监控、事故情况报告等，通过 GIS、GPS、物联网、移动计算、数据分析等技术进行综合集成，为统一指挥调度、救援行动提供决策信息和技术支持。

3.2.4.1　救援任务管理

救援任务管理包括根据相关预案及方案，生成具体的救援任务，也可基于系统实现对应急救援任何的动态管理，实现对救援任务的审核、分发及调整。

救援任务管理由任务生成、任务审核、任务分发、任务调整 4 个子模块组成，其功能设计如图 3-41 所示。

任务生成：事件发生时，根据预测预警信息调集相关预案，结合系统辅助生成的方

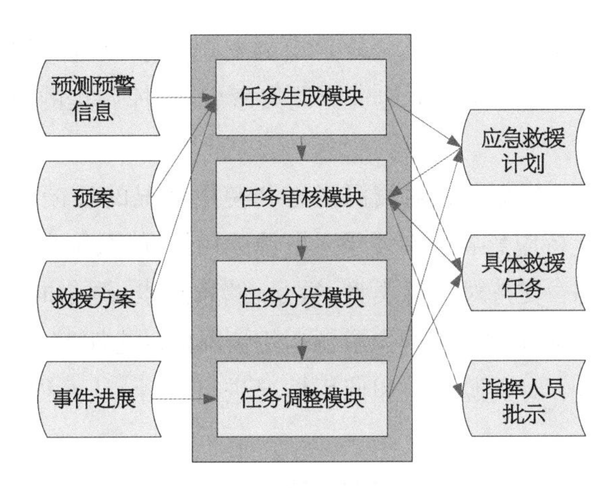

图 3-41 救援任务管理功能

案，制定应急救援计划，并生成部门、地区的具体救援任务。

任务审核：将生成的具体任务报领指挥人员审批，并在系统中录入指挥人员的批示信息。

任务分发：将经过审核批准的具体任务下发到相关的责任单位执行。

任务调整：根据事件进展和应急救援方案的调整，动态调整具体救援任务。

3.2.4.2 资源调度跟踪

资源调度跟踪包括对救援资源资产调用进行调度指挥，通过动态跟踪，掌握资源运用情况、使用效率等信息，并实现基于 GIS 的直观展示。

资源调度跟踪由资源调度指挥、资源运用情况反馈、资源动态信息跟踪、资源运用情况统计、资源跟踪综合展现 5 个子模块构成，其功能如图 3-42 所示。

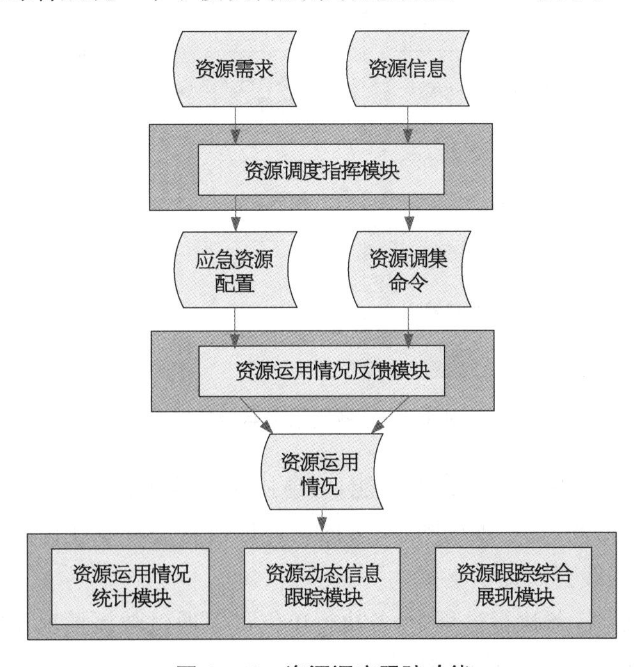

图 3-42 资源调度跟踪功能

资源调度指挥：根据救援方案及分析得出的资源需求，结合资源保障系统提供的资源信息，进行应急资源配置。能够下达资源调集命令，指挥调集的时间、种类、数量、运送路线等具体事项。

资源运用情况反馈：根据各方对资源运送和使用情况的反馈，对应急资源属性和状态进行修改并显示。支持应急各方在线录入资源运用情况，系统自动更新。

资源动态信息跟踪：支持对资源类型、数量、储备地点、调集时间、当前地点、使用情况等动态信息的查询。从而实现对应急资源运用情况的动态跟踪。

资源运用情况统计：对资源运送和使用情况进行统计，从而得出目前资源的运送效率、使用率等数据。

资源跟踪综合展现：结合 GIS 平台的支持，直观显示资源调度情况。

3.2.4.3 救援情况监控

救援情况监控实现发布救援指挥机构的指令，对最新救援情况进行查询，收集、汇总、分析反馈信息，并结合 GIS 对救援情况进行展示。

救援情况监控由应急指挥协同、救援情况反馈、指令指示传达、救援情况查询、救援情况汇总、救援情况综合展示 6 个子模块构成，其功能设计如图 3－43 所示。

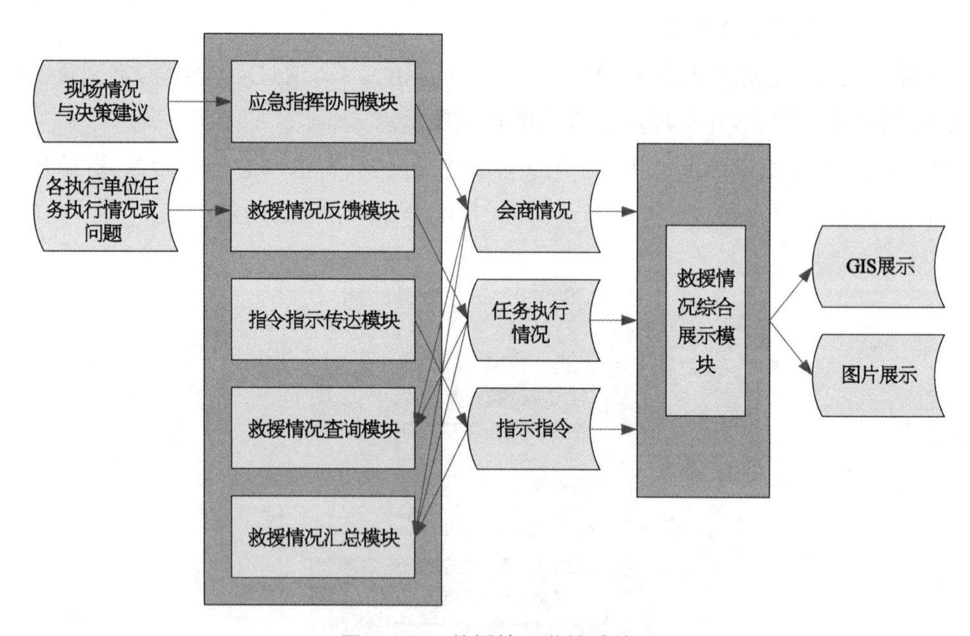

图 3－43　救援情况监控功能

应急指挥协同：实现应急一张图功能，应急协调指挥机构和各执行单位可通过该模块实现跨平台异地协同，基于现场图片、多图层地理信息进行专业标绘，提供即时文字传送和文件共享，对在线会商提供支撑。

救援情况反馈：任务执行过程中，各执行单位可以通过救援情况反馈功能，及时向协调指挥机构反映任务执行情况或碰到的问题。

指令指示传达：应急协调指挥机构可将最新的决策、指令和领导指示传达给相关的执行单位。

救援情况查询：负责协调指挥的应急机构在任务分发后可以通过救援跟踪功能动态跟踪任务的执行情况，查阅当前正在执行的任务及其相关信息，掌握救援最新动态，为后续的任务生成及决策提供依据。

救援情况汇总：对当前任务涉及的指示指令、反馈信息等进行汇总，可按时间、单位、任务类型等不同字段进行统计。

救援情况综合展现：结合 GIS 平台的支持，直观显示救援情况；同时支持现场图片的展示，显示会商情况。

3.2.4.4　事故情况报告

事故情况报告能够接收相关机构的救援情况报告，辅助生成本级救援机构的阶段性及整体救援情况报告，并对报告进行管理和分发。

事故情况报告由情况报告接收、情况报告辅助生成、情况报告管理、情况报告分发 4 个子模块构成，其功能设计如图 3-44 所示。

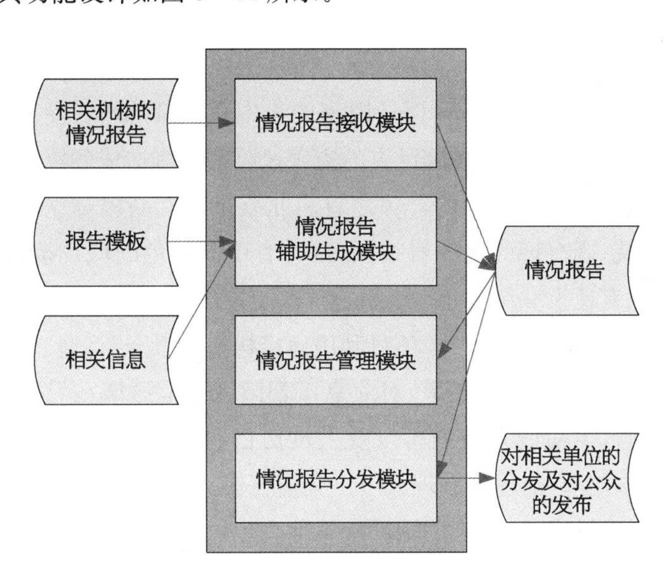

图 3-44　事故情况报告功能

情况报告接收：接收下级单位或其他相关机构报送的情况报告。

情况报告辅助生成：支持应急指挥人员在事件处置过程中对事态进展和处置情况进行阶段性总结，在事件处置结束后对整个事件处置的全过程进行总结和评估。系统提供报告模板以及相关的事件接报信息、预测预警信息、资源保障计划、任务列表、应急流程、实施措施、当前事件处置状况等，辅助生成情况报告。

情况报告管理：对各阶段的阶段性报告、总结报告进行汇总管理，并能够依据不同的关键词对报告进行查询、关键字标识、分类归档等。

情况报告分发：实现已生成的救援情况报告的发布管理，包括对相关单位的分发及对公众的发布。

3.2.4.5 通信系统集成

通信和视频系统集成依靠通信和信息设备、大屏幕显示、专家视频会商、图像传输控制、电子地图 GIS 管理等，完成对事故救援过程的协调指挥、信息管理及跟踪监测。通过相关接口，实现对移动应急平台传输数据的接收和指令下达。

通信和视频系统集成由通信系统集成、视频系统集成 2 个子模块构成。

通信系统集成：实现通信信息系统的软件接口。在非常态下，借助现代通信系统，完成对事故救援协调指挥过程的全程协调指挥、监测跟踪管理和信息发布。

视频系统集成：实现大屏幕显示、视频会议、图像传输控制、GIS 显示等系统的集成，完成对事故救援协调指挥过程的全程综合显示、协调指挥和跟踪管理。

3.3 朝阳区示范区域大震巨灾仿真模拟

3.3.1 项目概述

北京地区具有发生强震的构造背景，财富的集中和人口的增长使城市对灾害的敏感性和脆弱性极高，面临小震大灾、大震巨灾的灾害风险。大震造成的巨大经济损失和大量人员伤亡，是威胁地区和国家安全的群灾之首。北京市既有高楼林立的 CBD 地区，也有老北京特色的四合院；既有现代化的科技园区，也有中国特色的城乡接合部；既有地下交通干线——地铁，也有地上联络要道——高速公路；既有掌握城市生命命脉的基础设施，也有救人于危难的应急避难场所。本项目利用地震构造背景分析、地震危险性分析、地下三维结构分析等相关工作的研究成果，对北京市朝阳区示范区域在设定地震和概率地震作用下的建筑物震害、生命线系统震害以及人员伤亡和经济损失进行预测和估计，基于 GIS 平台和仿真模拟技术，描述并展现大震巨灾震害模拟结果，针对薄弱环节提出改造建议和措施，给决策者提供完备、关键的辅助决策信息。

3.3.2 基础数据收集

基础数据收集基于北京市防震抗震工作领导小组办公室为实施“北京地震风险分析与评估”而开展的建筑信息采集工作，目的是要全面准确掌握朝阳区行政管辖范围内建筑物、生命线工程及其与人口、经济等相关的基本情况，分析行政管辖区内地震风险种类及其危险程度，为制定防震减灾规划、地震应急救援等工作提供科学依据。信息采集主要依托基层力量，采用网上报送方式，力求全面、完整和准确。

项目选取朝阳区建外街道作为示范区，收集了示范区范围内建筑的结构类型、抗震设防情况、建造年代、用途功能等建筑物基础档案信息，为大震巨灾仿真模拟提供了基础数据。

3.3.3　抗震防灾信息管理系统的构建

项目组基于防灾信息管理与辅助决策系统建立了朝阳区示范区域地震灾害仿真平台（图 3－45、图 3－46），该系统具有独立图形平台，可以完成包括图形处理、档案输入、信息处理、震害预测、结果输出、平台演示等在内的多项工作，为城市抗震防灾提供决策参考，并可对各类档案信息进行及时更新，便于进行建筑工程的动态管理工作。

图 3－45　朝阳区示范区域地震灾害仿真平台界面

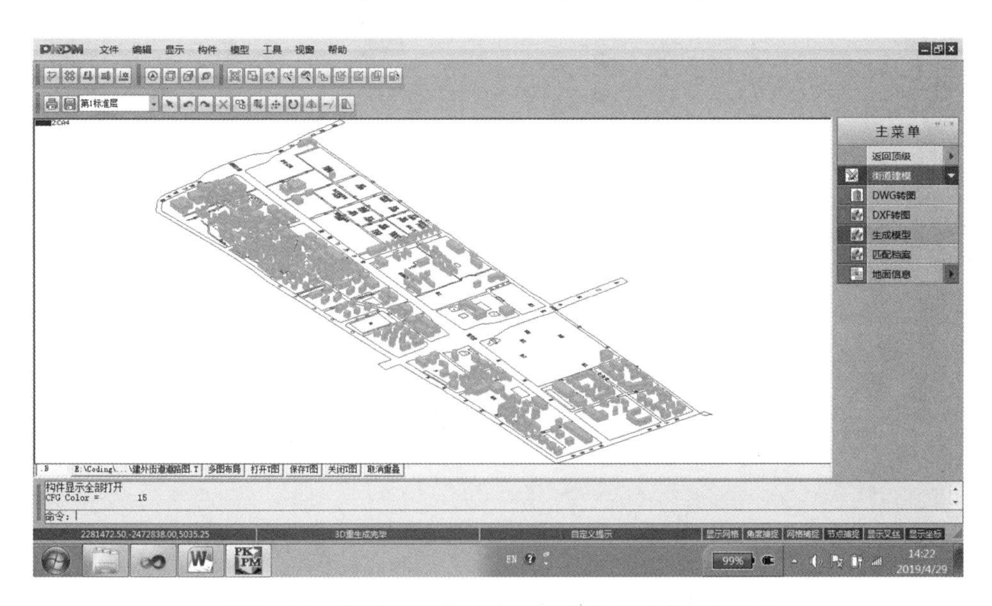

图 3－46　朝阳区示范区域地震灾害仿真平台功能菜单

防灾信息管理与辅助决策系统提供了图形与工程设施的属性信息关系平台。通过对城市建筑工程等普查资料的数字化和档案信息的录入，建立起城市地形图中建筑图形与相关档案信息一一对应的管理系统。该系统在城市发展过程中可以随时更新，输入、修改、查询相应档案信息；可实现城市建筑工程等档案数据统计（可分别针对不同属性给出统计数据）、震害预测（抗震能力评定）、经济损失和人员伤亡估计、避震疏散规划等功能；实施城市抗震防灾辅助决策，并随城市建设的发展对各类信息进行动态管理与即时更新，使城市建筑工程的管理过程动态化、实时化，实现顺畅良好的循环。

震害预测、经济损失、人员伤亡的估计可根据需要选择多种预测方式，可进行全市范围的预测，也可进行局部预测。局部预测时可通过点选或窗选任意选择工作范围，如某单位、某街区或局部行政区等，以满足多元化的需要。

系统的另一个重要功能是对各类地上工程如建筑、场地、道路、桥梁、烟囱、水塔等进行档案数据统计。以此作为基础平台，尚可根据管理需求进行功能扩展，进一步提高系统的实用性。

基于朝阳区抗震防灾信息管理系统，对比参照 CAD 电子地形图和百度地图，建立了包括房屋建筑、道路桥梁、疏散绿地等在内的实际地物要素底图，并将收集到的建筑物等工程档案信息输入，完善抗震防灾信息管理系统，建外街道区域在系统中的展示如图 3－47 所示。

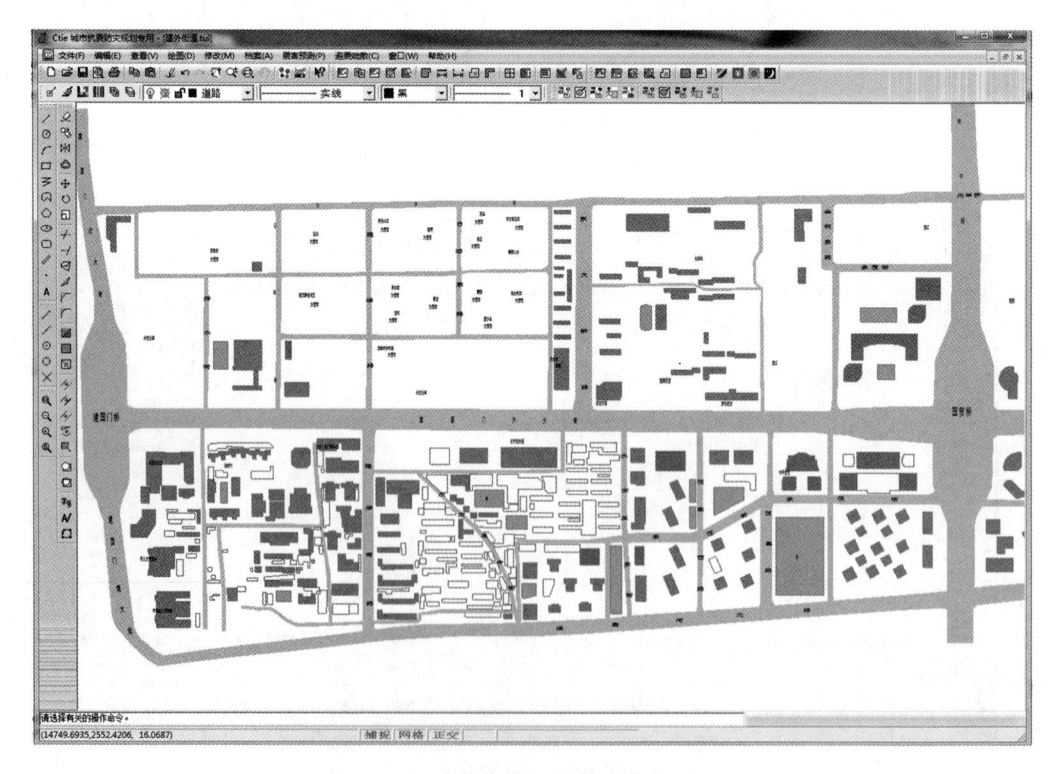

图 3－47　建外街道区域在系统中的展示

3.3.4　地震灾害风险评估

1）建筑物地震易损性评估与震害预测

建筑物地震易损性评估与震害预测的具体方法参见本丛书另一分册《城市区域灾害防御理论与技术》的 1.1 节。

针对建外街道区域内存在的各类房屋等，考虑场地条件、设防标准、建造年代等影响抗震能力的主要因素，结合震害经验，完成了基于基本烈度和高一烈度的建筑群体震害预测，结果如图 3－48 所示，并可以表格形式分类进行统计和汇总。

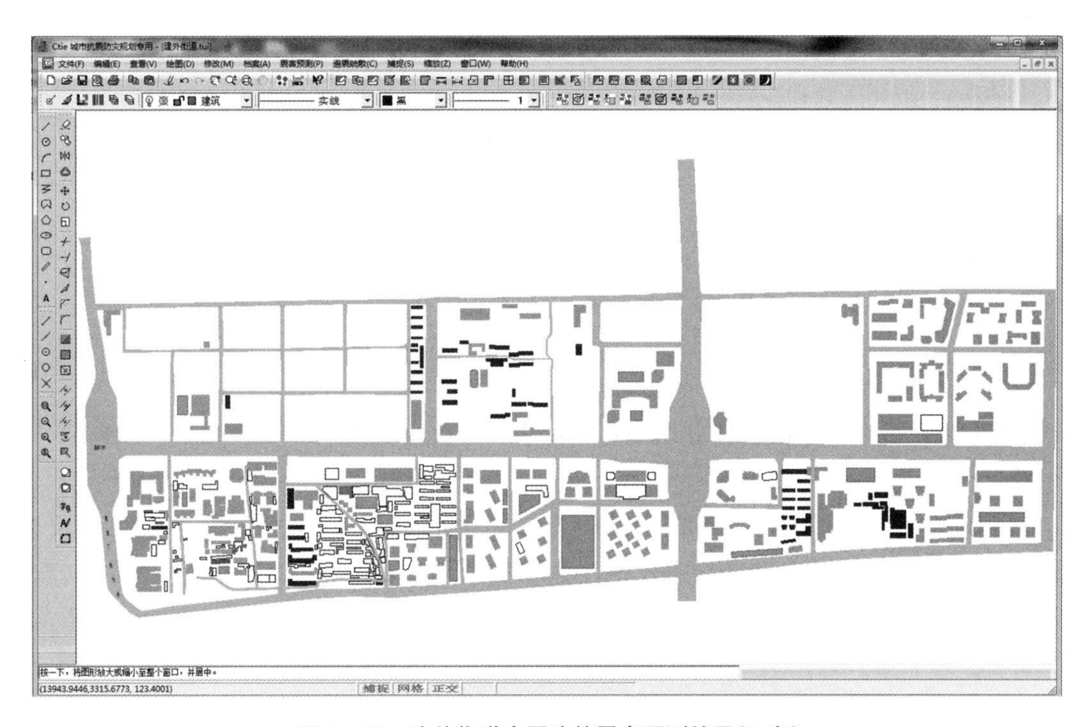

图 3－48　建外街道房屋建筑震害预测结果(8 度)

2）地震经济损失和人员伤亡评估

地震经济损失和人员伤亡评估，可为城市抗震防灾相关决策提供依据，同时也可为震后救援和恢复重建规划提供基础数据，是编制城市抗震防灾规划的重要基础工作之一。

本书提出的地震损失估计，主要是针对建筑物破坏所导致的直接损失，因此需要对建筑物的破坏做出估计，并以此为基础进行地震损失的估计。

（1）建筑物的经济损失 LB。

建筑物的经济损失 LB 是指建筑物本身的破坏所造成的直接损失。DB 定义为修复费用和重建费用之比，即

$$DB = CR/CF$$

式中 CR——修复费用；

CF——重建费用。

CF 是由房屋类别 $BI(i)$ 和破坏等级 $DL(s)$ 所决定的。破坏等级与建筑直接经济损失的对应关系和估算方法参见《建筑地震破坏等级划分标准》[中华人民共和国建设部(1990)建抗字 377 号]。当分成小区或区格进行损失估计时，则有

$$LB(j) = \sum_{i} \sum_{s} NBD(i, j, s) \times DB(i, s) \times CF(i)$$

式中 i——房屋类别；

s——破坏等级；

$NBD(i, j, s)$——i 类房屋不同破坏等级的具体数量；

j——区格号。

对全市则有

$$LB = \sum_{i} \sum_{j} \sum_{s} NBD(i, j, s) \times DB(i, s) \times CF(i)$$

(2) 建筑物内的财产损失 LC。

建筑物的破坏会导致建筑物内的财产损失，在大量建筑物倒塌时，室内财产损失是一个重要的组成部分。

建筑物内财产损失是建筑物类别、用途和破坏程度的函数，为便于计算，以幢为单位。此时单幢建筑物的 LC 称为财产损失 DC，直接以经济损失(元或万元)来表示。DC 的表示方法以矩阵形式给出，即财产价值矩阵，在实际工作中具体数值由一个城市的具体调查来给出。为了便于建立财产价值矩阵，可用下式计算：

$$DC = DP \times CM$$

式中 DP——以百分比表示的建筑物内财产损失系数；

CM——建筑物内固定资产的价值(元或万元)。

DP 可取：

$DP=0\%$，完好—中等破坏；$DP=25\%$，严重破坏；$DP=65\%$，部分倒塌；$DP=95\%$，倒塌。

计算室内财产损失时，显然与建筑物的用途相关，当分成小区或区格进行损失估计时，则有

$$LC(j) = \sum_{i} \sum_{h} \sum_{s} NBD(i, j, h, s) \times DC(i, h, s)$$

式中 h——用途。

对全市则有

$$LC=\sum_{i}\sum_{j}\sum_{h}\sum_{s}NBD(i, j, h, s)\times DC(i, h, s)$$

(3) 停产损失 LU。

停止生产引起的损失 LU,由下式计算：

$$LU=TS\times PV$$

式中,TS 为停产时间,可由下式计算：

$$TS=2.5\times ind\times e^{(3\sqrt{s-2}-0.2)}$$

式中,S 为对应于 $DL(s)$ 中的五个破坏等级顺序号,显然,完好($S=1$)时不必计算 TS；ind 为整个城市平均震害指数,当小于 0.4 时,均取 0.4。

PV 为日产值,于是有

$$LU(j)=\sum_{i}\sum_{s}NBD(i, j, s)\times TS(s)\times PV(i, j)$$

整个城市则有

$$LU=\sum_{j}LU(j)$$

(4) 直接经济损失总和。

在分别计算出全市的建筑物本身损件、室内财产损失和停产损失后,则可得出全市的直接经济损失评估结果,即

$$TLP=LB+LC+LU$$

(5) 人员伤亡估计。

地震时人员伤亡主要由房屋的破坏或倒塌引起的，而伤亡的数量则与房屋的抗震能力、震害规模、发震时间(白天、夜间)、建筑密度、震情预报、社会救援能力以及人们的避震疏散意识等诸多因素有关。因此,欲准确地预测出未来一次地震引起的人员伤亡数量是非常困难的。目前只能根据以往的地震经验，结合当地情况(如房屋的抗震能力、预测的震害规模等)做出估计。

地震死亡人数可按下式估算：

$$NHD(j)=10^{-2}\times[DNB(j)]\times F_{dn}\times F_{sp}\times F_{td}$$

式中　DNB——房屋倒塌数量；

F_{dn}——考虑房屋类别、用途的系数矩阵；

F_{sp}——灾害规模修正系数；

F_{td}——时间段修正系数；

j——区格号。

于是，全市总的地震死亡人数为

$$TNHD=\sum_{j}NHD(j)$$

受伤人数为

$$NHI=20\times NHD/0.25(100F_{sp}-5)^{1/1.2}$$

3）示范区域特定地震下的经济损失预测和人员伤亡评估

对建外街道区域在基本地震烈度和高一烈度地震作用下的经济损失预测和人员伤亡评估已完成，并以统计表格或图形等形式直观表达，如图 3-48～图 3-50 所示。

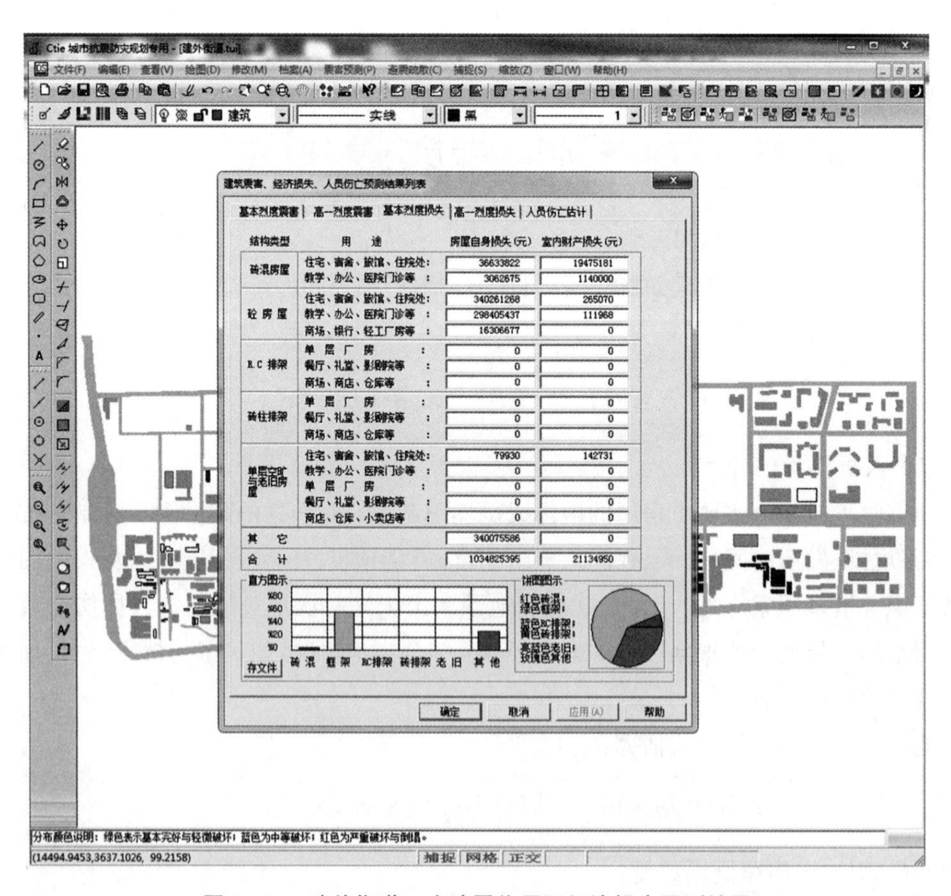

图 3-49　建外街道 8 度地震作用下经济损失预测结果

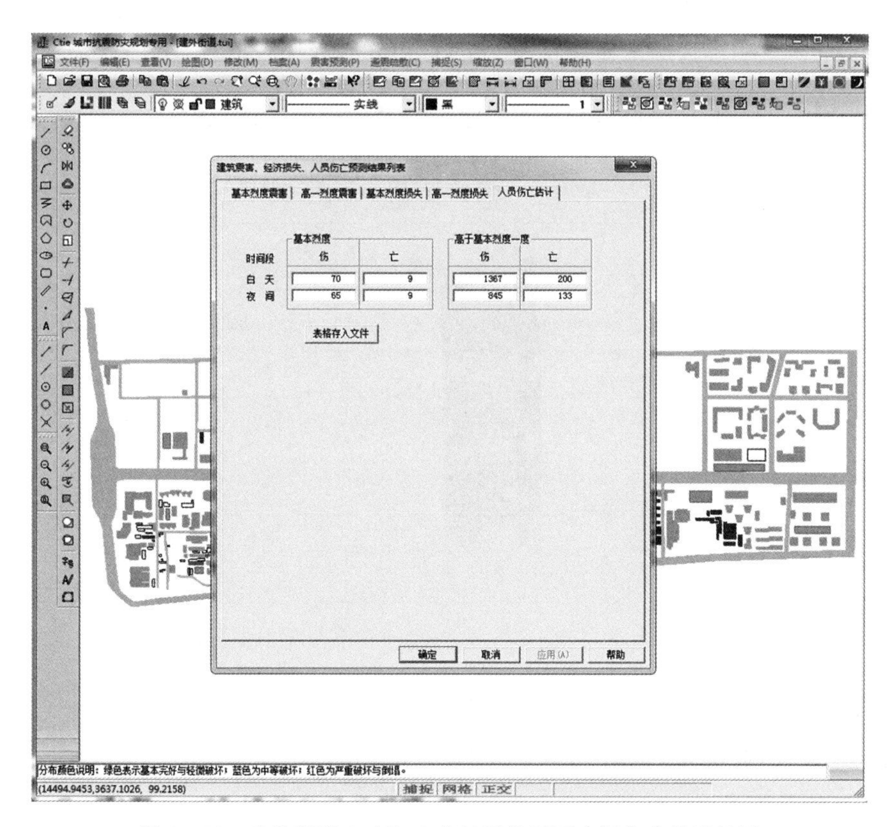

图 3－50　建外街道 8 度和 9 度地震作用下人员伤亡估计结果

3.3.5　基于单体的地震易损性评估及震害预测与模拟

以北京电视台主楼的大震灾害预测为例。

(1) 震害 1：下部楼层观光电梯处破坏严重，如图 3－51 所示。

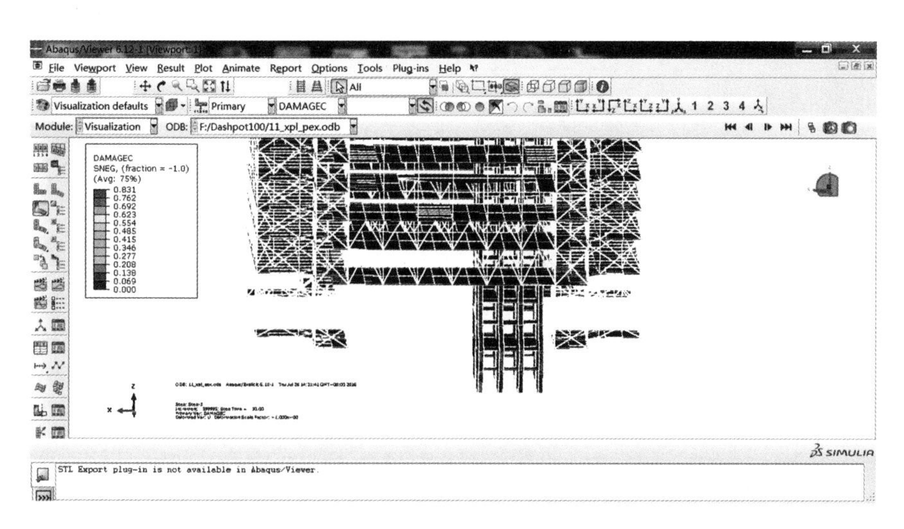

图 3－51　观光电梯破坏情况

(2) 震害 2 ：下部楼层主体处破坏严重(红色代表破坏严重)，如图 3 - 52 所示。

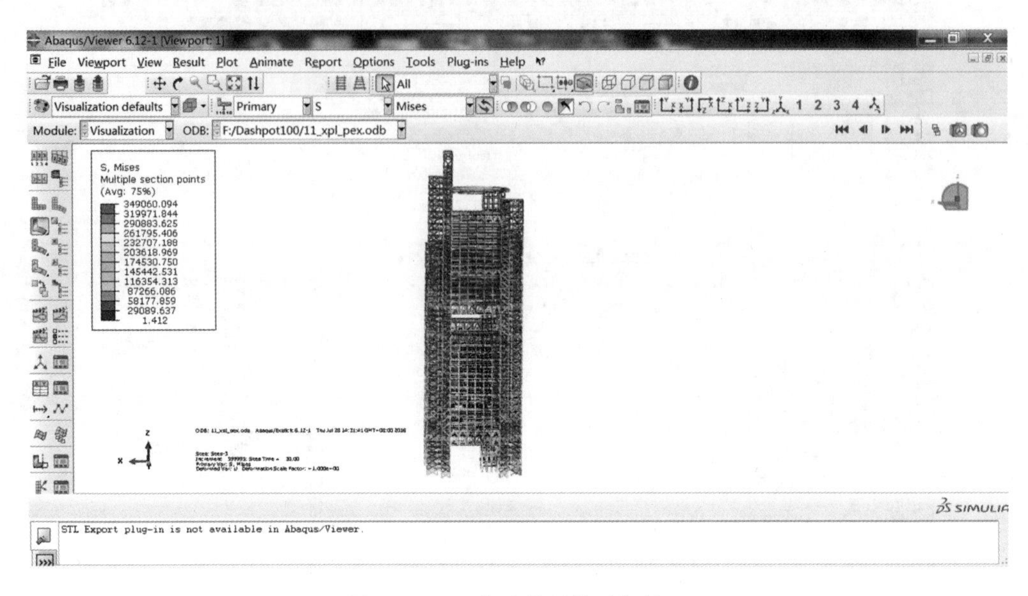

图 3 - 52　下部主体结构破坏情况

(3) 结论：该项目在大震作用下 1 至 10 层观光电梯破坏等级为严重破坏，1 至 10 层型钢柱破坏等级为中等破坏。

3.3.6　情景构建集成软件系统开发

朝阳区大震情景构建系统软件主界面如图 3 - 53、图 3 - 54 所示。

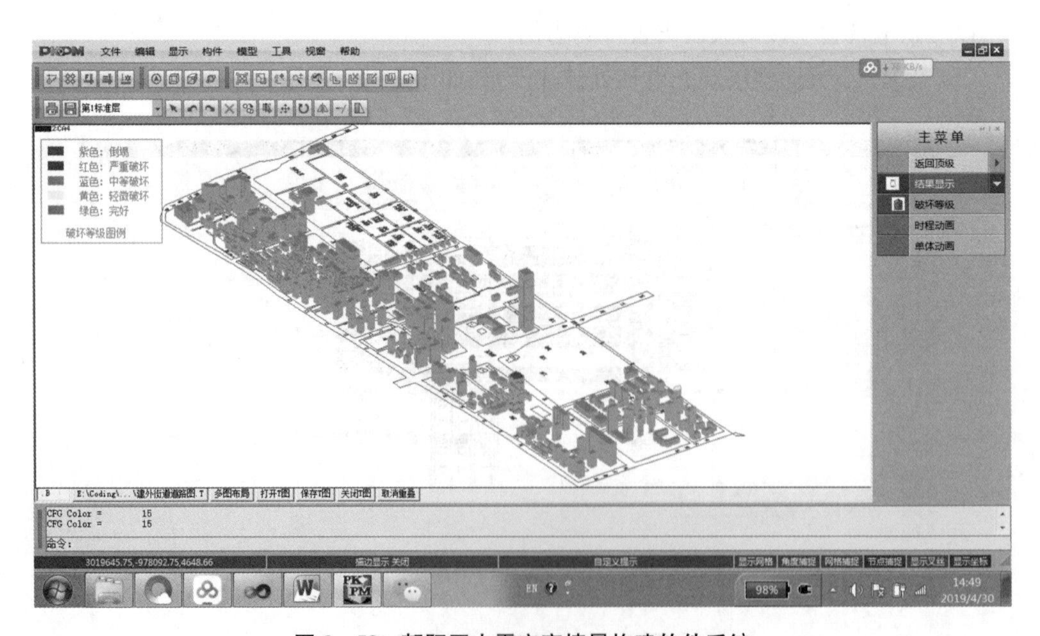

图 3 - 53　朝阳区大震灾害情景构建软件系统

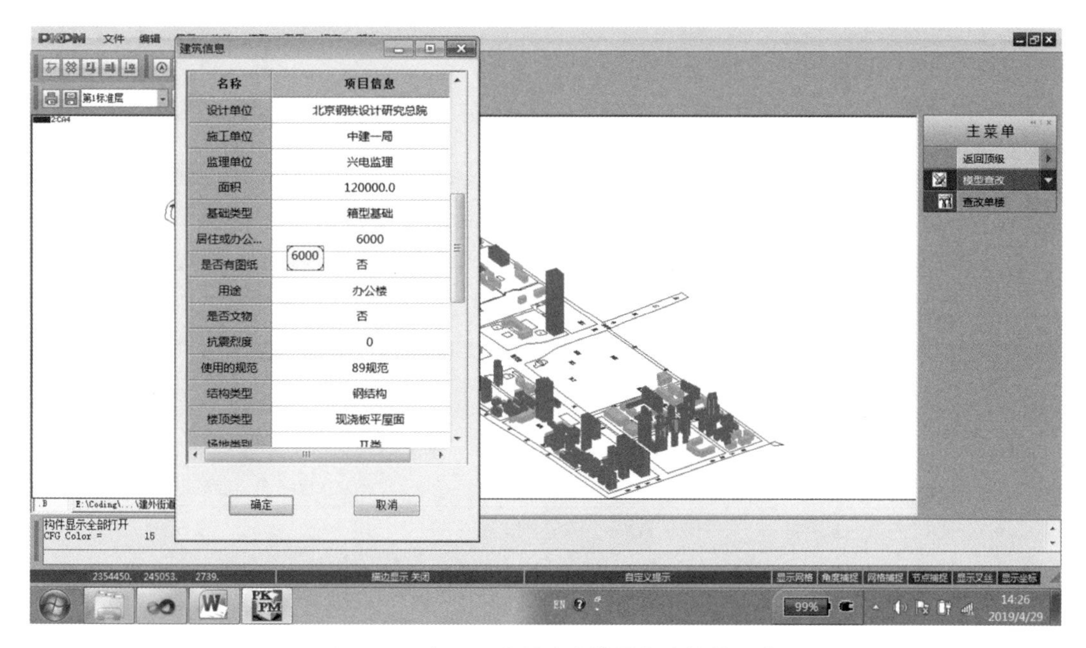

图 3 - 54　朝阳区大震灾害情景构建软件系统